半导体光催化环境净化

吕康乐　温丽丽　王靖宇　李　覃　著

科学出版社

北京

内 容 简 介

本书概述光催化基本原理与过程、光催化材料的性能提升策略及其在环境与能源领域的应用；重点介绍代表性高性能光催化材料如金属氧化物（二氧化钛）、金属硫化物（CdS）、石墨相氮化碳（g-C$_3$N$_4$）和金属有机骨架（MOFs）化合物的构建，以及助催化剂如 MXene 和单原子修饰提升其光催化分解水产氢、CO$_2$ 还原和氮氧化物氧化去除等性能，并讲解天然矿物光催化在环境净化中的贡献。

本书适合环境类、化学类和材料类专业的科技工作者和相关研究生阅读参考。

图书在版编目（CIP）数据

半导体光催化环境净化/吕康乐等著. —北京：科学出版社，2024.6
ISBN 978-7-03-078450-6

Ⅰ.① 半… Ⅱ.① 吕… Ⅲ.① 半导体-光催化-应用-环境自净-研究
Ⅳ.① X26

中国国家版本馆 CIP 数据核字（2024）第 086424 号

责任编辑：徐雁秋 刘 畅/责任校对：高 嵘
责任印制：彭 超/封面设计：苏 波

科 学 出 版 社 出版
北京东黄城根北街 16 号
邮政编码：100717
http://www.sciencep.com
武汉中科兴业印务有限公司印刷
科学出版社发行 各地新华书店经销
＊

开本：787×1092 1/16
2024 年 6 月第 一 版 印张：14 1/4
2024 年 6 月第一次印刷 字数：335 000
定价：159.00 元
（如有印装质量问题，我社负责调换）

前　言

　　工业时代，环境污染和能源短缺等争议问题及全球生态危机，成为人类面临的又一大挑战。自党的十八大召开以来，在习近平生态文明思想的指导下，我国生态环境保护发生了历史性、转折性、全局性变化。在党的二十大报告中，习近平总书记指出，大自然是人类赖以生存发展的基本条件。尊重自然、顺应自然、保护自然，是全面建设社会主义现代化国家的内在要求。必须牢固树立和践行绿水青山就是金山银山的理念，站在人与自然和谐共生的高度谋划发展。

　　光催化技术是一项可以利用太阳光来进行清洁能源生产、环境污染治理和二氧化碳转化的新技术。光催化技术作为一项能够带来颠覆性变革的战略性新兴产业技术，在解决全球性能源短缺、环境污染和二氧化碳减排等重大问题方面具有广阔的应用前景，成为当前国际研究的前沿与热点之一。加快我国光催化技术产业的发展，对解决我国环境污染和能源短缺问题，具有重大和深远的意义。

　　但是半导体光催化存在太阳能利用率不高和光生载流子易复合的问题，导致光催化效率不高，这严重制约了光催化技术在环境与能源领域的大规模实际应用。在此时代背景下，高效半导体光催化材料的设计开发，对环境污染控制和绿色能源生产的发展，均有着极其关键的作用，这也成为国内外科研工作者关注的热点。近10年来，无论是半导体光催化材料的理论还是应用，都得到快速发展。与此同时，国内从事半导体光催化研究的年轻学者队伍也日益壮大。但是，相应的半导体光催化著作相对缺乏。在此背景下，我们计划出版本书，以近年来发展比较快速的代表性光催化材料为载体，向年轻学者介绍光催化最新的研究进展，为其开展半导体光催化领域研究提供参考。

　　本书概述光催化基本原理与基本过程、光催化材料的性能提升策略及其在环境与能源领域的应用；重点介绍代表性高性能光催化材料如金属氧化物（二氧化钛）、金属硫化物（CdS）、石墨相氮化碳（g-C_3N_4）和金属有机骨架（MOFs）化合物的构建策略，以及助催化剂（MXene）和绝缘体材料在光催化领域中的应用，并讲解天然矿物光催化在环境净化中的贡献。

　　本书由吕康乐（中南民族大学教授）、温丽丽（华中师范大学教授）、王靖宇（华中科技大学教授）和李覃（中南民族大学副教授）共同讨论制订大纲和撰写，其中吕康乐撰写第2、4、5及8~11章；温丽丽撰写第3章；王靖宇撰写第6、7章；李覃撰写第1章。感谢黎小芳副教授（武汉轻工大学）、杨恒博士（武汉轻工大学）、马亚娟博士（平顶山学院）和伍晓锋博士（武汉轻工大学）的审阅，以及课题组研究生虞梦雪、李开宁、陈金宝、康宁馨、黄蔚欣和常世鑫等同学参与本书文字和图片的整理工作。同时还要感谢中国地质大学（武汉）余家国教授和清华大学朱永法教授对本书出版提出的宝贵意见和给予的鼎力支持。

　　本书的出版得到国家自然科学基金面上项目"基于晶面接触效应构建高效半导体复

合光催化材料"（51672312）、"可见光响应的超小非贵 MNPs/MOFs 超薄纳米片复合材料的合成与催化性能研究"（22171097）、"用于可见光催化还原 CO_2 的纳米尺寸锆基 MOF 的构建及其催化机理研究"（21771072）、"纳米 TiO_2-超交联聚合物杂化材料的结构设计及光催化还原 CO_2 研究"（21771070）、教育部"新世纪优秀人才支持计划"项目"空心纳米颗粒自组装二氧化钛空心微球光催化空气净化"（NCET-12-0668）、湖北省杰出青年基金项目"橄榄球形单晶二氧化钛空心球的制备与光催化性能研究"（2011CDA107）、湖北省自然科学基金-黄石联合资助重点项目"基于微通道反应器处理高浓度化工废水的催化湿式氧化动力学与机理研究"（2022CFD001）、湖北省高等学校实验室研究项目（HBSY2023-048）、湖北高校省级教学团队（中南民族大学资源环境新工科课程群教学团队）建设项目、2022 年度中南民族大学研究生教育与培养质量提升项目（YJS22047）的支持，在此致以诚挚的谢意。

我们长期从事半导体光催化方面的研究工作，围绕光催化材料可见光利用率不高和光生载流子易复合等关键科学问题，开展较为系统和深入的研究，并取得了一定进展。本书选择典型的半导体光催化材料，总结增强光吸收和促进载流子分离策略，提高半导体光催化材料在二氧化碳还原、分解水产氢和空气净化方面的性能。我们期望本书的出版，在丰富半导体光催化理论的同时，能为我国环境污染和能源短缺问题的解决做出贡献。

由于才疏学浅，对该领域的一些关键问题尚处于探索研究阶段，书稿难免有不足之处，恳请读者通过邮件方式（邮箱：lvkangle@mail.scuec.edu.cn）将意见反馈给我们，以指导和促进我们后期的研究工作。

吕康乐

2023 年 11 月

目　录

第1章　半导体光催化原理与金属硫化物光催化分解水产氢 ⋯⋯⋯⋯⋯⋯ 1
1.1　引言 ⋯⋯⋯⋯⋯⋯⋯⋯⋯⋯⋯⋯⋯⋯⋯⋯⋯⋯⋯⋯⋯⋯⋯⋯⋯⋯⋯ 1
1.2　半导体光催化原理 ⋯⋯⋯⋯⋯⋯⋯⋯⋯⋯⋯⋯⋯⋯⋯⋯⋯⋯⋯⋯⋯⋯ 2
1.3　金属硫化物光催化分解水产氢 ⋯⋯⋯⋯⋯⋯⋯⋯⋯⋯⋯⋯⋯⋯⋯⋯⋯ 4
　　1.3.1　金属硫化物产氢光催化剂 ⋯⋯⋯⋯⋯⋯⋯⋯⋯⋯⋯⋯⋯⋯⋯⋯ 5
　　1.3.2　金属硫化物产氢性能提升策略 ⋯⋯⋯⋯⋯⋯⋯⋯⋯⋯⋯⋯⋯⋯ 7
1.4　小结 ⋯⋯⋯⋯⋯⋯⋯⋯⋯⋯⋯⋯⋯⋯⋯⋯⋯⋯⋯⋯⋯⋯⋯⋯⋯⋯⋯ 13
参考文献 ⋯⋯⋯⋯⋯⋯⋯⋯⋯⋯⋯⋯⋯⋯⋯⋯⋯⋯⋯⋯⋯⋯⋯⋯⋯⋯⋯ 13

第2章　半导体光催化中的非贵金属助催化剂 MXene ⋯⋯⋯⋯⋯⋯⋯⋯⋯ 17
2.1　引言 ⋯⋯⋯⋯⋯⋯⋯⋯⋯⋯⋯⋯⋯⋯⋯⋯⋯⋯⋯⋯⋯⋯⋯⋯⋯⋯⋯ 17
2.2　MXene 的剥离方法 ⋯⋯⋯⋯⋯⋯⋯⋯⋯⋯⋯⋯⋯⋯⋯⋯⋯⋯⋯⋯⋯ 18
2.3　以 MXene 为助剂的杂化光催化材料 ⋯⋯⋯⋯⋯⋯⋯⋯⋯⋯⋯⋯⋯⋯ 19
　　2.3.1　机械混合法 ⋯⋯⋯⋯⋯⋯⋯⋯⋯⋯⋯⋯⋯⋯⋯⋯⋯⋯⋯⋯⋯⋯ 19
　　2.3.2　自组装法 ⋯⋯⋯⋯⋯⋯⋯⋯⋯⋯⋯⋯⋯⋯⋯⋯⋯⋯⋯⋯⋯⋯⋯ 20
　　2.3.3　原位氧化法 ⋯⋯⋯⋯⋯⋯⋯⋯⋯⋯⋯⋯⋯⋯⋯⋯⋯⋯⋯⋯⋯⋯ 20
2.4　MXene 作为助催化剂的光催化机理 ⋯⋯⋯⋯⋯⋯⋯⋯⋯⋯⋯⋯⋯⋯ 20
2.5　MXene 基复合材料在光催化中的应用 ⋯⋯⋯⋯⋯⋯⋯⋯⋯⋯⋯⋯⋯ 21
　　2.5.1　光催化析氢 ⋯⋯⋯⋯⋯⋯⋯⋯⋯⋯⋯⋯⋯⋯⋯⋯⋯⋯⋯⋯⋯⋯ 21
　　2.5.2　光催化还原 CO_2 ⋯⋯⋯⋯⋯⋯⋯⋯⋯⋯⋯⋯⋯⋯⋯⋯⋯⋯⋯ 24
　　2.5.3　光催化固氮 ⋯⋯⋯⋯⋯⋯⋯⋯⋯⋯⋯⋯⋯⋯⋯⋯⋯⋯⋯⋯⋯⋯ 27
　　2.5.4　有机污染物的光催化氧化 ⋯⋯⋯⋯⋯⋯⋯⋯⋯⋯⋯⋯⋯⋯⋯⋯ 28
2.6　小结 ⋯⋯⋯⋯⋯⋯⋯⋯⋯⋯⋯⋯⋯⋯⋯⋯⋯⋯⋯⋯⋯⋯⋯⋯⋯⋯⋯ 30
参考文献 ⋯⋯⋯⋯⋯⋯⋯⋯⋯⋯⋯⋯⋯⋯⋯⋯⋯⋯⋯⋯⋯⋯⋯⋯⋯⋯⋯ 31

第3章　MOFs 超薄纳米片与 CdS 纳米棒复合高效光催化分解水制氢 ⋯ 35
3.1　引言 ⋯⋯⋯⋯⋯⋯⋯⋯⋯⋯⋯⋯⋯⋯⋯⋯⋯⋯⋯⋯⋯⋯⋯⋯⋯⋯⋯ 35
3.2　实验部分 ⋯⋯⋯⋯⋯⋯⋯⋯⋯⋯⋯⋯⋯⋯⋯⋯⋯⋯⋯⋯⋯⋯⋯⋯⋯ 36
　　3.2.1　药品与试剂 ⋯⋯⋯⋯⋯⋯⋯⋯⋯⋯⋯⋯⋯⋯⋯⋯⋯⋯⋯⋯⋯⋯ 36
　　3.2.2　催化剂制备 ⋯⋯⋯⋯⋯⋯⋯⋯⋯⋯⋯⋯⋯⋯⋯⋯⋯⋯⋯⋯⋯⋯ 37
　　3.2.3　催化剂表征 ⋯⋯⋯⋯⋯⋯⋯⋯⋯⋯⋯⋯⋯⋯⋯⋯⋯⋯⋯⋯⋯⋯ 37
　　3.2.4　光催化活性测试 ⋯⋯⋯⋯⋯⋯⋯⋯⋯⋯⋯⋯⋯⋯⋯⋯⋯⋯⋯⋯ 38
3.3　结果与讨论 ⋯⋯⋯⋯⋯⋯⋯⋯⋯⋯⋯⋯⋯⋯⋯⋯⋯⋯⋯⋯⋯⋯⋯⋯ 38
　　3.3.1　晶相结构与形貌分析 ⋯⋯⋯⋯⋯⋯⋯⋯⋯⋯⋯⋯⋯⋯⋯⋯⋯⋯ 38
　　3.3.2　样品表面化学状态 ⋯⋯⋯⋯⋯⋯⋯⋯⋯⋯⋯⋯⋯⋯⋯⋯⋯⋯⋯ 40
　　3.3.3　光学性质与能带结构 ⋯⋯⋯⋯⋯⋯⋯⋯⋯⋯⋯⋯⋯⋯⋯⋯⋯⋯ 42

  3.3.4 光催化性能 ·· 43

  3.3.5 光生载流子分离与转移路径分析 ··················· 46

 3.4 小结 ·· 50

 参考文献 ··· 50

第4章 (001)TiO₂/Ti₃C₂复合材料光催化还原CO₂ ······· 54

 4.1 引言 ·· 54

 4.2 实验部分 ·· 55

  4.2.1 催化剂制备 ··· 55

  4.2.3 催化剂表征 ··· 56

  4.2.4 光电化学测试 ·· 56

  4.2.5 光催化CO₂还原活性测试 ·························· 56

 4.3 结果与讨论 ·· 57

  4.3.1 晶相结构与形貌分析 ································· 57

  4.3.2 X射线光电子能谱与傅里叶红外分析 ············ 59

  4.3.3 光学性质与N₂吸脱附曲线分析 ·················· 63

  4.3.4 光电化学性质 ·· 65

  4.3.5 光催化CO₂还原活性与中间物种鉴定 ·········· 65

  4.3.6 光催化机理 ··· 67

 4.4 小结 ·· 68

 参考文献 ··· 69

第5章 Ti₃C₂/g-C₃N₄纳米片的二维复合异质结光催化还原CO₂ ··· 71

 5.1 引言 ·· 71

 5.2 实验部分 ·· 72

  5.2.1 催化剂制备 ··· 72

  5.2.2 催化剂表征 ··· 73

  5.2.3 光催化还原CO₂ ······································· 73

 5.3 结果与讨论 ·· 74

  5.3.1 超薄2D/2D Ti₃C₂/g-C₃N₄异质结形成机理 ··· 74

  5.3.2 形貌分析 ·· 75

  5.3.3 晶相结构与光吸收 ···································· 77

  5.3.4 比表面积与CO₂吸附 ································· 78

  5.3.5 光催化CO₂还原 ······································ 80

  5.3.6 原位红外光谱分析 ···································· 82

  5.3.7 电荷迁移与分离 ······································· 83

  5.3.8 光催化机理 ··· 86

 5.4 小结 ·· 87

 参考文献 ··· 87

第6章 多孔材料在CO₂还原中的应用 ······················ 91

 6.1 引言 ·· 91

 6.2 光催化还原CO₂原理 ···································· 91

  6.2.1 CO₂吸附和活化 ······································· 92

6.2.2 电子和空穴的分离特性 ·········· 93
6.2.3 反应模式 ·········· 94

6.3 高效 CO_2 吸附多孔材料 ·········· 94
6.3.1 无机多孔材料 ·········· 95
6.3.2 有机-无机杂化多孔材料 ·········· 96
6.3.3 有机多孔材料 ·········· 97

6.4 光催化 CO_2 还原研究进展 ·········· 99
6.4.1 无机半导体催化剂 ·········· 99
6.4.2 MOFs 基光催化剂 ·········· 100
6.4.3 MOPs 基光催化剂 ·········· 105
6.4.4 多孔材料复合光催化剂 ·········· 107

参考文献 ·········· 111

第 7 章 微孔聚合物修饰 TiO_2 空心微球还原空气中的 CO_2 ·········· 118
7.1 引言 ·········· 118
7.2 实验部分 ·········· 119
7.2.1 SiO_2 球及 SiO_2@TiO_2 核壳结构制备 ·········· 119
7.2.2 TiO_2/卟啉基 MOP（HUST-1）制备 ·········· 119
7.2.3 TiO_2/HUST-1-Pd 和 HUST-1-Pd 制备 ·········· 120
7.2.4 Pd/TiO_2 制备 ·········· 120
7.2.5 光催化 CO_2 还原测试 ·········· 120
7.2.6 样品表征 ·········· 120

7.3 结果与讨论 ·········· 121
7.3.1 TiO_2/HUST-1-Pd 的优化 ·········· 121
7.3.2 刻蚀条件优化 ·········· 124
7.3.3 形貌与结构 ·········· 125
7.3.4 孔隙结构与 CO_2 吸附性能 ·········· 130
7.3.5 光催化 CO_2 还原活性与稳定性 ·········· 132
7.3.6 光电化学与电化学性质 ·········· 133
7.3.7 光催化 CO_2 还原反应的路径 ·········· 134

7.4 小结 ·········· 139

参考文献 ·········· 139

第 8 章 氰基缺陷协同 $CaCO_3$ 增强氮化碳纳米片光催化去除氮氧化物 ·········· 142
8.1 引言 ·········· 142
8.2 实验部分 ·········· 143
8.2.1 氰基与 $CaCO_3$ 共修饰 g-C_3N_4 纳米片（xCa-CN）的制备 ·········· 143
8.2.2 纯 g-C_3N_4 纳米片（CN）和体相 g-C_3N_4（BCN）的制备 ·········· 144
8.2.3 光催化去除 NO 实验 ·········· 144
8.2.4 原位红外光谱检测 ·········· 145

8.3 结果与讨论 ·········· 145
8.3.1 理化性质分析 ·········· 145
8.3.2 光学性质与能带结构 ·········· 149

8.3.3 光催化去除 NO 性能 ··150
8.3.4 光催化性能增强机理 ··152
8.4 小结 ···158
参考文献 ··158

第9章 单原子铁修饰 TiO₂ 空心微球可见光催化氧化氮氧化物 ·········163
9.1 引言 ···163
9.2 实验部分 ···164
9.2.1 催化剂制备 ···164
9.2.2 催化剂表征 ···165
9.2.3 （光）电化学测量 ···165
9.2.4 NO 光催化氧化实验 ··165
9.2.5 原位红外漫反射光谱测试 ··166
9.3 结果与讨论 ··166
9.4 小结 ···178
参考文献 ··178

第10章 光催化中的绝缘体材料 ···180
10.1 引言 ··180
10.2 绝缘体在光催化中的作用 ···183
10.2.1 作为助催化剂 ···184
10.2.2 作为基底催化剂 ··188
10.2.3 作为隔绝层 ··191
10.3 绝缘体光催化剂激活策略 ···193
10.3.1 氧空位的引入 ···193
10.3.2 金属缺陷的引入 ··195
10.3.3 局域表面等离子体效应的利用 ····································196
10.4 小结 ··197
参考文献 ··198

第11章 天然矿物及其在环境修复中的应用 ·································202
11.1 引言 ··202
11.2 天然矿物分类 ···204
11.2.1 硫化物矿物 ··204
11.2.2 氧化物和氢氧化物矿物 ···204
11.2.3 含氧盐矿物 ··204
11.2.4 其他矿物 ···207
11.3 天然矿物在环境修复中的应用 ··207
11.3.1 光催化杀菌及 NO 的去除 ···207
11.3.2 基于高级氧化技术的水体净化 ····································210
11.3.3 重金属和挥发性有机化合物的吸附去除 ·······················212
11.4 小结 ··214
参考文献 ··215

第1章 半导体光催化原理与金属硫化物光催化分解水产氢

1.1 引　言

伴随着全球经济复苏与发展，化石燃料燃烧所产生的二氧化碳、氮氧化物和硫氧化物等化学物质造成了全球气候变暖、冰川融化、洪涝、酸雨等极端气候现象，生态平衡遭到破坏。到 2017 年，全球平均表面温度被发现比工业化前高出约 1 ℃，并以 0.02 ℃/年的速度升高（Myers-Smith et al.，2020）。并且，由于化石能源的消耗，能源短缺危机对社会和人类的负面影响也愈加广泛和严重。为实现能源自主独立，摆脱我国对化石能源的依赖，推动能源向清洁化、绿色型、共享化的方向发展迫在眉睫。由于化石燃料将在不久的将来耗尽，科学家正持续积极地探索实现能源低碳化和可持续化的方法。寻找新型的可再生能源作为有限的化石燃料资源的替代品，以实现未来的能源安全、确保能源的可持续化，成为解决能源和环境问题的关键举措。

太阳能、风能、潮汐能、生物质能等可再生能源是可持续的清洁能源。众所周知，太阳光在自然界中是无处不在、取之不尽、用之不竭的。1972 年藤岛昭教授通过实验发现，水中的二氧化钛（TiO_2）在光与电的共同辅助下，促使水分解成氢气和氧气。该发现初步奠定了光催化技术的基础。自此，越来越多的半导体光催化材料开始不断地被发现，并在一定程度上有效地利用了太阳光能，同步实现资源利用和能源转化。近年来，光催化技术已经取得相当大的进展，且初步在生态环境治理和新能源开发领域中崭露头角。其中半导体光催化产氢技术，尤为符合我国政策中所提清洁能源的技术要求。在这种全球能源格局中，氢能正在经历一个前所未有的历史性时刻，以发挥其未来的关键作用。氢气被认为是一种高度灵活的二次燃料（代指从自然界直接获取的能量和资源，经过加工或转换后得到的其他种类和形式的能源），可以有效地充分利用其可再生资源的潜力。与其他商业化的石油基燃料相比，氢气的吸引力在于它是一种无碳燃料。氢气具有以下优势。

（1）具有高热值，是优秀的能量载体。氢气的导热系数是一般气体的 11 倍左右，是良好的传热载体。而且，每克的氢气燃烧能产生大约 143 kJ 的热量。将其燃烧后，每千克氢气所能产生的能量皆优于碳基燃料，如焦炭（4.5 倍）、乙醇（3.9 倍）和石油（3 倍）。

（2）燃烧产物仅含水。氢气燃烧时，它与氧气反应只生成水，不会产生诸如二氧化碳、一氧化碳、碳氢化合物等温室气体或有害气体，与其他燃料相比更清洁，对生态环境更加友好。

（3）自然界中储量丰富，制取途径多样。氢元素通常以化合物的形式广泛存在于自然界中，最为人所知的非空气和水莫属。其中水又占据着地表面积的 71%，由此看来，氢气的制取原料丰富，储量很大。氢气不仅能够从传统化石燃料中提取，还可通过电解水、光催化或电催化分解水等途径制取。

（4）安全性好。首先，氢气无毒，且燃烧时氢焰的辐射率小，仅占汽油火焰辐射率的 10%，因此氢焰周围的温度并不高。再者，相比于挥发后滞留在空气中的不易疏散的化石燃料蒸汽，氢气在开放的大气中是极易逃逸的。最后，氢气着火的条件缺一不可：①火源；②氢气与空气中氧气的占比达到一定要求。因此，只要严格遵守规定，氢气是一种较安全的燃料。

（5）应用领域广。目前，在工业、交通和发电等领域，氢气作为能源使用都更有利于实现低碳化和清洁化。例如，氢气可以在工业领域直接提供绿色的化学燃料；在交通领域，也能通过氢燃料电池作为新能源汽车的驱动力。在不久的将来，氢气具备的优异潜力，定会使其在新能源体系中占据不可或缺的重要位置。

综上所述，氢气能有效地促进碳中和目标的实现，并且极具潜力为未来的可再生能源系统创造一个良性循环。实现这一目标的第一个基本步骤是生产大量的氢气。事实上，氢气在目前的社会背景下仍不属于主要的能源。尽管氢气可以通过不同的方式产生，但制取氢气的主流途径依旧为通过煤与水蒸气的气化获取和从普通的化石燃料（如天然气）中产生。迄今，氢能已经在工业中得到应用，全球每年约有 1.2 亿 t 从化石燃料中获取的氢气被生产和消耗，主要用于炼油工业和合成氨生产。此外，专用氢管道已经运行了几十年。虽然氢气生产已经"规模化"，但还不够清洁。再者，目前有 96% 的氢气提取自化石燃料（天然气 48%，石油 30%，煤 18%），其余的仅有 4% 来自电解（Wang et al.，2020）。这意味着与氢气生产相关的污染排放量仍然很大，且制取成本非常昂贵。因此，氢气制备将在能源转型中变得越来越重要。太阳能（太阳辐照度为 400～1 000 W/m^2）是另一种可再生能源，仅 30 min 内落在地球上的辐射数量就足以满足全世界每年的能源需求。故而，新兴的半导体光催化技术无疑为氢气的能源转型提供了新思路。

1.2 半导体光催化原理

光催化技术属于一种基于半导体材料而发展起来的先进技术。一般而言，按照导电性能的强弱，可以将材料划分为导体、半导体、绝缘体。导体是易于导电的物质（金、银、铜、铝、铁），导电性好；绝缘体是不导电的物质；半导体则定义为在常温下，导电性能介于导体和绝缘体之间的材料。半导体由导带（conduction band，CB）和价带（valance band，VB）组成。其中，导带和价带之间的能量空隙则构成半导体的特定带隙，又称禁带，用 E_g 表示（图 1.1）。E_g 决定了光学激发所需的最小能量。只有入射光的能量（$h\nu$）满足了禁带宽度的要求（即 $h\nu > E_g$），半导体才能够实现光能向化学能的转变。从热力学的角度出发，半导体光催化剂对光的吸收能力、光催化反应进行的可能性和所需驱动力的大小都取决于价带和导带之间的相对位置，即禁带宽度。在不同类型的半导体中，禁带宽度也具有差别。半导体的带隙宽度越大，则需要的光能越强，所对应的光的波长越短，该类半导体所需的光能范围主要限制于紫外光区域；而半导体的带隙宽度越小，则需要的光能越弱，所对应的光的波长就相对较长，该类半导体所需的光能就可以由紫外光区域拓宽至可见光区域。此外，半导体中导带和价带的位置也是决定光催化热力学反应能否顺利进行的关键参数。通常，半导体的价带顶位置越正，则光照时生成空穴的氧化能力越强；同理，半导体的导带底位置越负，则光生电子的还原能力越强。

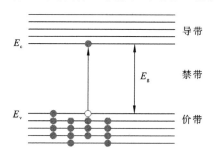

图 1.1　半导体受光激发时电子跃迁的示意图

合适的禁带宽度和能带结构是半导体光催化反应的重要热力学因素，但反应过程依然受动力学因素影响。光催化反应与催化反应在概念上是不同的，因为催化剂中含有活性位点，这有助于底物转化为产物；而活性位点的使用在光催化剂的情况下可能不合适，因为光催化剂的反应位点在黑暗条件下实际上是没有活性的。从反应动力学的角度来看，催化反应的速率在很大程度上取决于活性位点的密度。然而，对于光催化反应，光的强度是影响反应速率的主要因素之一。因此，光催化可概括为以下三个关键步骤（图 1.2）。

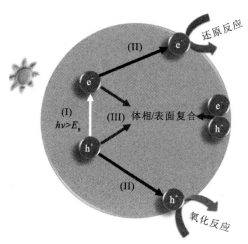

图 1.2　半导体光催化反应动力学示意图
当光催化剂受光照射时，电子-空穴对（e⁻-h⁺）产生、分离并传输到半导体表面

（1）吸收光能，光诱导电子-空穴对（载流子）分离。当半导体吸收光子能量等于或大于能带时，半导体价带中的光生电子（e⁻）向导带迁移；而随之产生的空穴（h⁺）则继续留在价带，如此便形成了电子-空穴对。

（2）光生电子和空穴向催化剂表面迁移并在表面被捕获。迁移至表面的电子和空穴可以引发一系列氧化还原反应。传统热催化一般局限于自发反应（$\Delta G < 0$），而光催化可同时发生自发和非自发反应。有效地转移与利用光生电子和空穴是突破光催化过程效率低关卡的重点策略。

（3）光生载流子在催化剂体相或表面复合。受到光能辐照后，并非所有的光生电子和空穴都能顺利传输至半导体表面。迁移过程中，部分光生电子和空穴会在体相内发生复合。另一部分到达表面的电子和空穴，也会因具备相反电荷而互相吸引导致复合。该步骤也成为自光催化技术诞生以来，研究者一直在探究改善光催化效率的关键。

目前，半导体纳米材料已被普遍用作光催化剂，因为它们能利用光能，并产生对光催化应用至关重要的带电载体。常见的能够作为光催化剂的半导体材料有金属氧化物、金属铁氧体、金属硫化物、金属氮化物和不含金属的单质、聚合物等。并且，光催化剂的应用领域已经囊括光催化产氢、光催化二氧化碳转化、光催化污染物降解和光催化固氮等。其中，光催化水裂解产氢是无碳技术，可以为当前世界能源危机提供一个生态友好的解决方案，以满足世界能源的需求。

1.3 金属硫化物光催化分解水产氢

光催化产氢是在含有合适的半导体光催化剂的水中，光的照射引起并加速光化学反应分解水产氢的过程。水的光催化裂解也被称为"人工光合作用"，它是一个简单的反应，可以把光能转化为化学形式。半导体光催化产氢机理如图 1.3 所示。首先，能量大于光催化剂带隙的光进行辐照，将价带中的电子激发到导带中，而带正电的空穴继续留在价带里，形成电子-空穴对。接着，相应的光诱导电子和空穴分离并移动到半导体界面。随后，这些 e^- 和 h^+ 在光催化剂表面分别还原和氧化化学物质，电子将 H^+ 还原为氢气促进产氢反应，即析氢反应（hydrogen evolution reaction，HER），空穴将 O^{2-} 氧化为氧气，驱动析氧反应（oxygen evolution reaction，OER）。最后，一些电子与空穴重新结合，空穴以热或光的形式消散，不参与化学反应。

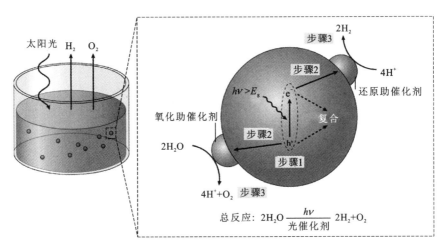

图 1.3 半导体光催化产氢机理示意图

引自 Chen 等（2017）

从热力学来看，水的分解是一个吸热过程，足够的能量是克服载流子与水分子氧化还原反应的势垒所必需的。因此，光催化剂的带隙理论上应该大于最低要求的势能值（1.23 eV）（所对应的光波长为 $\lambda < 1\,010$ nm）或 $\Delta G^0 = 237$ kJ/mol（Navarro et al.，2007）。

从太阳光谱来看，地球表面的红外线（>700 nm）占 52%～55%，可见光（400～700 nm）占 42%～43%，紫外线（< 400 nm）占 3%～5%。因此，光催化剂的禁带宽度应小于 3.1 eV，以利用更多的太阳光谱可见光。为达到分解水的标准，具有合适能量的光子是必要的前提条件。H_2O 光化学分裂过程中 O_2 和 H_2 的演化分别基于以下还原和氧化过程：

$$氧化反应：2H_2O + 4h^+ \longrightarrow O_2 + 4H^+ \tag{1.1}$$

$$还原反应：\quad 2H^+ + 2e^- \longrightarrow H_2 \tag{1.2}$$

$$总反应：\quad 2H_2O \longrightarrow 2H_2 + O_2 \tag{1.3}$$

另外，从光催化剂表面向水界面的电荷转移在动力学上也是有利的。图 1.4 中列举了一些常见的半导体光催化剂的能带结构，以便更直观地理解半导体的能带位置与产氢电势对光催化水分解制氢反应的必要性。为了还原氧化 H_2O 分子生成 H_2 和 O_2，半导体的导带的电势必须比 H^+/H_2 的还原电位更负[0 V vs. 标准氢电极（normal hydrogen electrode，NHE），pH=7]，价带边缘必须比 O_2/H_2O 的氧化电位更正（+1.23 V vs. NHE，pH=7）。综上所述，为实现合理的整体水裂解产氢反应，优秀的光催化剂必须具备：合适的带边电位、最佳的载流子分离效率、低电荷复合且吸收光谱必须足够宽阔。

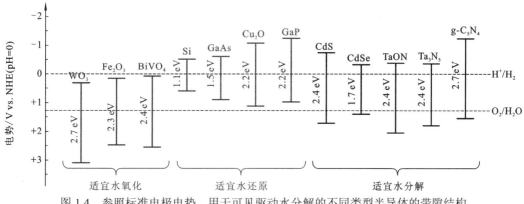

图 1.4　参照标准电极电势，用于可见驱动水分解的不同类型半导体的带隙结构

引自 Wang 等（2018）

1.3.1　金属硫化物产氢光催化剂

在过去的几十年里，金属硫化物纳米材料光催化剂因其独特的物理化学性质而受到广泛的研究，至今已有大量的金属硫化物光催化剂被用于水的分解。与金属氧化物相比，金属硫化物因其较窄的禁带宽度，能在 600 nm 左右的波长范围内实现可见光激发，而更有潜力作为 H_2 析出的光催化材料。然而，由于光激发载流子的快速复合，金属硫化物的产氢性能仍然受到限制。此外，由于对可见光的敏感性，易发生光腐蚀也是金属硫化物基光催化剂的主要问题。所谓光腐蚀，是指金属硫化物光催化剂在受到光照激发后，留在价带中的正电荷空穴倘若未能够及时消耗，便会与游离在溶液中或者硫化物表面的 S^{2-} 反应生成硫单质，从而影响金属硫化物的光催化活性，降低光催化剂的循环性能。因此，许多文献报道致力于解决载流子复合和光腐蚀问题。例如装饰助催化剂、引入贵金属纳米颗粒或与其他半导体构筑异质结都有助于促进光激发电子-空穴对的输运。再者，

通过掺杂、表面织构的修饰和晶体结构的调整，还可以进一步提高金属硫化物的光催化性能。迄今，在众多金属硫化物半导体光催化剂中，硫化镉（CdS）、硫化铟锌（ZnIn₂S₄）是表现较为出色的光催化剂。

　　CdS 是一种被广泛研究的金属硫化物基光催化剂，其直接带隙宽度约为 2.4 eV，与太阳光的可见光谱范围吻合良好；并且具有合适的导带位置，这在很大程度上决定了光生载流子的还原效率。对于一个实用的体系，以上两点完全满足了水分解产氢的热力学要求。CdS 光催化剂有两种主要的晶体结构，立方相结构和六方相结构（图 1.5）。在立方相和六方相结构中，Cd 和 S 原子都是四面体配位的。在这两种晶体结构中，六方晶相是环境条件下最稳定的相，而立方晶相是亚稳态结构。通常，块状 CdS 一般具有六方相晶体结构；立方相结构的 CdS 纳米微晶仅在环境压力下制备时才能观察到。并且，随着CdS 颗粒尺寸的减小，CdS 的晶体结构存在由六方相向立方相转变的趋势。迄今，得益于 CdS 优良的带隙结构，诸多策略已经被应用于构筑 CdS 基光催化复合材料，以进一步优化 CdS 的光催化活性，拓宽 CdS 基光催化材料的应用领域。

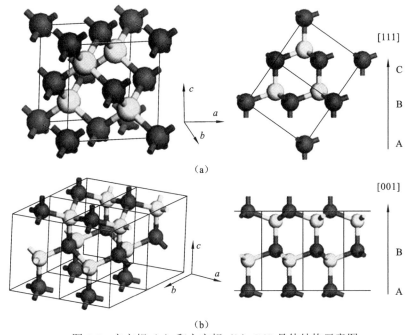

图 1.5　立方相（a）和六方相（b）CdS 晶体结构示意图

A、B、C 为晶面层；黄色球代表 S，红色球代表 Cd；引自 Zhang 等（2013）；扫封底二维码见彩图

　　ZnIn₂S₄ 是一种通用的三元金属硫化半导体，由于其带隙能量为 2.06～2.85 eV 且可见光响应波长在 570 nm 附近，被认为是一种极具潜力的二维（2D）光催化剂。一般来说，ZnIn₂S₄ 也具有两相晶体结构，包括六方相和立方相[图 1.6]。在六方相 ZnIn₂S₄ 的晶体层状结构中，原子沿 c 轴重复堆叠，顺序为 S-Zn-S-In-S-In-S。在该层状结构中，Zn原子、一半的 In 原子、一半的 S 原子形成四面体配位，而另一半 In、S 原子则进行八面体配位[图 1.6（a）]。相反，在立方相 ZnIn₂S₄ 的晶体结构中，Zn 和 In 原子分别对应与S 原子进行四面体配位和八面体配位[图 1.6（b）]。一般来说，由于 ZnIn₂S₄ 具有层状晶体结构，它更倾向于形成二维纳米片状形貌。然而，根据热力学原理，单独的纳米片具

有两个主要暴露表面，具有很高的表面能。故而在纳米片形成初期，为了降低表面能，新形成的二维纳米片往往会在表面快速聚集并组装成三维纳米花球。因此，到目前为止，报道的$ZnIn_2S_4$大多呈现纳米花球形态。与上述CdS相比，$ZnIn_2S_4$具有更高的物理化学稳定性，在光催化反应中具有更优的耐久性。并且，与其他金属硫化物相比，$ZnIn_2S_4$的毒性较低，因此，在环境修复领域具有更高的应用可能性。此外，由于其原料广泛，化学成分简单，$ZnIn_2S_4$相对容易合成。目前，$ZnIn_2S_4$基光催化剂已经广泛应用于环境和能源应用，如产氢、降解污染物和CO_2还原等。

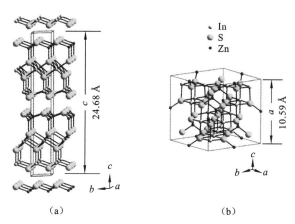

图1.6　六方相（a）和立方相（b）的$ZnIn_2S_4$晶体结构示意图

引自Hu等（2007）

1.3.2　金属硫化物产氢性能提升策略

然而，除高效的产氢效率外，光催化剂的长期化学稳定性也是实现大规模太阳能转换需要考虑的关键问题。尽管人们已经探索了各种金属硫化物基光催化剂，但是，对于未改性的金属硫化物半导体，光诱导电子和空穴在到达表面前很容易重新结合，从而大大降低其性能。此外，在光照条件下，部分金属硫化物，如CdS和$ZnIn_2S_4$表面的硫离子会被其外表面富集的光生空穴自氧化，这严重限制了它们作为光催化剂的稳定性和实际应用。因此，只有克服金属硫化物光催化剂自身的载流子体相复合及光腐蚀障碍，才能实现长时间稳定的光催化分解水性能。迄今为止，为了改善和解决上述问题，学者已经采用了诸多策略来构建高效的金属硫化物基复合光催化材料。

1. 金属或非金属掺杂

通常，掺杂被认为是提高半导体光谱响应的常用策略，它可以通过供给/接受电子来增加载流子的浓度（接受电子导致空穴的增加），促使能级接近半导体的导带或价带边。$ZnIn_2S_4$掺杂Mn可实现产氢性能提升，这归因于Mn掺杂引起用于光催化的电子和空穴数量增加。然而，在体相$ZnIn_2S_4$半导体光催化剂中，杂原子倾向于不规则地分布在内部，这成为光生载流子的复合中心，将造成相反的效果。例如Fe、Cr、Co等过渡金属掺杂$ZnIn_2S_4$后，光催化产氢活性降低，这是因为在带隙区域中产生的杂质水平充当光生电子和空穴的非辐射复合中心。类似地，非金属元素也可用于掺杂。Yang等（2016）

报道了与原始 ZnIn$_2$S$_4$ 相比，O 掺杂的 ZnIn$_2$S$_4$ 超薄纳米片中光生载流子的平均寿命得到有效延长。

2. 形貌调控

光催化剂的形貌会影响其性能，因为形貌会直接影响其表面积和表面活性位点，如电子-空穴对在一维（1D）半导体纳米材料界面上的复合时间相对于零维的纳米材料更长，所以间接提高了一维半导体纳米材料的电子收集效率。类似地，通过将粒子尺寸减小到纳米级来实现形貌调控，可以降低体相中电子-空穴复合的概率，因为电子和空穴的移动距离不需要超过其扩散长度。例如，当 CdS 纳米粒子的尺寸从 4.6 nm 减小到 2.8 nm 时，光催化产氢过程的量子产率从 11% 升高到 17%。然而，这种操作存在副作用，因为它将导致半导体带隙的增加，这将会降低催化剂对光能的利用率。此外，Lang 等（2017）团队通过溶剂热合成了一系列不同含量六方相和立方相的 CdS 纳米复合物，发现与立方相 CdS 相比，六方相的 CdS 表现出更强的抗光腐蚀稳定性和极高的制氢光催化活性。该系列混相 CdS 的 H$_2$ 释放速率随着六方相 CdS 含量的升高而提升[图 1.7（a）和（b）]。

3. 晶面生长控制

光催化反应主要发生在光催化剂的表面。化合物中某些特定晶面的暴露将会极大地提高光催化剂的活性，称为晶面效应。因此，制备具有特定晶面的光催化剂是光催化领域的一个重要课题。Shen 等（2012）报道制备了一种具有三维柿状结构(006)晶面暴露的 ZnIn$_2$S$_4$ 用于光催化产氢活性测试。实验证实，(006)晶面百分比的增加提高了 ZnIn$_2$S$_4$ 的产氢能力。(006)晶面的原子结构主要由不饱和的 Zn 和 In 离子组成。在 H$_2$ 生成反应中，ZnIn$_2$S$_4$ 暴露的不饱和金属阳离子会吸引 S^{2-} 和 SO$_3^-$，从而加快光生空穴的消耗，阻碍电子空穴的复合过程，提高光催化活性。另外，通过控制水热时长，能够获得具有低能量晶面暴露的六方相与立方相共存的 CdS 异相结[图 1.7（c）和（d）]（Zhao et al.，2020）。光照后，异相 CdS 上的电子和空穴将以费米能级差为驱动力分别向六方相 CdS 的(102)晶面和立方相 CdS 的(111)晶面转移。并且，通过调节晶相比，可实现光催化 H$_2$ 产出效率的极大提升[图 1.7（e）]。

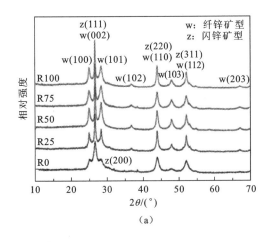

（a）

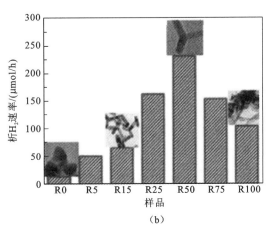

（b）

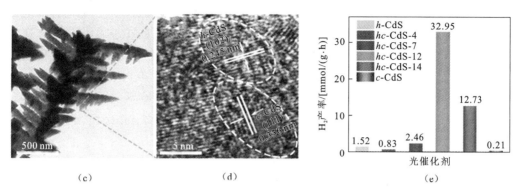

图 1.7　溶剂/水热时长对 CdS 样品结晶相和产氢活性的影响

（a）不同溶剂热时长下 CdS 的 X 射线衍射图；（b）CdS 光催化产氢活性 ；（c）六方-立方相 CdS 异相结的 TEM 图像；
（d）六方-立方相 CdS 异相结的 HRTEM 图像；（e）异相 CdS、六方相 CdS 和立方相 CdS 样品的光催化产氢活性
TEM：transmission electron microscope，透射电子显微镜；HRTEM：high resolution transmission electron microscope，
高分辨透射电子显微镜；（a）和（b）引自 Lang 等（2014）；（c）～（e）引自 Zhao 等（2020）；扫封底二维码见彩图

4. 牺牲剂使用

电荷复合是影响光催化反应性能的因素之一。牺牲剂作为电子供体，可以有效地消耗空穴，防止光催化剂表面载流子的复合。对于不同的反应，应使用不同的牺牲剂。在光催化制氢反应中，牺牲剂作为空穴清除剂，减少了光激发电子-空穴对的电荷复合。自此更多的电子便可以与 H^+ 反应，提高光催化产氢性能。金属硫化物基光催化剂在含牺牲剂 Na_2S 和 Na_2SO_3 的水溶液中表现出优异的活性。除此之外，其他候选牺牲剂如三乙醇胺、乳酸、甲醇等都可作为金属硫化物复合光催化剂的牺牲剂。

5. 助催化剂负载

对于未改性的金属硫化物半导体光催化剂固有的缺点（由于扩散长度有限，光生电子-空穴对复合速度快、电子利用率低等），助催化剂负载是增强光生载流子分离的有效方法之一。将金属硫化物与助催化剂复合，所获得的复合材料比单纯的金属硫化物能更好地抑制光生载流子的复合，并具备更强的光催化稳定性。而且，助催化剂的添加，还能提供更多的质子还原位点，促进质子还原反应，提升光催化产氢效率。

例如金属负载，金属助催化剂能作为电子接受体，加上其自身优越的导电性可以加速光激发电荷的传递，从而作为 H_2 的解吸位点。例如 Au、La 可以分散在 $ZnIn_2S_4$ 的表面上作为电子陷阱，有效抑制光生电子与空穴的复合，成为氢气生成的活性位点，使 $ZnIn_2S_4$ 的产氢效率得到提高（Zhu et al.，2019；Tian et al.，2015）。此外，在可见光下，贵金属（Au、Ag、Pt、Pd 等）会产生表面等离子共振（surface plasmon resonance，SPR）效应，通过散射共振光子提高光吸收能力，增强局部电磁场或形成热等离子体电子提高光催化性能。并且，SPR 产生的光热效应可以产生热电子，从而为催化反应提供动力，有利于半导体的光催化性能。研究人员发现 CdS/Au 在日光下具有优异的光催化制氢性能。这是由于锚定于 CdS 表面的 Au 纳米颗粒产生的 SPR 具有有效的电位化效应，可以增强 CdS 表面的正电势，有效地促进载流子在半导体中的分离和迁移，从而显著提高光催化产氢反应性能。类似地，CdS 通过脉冲激光辐照诱导金属 Cd 在 CdS 表面的原位形

成团簇构造 Cd/CdS 肖特基结。光照后，表面的 Cd 团簇接受激发电子，从而有效地加速电子-空穴对的分离，为光催化还原反应赋予更多电子，因此 Cd/CdS 的氢气析出速度是纯 CdS 的 40 倍（Zhong et al.，2019）。此外，除了添加单个金属，双金属负载也能达到提升光催化产氢的效果。比如，在半导体 $ZnIn_2S_4$ 中引入 Au 和 Pt 作为助催化剂，导致双界面协同作用的形成。此时，在金属-半导体界面中，电子会从 $ZnIn_2S_4$ 转移到 Au-Pt 纳米粒子，这有效地抑制了光生电子-空穴对的复合，增强了 $ZnIn_2S_4$ 光催化产氢活性（An et al.，2021）。

然而，金属，特别是贵金属，由于其价格昂贵，且无法在商业上轻易获得的事实使得它们在光催化领域的发展受到限制。据近些年研究报道，某些金属硫化物也可以作为助催化剂的备选材料。其中，二硫化钼（MoS_2）作为一种典型的层状过渡金属硫化物纳米材料，其结构由三个原子层（S-Mo-S）构成，并通过范德瓦耳斯力连接在一起。密度泛函理论（density functional theory，DFT）计算表明，原子氢键与 MoS_2 的自由能接近 Pt，接近于零。并且，通过理论计算证实，由于 MoS_2 边缘上暴露的 S 原子容易与溶液中游离的 H^+ 产生较强的键合反应，所以 MoS_2 边缘位具有催化活性，能够为光催化产氢提供更多的反应位点。MoS_2 因其丰度高、成本低、活性高、稳定性良好、表面吸附力强等优势，成为光催化产氢领域的研究前沿和热点。因此，与贵金属相比，MoS_2 被认为是低成本助催化剂的潜力股。基于此，Zhang 等（2018b）设计单锅溶剂热反应，原位制备了一种密切接触的 $MoS_2/ZnIn_2S_4$ 复合结构光催化剂。当 MoS_2 在复合物中的负载量为 5% 时，$MoS_2/ZnIn_2S_4$ 的产氢速率达到 3 891.6 μmol/(g·h)，是 $ZnIn_2S_4$ 同等 Pt 负载量下的 3.7 倍。Huang 等（2019）通过在 MoS_2 薄片上生长二维超薄 $ZnIn_2S_4$ 纳米片，构建了分级 $MoS_2/ZnIn_2S_4$ 复合材料，显著提高了光催化产氢性能[图 1.8（a）和（b）]。再者，Li 的团队在高温 H_2S 流动下，将$(NH_4)_2MoS_4$ 和 $ZnIn_2S_4$ 煅烧得到 $MoS_2/ZnIn_2S_4$ 复合材料，MoS_2 的负载可显著增强 $ZnIn_2S_4$ 光催化产氢效率（Wei et al.，2014）。另外，可将 $ZnIn_2S_4$ 纳米片上 Zn 表面的 S 空位作为电子陷阱，将 MoS_2 量子点顺利锚定在其上，从而构筑二维原子级复合材料，用于光催化产氢。光辐照下，光电子可以通过紧密的 Zn—S 键界面快速迁移到 MoS_2 量子点上。经测试，$MoS_2@ZnIn_2S_4$ 在可见光下的产氢活性是 6 884 μmol/(g·h)，是 $ZnIn_2S_4$ 的 11 倍，并且其表观量子效率高达 63.87%。类似地，CdS/MoS_2 复合体系不仅可以使 CdS 更加稳定，而且可以提高催化性能，这已经得到证实。Yang 等（2017b）在 CdS 纳米线上涂覆多层 MoS_2 以形成 $CdS@MoS_2$ 核壳异质结构[图 1.8（c）]。$CdS@MoS_2$ 复合物的产氢活性较 CdS 而言得到显著提升[图 1.8（d）]。图 1.8（e）中循环活性数据表明，这种核/壳结构的 CdS 复合物的光化学稳定性在 MoS_2 存在下得到了极大的改善。同样，Han 等（2017）通过简单的水热策略构建了一维 $CdS@MoS_2$ 核壳纳米线。MoS_2 作为无贵金属助催化剂，可以从水中富集产 H_2 的活性位点。同时，MoS_2 薄壳与一维 CdS 棒芯之间，由于大界面接触产生的协同作用可以有效地延缓电子-空穴对的复合，在可见光下，析氢速率最高可达 493.1 μmol/h。此外，Zhuge 等（2021）报道了一种内部光沉积方法可以将二维层状 MoS_2 紧密地锚定在 CdS 量子点表面上。CdS 与 MoS_2 的紧密接触有利于其中的电子-空穴对分离。同时，MoS_2 不仅为 H_2 的生成提供高活性的反应位点，还作为 CdS 的保护层抑制光腐蚀。制备的 CdS/MoS_2 复合光催化剂的 H_2 产率达到

13 129 μmol/(g·h)，并在可见光下具有优异的光催化耐久性。然而，MoS_2 作为一种半导体助催化剂，由于其带隙较窄（1.29 eV）及光诱导载流子的高复合率，光催化效率被极大限制。另外，MoS_2 的导电性不佳限制了其作为助催化剂的应用。因此，依旧有必要寻求催化性能更好且易获得的助催化剂材料。

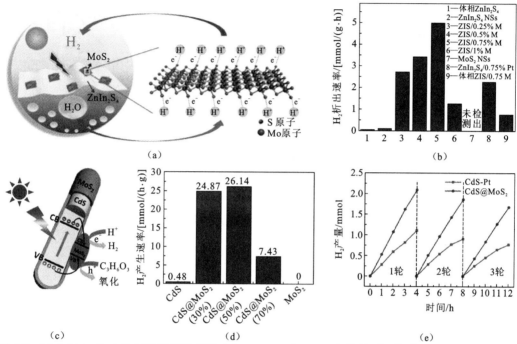

图 1.8　$MoS_2/ZnIn_2S_4$ 上的产氢机理示意图（a）；$ZnIn_2S_4$ 与 MoS_2 负载量不同的系列 $MoS_2@ZnIn_2S_4$ 复合物的产氢性能比较（b）；$CdS@MoS_2$ 复合材料光诱导空穴和电子迁移及可见光下光催化产氢过程示意图（c）；CdS、$CdS@MoS_2$（30%、50% 和 70%）和 MoS_2 的产氢速率比较（d）；$CdS@MoS_2$ 和 CdS-Pt 的光催化产氢循环活性比较（e）
（a）和（b）引自 Huang 等（2019）；（c）～（e）引自 Yang 等（2017b）；扫封底二维码见彩图

6. 异质结构筑

综上所述，目前用作助催化剂的既有金属，又有半导体。在添加助催化剂的同时，由于能带结构和费米能级的相对位置，物质之间为了达到新的平衡会形成不同类型的异质结。异质结的构筑同样能为改善金属硫化物固有缺陷提供有效帮助，包括扩大光响应范围及建立各种载流子转移路径加速光诱导载流子的迁移和分离。近几年，各种具有良好匹配几何结构的金属硫化物基异质结的构筑得到了良好的发展，如金属硫化物-其他半导体（胡海龙 等，2017；Chai et al.，2017；Yuan et al.，2016）、金属硫化物-金属氧化物（李坚 等，2018；Li et al.，2018；Yang et al.，2017a）和金属硫化物-g-C_3N_4（Lin et al.，2018）已成功制备异质结（I 型、II 型、Z 型，如图 1.9 所示）并应用于能源与环境领域。

此外，图 1.9 所示的肖特基异质结（Schottky junction）还可以通过 CdS 或 $ZnIn_2S_4$ 半导体与金属结合来生成。所谓肖特基异质结，是指一般形成在金属和半导体的界面上，而电子的迁移是基于金属和半导体之间相对费米能级（E_f）位置的异质结。E_f 是指在绝对零度下，半导体中电子能占据的最高能级的位置，其提供了与其他能级相互比较的基

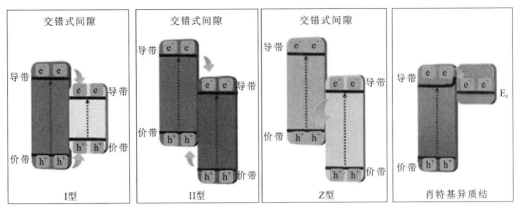

图 1.9　各种类型异质结的能带相对位置和载流子转移路径的示意图

引自 Yang 等（2021）

准。另外，肖特基势垒形成还涉及两个概念，即真空能级和功函数（ϕ）。通常，真空能级被称为参考能级，指代电子在金属外表现出动能为零的一个能级。功函数则定义为将电子从费米能级传输到真空能级所需的能量，其中越高的功函数值对应越低的费米能级能量。因此，当金属功函数与半导体的差异较大时，便可以获得较高的肖特基势垒，从而导致较多的氢产量。

基于此，近年来，一种新兴的类金属 Ti_3C_2 MXene 二维材料在光催化领域大放异彩（Kuang et al.，2020）。Ti_3C_2 在光催化方面的广泛应用主要是由于其蚀刻过程中产生的丰富末端基团，有利于 Ti_3C_2 与其他半导体之间亲密接触界面的构建；Ti_3C_2 的带隙可以通过其表面官能团来调节；Ti_3C_2 具备优异的金属导电性和电子接受能力（Li et al.，2021a，2021b）。因此，Ti_3C_2 也是极具研究前景的可构筑肖特基异质结的助催化剂。所以，Zuo 等（2020）通过在超薄 $Ti_3C_2T_x$ 纳米片的表面负载二维 $ZnIn_2S_4$ 纳米片，合理地设计并合成了 $Ti_3C_2T_x/ZnIn_2S_4$ 肖特基异质结[图 1.10（a）]。紧密耦合的 $Ti_3C_2T_x/ZnIn_2S_4$ 异质结不论是亲水性、载流子迁移率，还是光催化产氢效率都得到了提高。较 $ZnIn_2S_4$ 而言，$Ti_3C_2T_x/ZnIn_2S_4$ 每小时的产氢量提升了将近 6.6 倍。并且在荧光分析图谱中，与纯 $ZnIn_2S_4$ 相比，$Ti_3C_2T_x/ZnIn_2S_4$ 所观察到的荧光淬灭峰明显降低，进一步证实了这一点[图 1.10（b）]。除了 $ZnIn_2S_4$，$Ti_3C_2T_x$ MXene 也能作为助催化剂引入 CdS，并与其构成肖特基异质结。Sun 等（2021）报道合成的 CdS@Ti_3C_2 MXene 复合材料中，Ti_3C_2 具有良好的电子转移能力，可以有效地防止光诱导载流子复合，同时书页状的 Ti_3C_2 可以提供更多的产氢反应位点。Ti_3C_2 作为助催化剂引入 CdS，可以在 CdS 光催化还原产氢过程中发挥积极作用，同时二者的复合材料也表现出良好的稳定性。无独有偶，Xiao 等（2020）报道了 Ti_3C_2 MXene 与 CdS 结合构筑肖特基异质结提高 CdS 光催化产氢效率的研究[图 1.10（c）]。与纯 CdS 相比，CdS/Ti_3C_2 MXene 之间的异质结抑制光生电荷的复合，有助于电子迁移，具有更高的光催化产氢活性[图 1.10（d）]。显然，肖特基势垒的形成有助于半导体的光催化性能，特别是在光催化产氢领域。

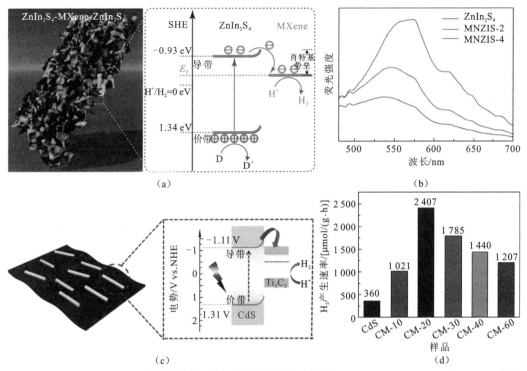

图 1.10　$Ti_3C_2T_x/ZnIn_2S_4$ 复合物的肖特基异质结能带结构示意图（a）；$Ti_3C_2T_x/ZnIn_2S_4$ 和 $ZnIn_2S_4$ 的荧光发光光谱（b）；CdS/Ti_3C_2 MXene 肖特基异质结的代表性示意图（c）；CdS 和负载 Ti_3C_2 含量不同的复合样品的光催化产氢性能对比（d）

（a）和（b）引自 Zuo 等（2020）；（c）和（d）引自 Xiao 等（2020）；扫封底二维码见彩图

1.4　小　　结

　　总而言之，在上述改善金属硫化物光催化产氢效率的策略中，负载助催化剂是被广泛研究的方法之一。但由于常用贵金属助催化剂的稀有性和高成本，寻找高效、易获取的化学替代品是必须的。因此，新兴的类金属 MXene 纳米材料，由于具有出色的导电性、可调的能带结构及成本低等优势，无疑成为绝佳的候选者之一。其中，Ti_3C_2 得益于其易制备、形态可控和导电性优异等优点而处于 MXene 家族中的核心地位。此外，Ti_3C_2 表面具有丰富的官能团和局部缺陷，经过妥善利用，能够进一步发挥其在光催化领域的优势。

参 考 文 献

胡海龙, 王晟, 侯美顺, 等, 2017. 水热法制备 p-$CoFe_2O_4$/n-CdS 及其光催化制氢性能. 物理化学学报, 33(3): 590-601.

李坚, 石先阳, 2018. CdS/$CdMoO_4$ 空心微球复合材料的化学沉淀法制备及光催化性能. 环境化学, 37(10): 2283-2290.

An H Q, Lv Z T, Zhang K, et al., 2021. Plasmonic coupling enhancement of core-shell Au@Pt assemblies on

$ZnIn_2S_4$ nanosheets towards photocatalytic H_2 production. Applied Surface Science, 536: 147934.

Chai B, Liu C, Wang C L, et al., 2017. Photocatalytic hydrogen evolution activity over $MoS_2/ZnIn_2S_4$ microspheres. Chinese Journal of Catalysis, 38(12): 2067-2075.

Chang K, Mei Z W, Wang T, et al., 2014. MoS_2/graphene cocatalyst for efficient photocatalytic H_2 evolution under visible light irradiation. ACS Nano, 8(7): 7078-7087.

Chen S S, Takata T, Domen K, 2017. Particulate photocatalysts for overall water splitting. Nature Reviews Materials, 2(10): 17050.

Fang J, Gu J J, Liu Q L, et al., 2018. Three-dimensional CdS/Au butterfly wing scales with hierarchical rib structures for plasmon-enhanced photocatalytic hydrogen production. ACS Applied Materials & Interfaces, 10(23): 19649-19655.

Han B, Liu S Q, Zhang N, et al., 2017. One-dimensional $CdS@MoS_2$ core-shell nanowires for boosted photocatalytic hydrogen evolution under visible light. Applied Catalysis B: Environmental, 202: 298-304.

He J, Chen L, Wang F, et al., 2016. CdS nanowires decorated with ultrathin MoS_2 nanosheets as an efficient photocatalyst for hydrogen evolution. ChemSusChem, 9(6): 624-630.

Hu X L, Yu J C, Gong J M, et al., 2007. Rapid mass production of hierarchically porous $ZnIn_2S_4$ submicrospheres via a microwave-solvothermal process. Crystal Growth & Design, 7(12): 2444-2448.

Huang L X, Han B, Huang X H, et al., 2019. Ultrathin 2D/2D $ZnIn_2S_4/MoS_2$ hybrids for boosted photocatalytic hydrogen evolution under visible light. Journal of Alloys and Compounds, 798: 553-559.

Kuang P Y, Low J X, Cheng B, et al., 2020. MXene-based photocatalysts. Journal of Materials Science & Technology, 56(SI): 18-44.

Lang D, Xiang Q J X, Qiu G H, et al., 2014. Effects of crystalline phase and morphology on the visible light photocatalytic H_2-production activity of CdS nanocrystals. Dalton Transactions, 43: 7245.

Li K N, Zhang S S, Li Y H, et al., 2021a. MXenes as noble-metal-alternative co-catalysts in photocatalysis. Chinese Journal of Catalysis, 42(1): 3-14.

Li Q, Xia Y, Yang C, et al., 2018. Building a direct Z-scheme heterojunction photocatalyst by $ZnIn_2S_4$ nanosheets and TiO_2 hollowspheres for highly-efficient artificial photosynthesis. Chemical Engineering Journal, 349: 287-296.

Li Z P, Huang W X, Liu J X, et al., 2021b. Embedding $CdS@Au$ into ultrathin $Ti_{3-x}C_2T_y$ to build dual Schottky barriers for photocatalytic H_2 production. ACS Catalysis, 11(14): 8510-8520.

Liang Z Z, Shen R C, Ng Y H, et al., 2020. A review on 2D MoS_2 cocatalysts in photocatalytic H_2 production. Journal of Materials Science & Technology, 56(SI): 89-121.

Lin B, Li H, An H, et al., 2018. Preparation of 2D/2D g-C_3N_4 nanosheet$@ZnIn_2S_4$ nanoleaf heterojunctions with well-designed high-speed charge transfer nanochannels towards high efficiency photocatalytic hydrogen evolution. Applied Catalysis B: Environmental, 220: 542-552.

Myers-Smith I H, Kerby J T, Phoenix G K, et al., 2020. Complexity revealed in the greening of the Arctic. Nature Climate Change, 10(2): 106-117.

Navarro R M, Pen M A, Fierro J L G, 2007. Hydrogen production reactions from carbon feedstocks: Fossil fuels and biomass. Chemical Reviews, 107(10): 3952-3991.

Shen J, Zai J T, Yuan Y P, et al., 2012. 3D hierarchical $ZnIn_2S_4$: The preparation and photocatalytic properties on water splitting. International Journal of Hydrogen Energy, 37(22): 16986-16993.

Sun B T, Qiu P Y, Liang Z Q, et al., 2021. The fabrication of 1D/2D CdS nanorod@Ti_3C_2 MXene composites for good photocatalytic activity of hydrogen generation and ammonia synthesis. Chemical Engineering Journal, 406: 127177.

Tian F, Zhu R S, Song K L, et al., 2015. The effects of amount of La on the photocatalytic performance of $ZnIn_2S_4$ for hydrogen generation under visible light. International Journal of Hydrogen Energy, 40(5): 2141-2148.

Wang Q, Domen K, 2020. Particulate photocatalysts for light-driven water splitting: Mechanisms, challenges, and design strategies. Chemical Reviews, 120(2): 919-985.

Wang Y O, Suzuki H, Xie J J, et al., 2018. Mimicking natural photosynthesis: Solar to renewable H_2 fuel synthesis by Z-Scheme water splitting systems. Chemical Reviews, 118(10): 5201-5241.

Wei L, Chen Y J, Lin Y P, et al., 2014. MoS_2 as non-noble-metal co-catalyst for photocatalytic hydrogen evolution over hexagonal $ZnIn_2S_4$ under visible light irradiations. Applied Catalysis B: Environmental, 144: 521-527.

Xiao R, Zhao C X, Zou Z Y, et al., 2020. In situ fabrication of 1D CdS nanorod/2D Ti_3C_2 MXene nanosheet Schottky heterojunction toward enhanced photocatalytic hydrogen evolution. Applied Catalysis B: Environmental, 268: 118382.

Yang G, Chen D M, Ding H, et al., 2017a. Well-designed 3D $ZnIn_2S_4$ nanosheets/TiO_2 nanobelts as direct Z-scheme photocatalysts for CO_2 photoreduction into renewable hydrocarbon fuel with high efficiency. Applied Catalysis B: Environmental, 219: 611-618.

Yang R J, Mei L, Fan Y Y, et al., 2021. $ZnIn_2S_4$-based photocatalysts for energy and environmental applications. Small Methods, 5(10): 2100887.

Yang W L, Zhang L, Xie J F, et al., 2016. Enhanced photoexcited carrier separation in oxygen-doped $ZnIn_2S_4$ nanosheets for hydrogen evolution. Angewandte Chemie International Edition, 55(23): 6716-6720.

Yang Y, Zhang Y, Fang Z B, et al., 2017b. Simultaneous realization of enhanced photoactivity and promoted photostability by multilayered MoS_2 coating on CdS nanowire structure via compact coating methodology. ACS Applied Materials & Interfaces, 9(8): 6950-6958.

Yuan Y J, Tu J R, Ye Z J, et al., 2016. MoS_2-graphene/$ZnIn_2S_4$ hierarchical microarchitectures with an electron transport bridge between light-harvesting semiconductor and cocatalyst: A highly efficient photocatalyst for solar hydrogen generation. Applied Catalysis B: Environmental, 188: 13-22.

Zhang K, Guo L J, 2013. Metal sulphide semiconductors for photocatalytic hydrogen production. Catalysis Science & Technology, 3(7): 1672-1690.

Zhang S Q, Liu X, Liu C B, et al., 2018a. MoS_2 quantum dot growth induced by S vacancies in a $ZnIn_2S_4$ monolayer: Atomic-level heterostructure for photocatalytic hydrogen production. ACS Nano, 12(1): 751-758.

Zhang Z Z, Huang L, Zhang J J, et al., 2018b. In situ constructing interfacial contact MoS_2/$ZnIn_2S_4$ heterostructure for enhancing solar photocatalytic hydrogen evolution. Applied Catalysis B: Environmental, 233: 112-119.

Zhao Y, Shao C T, Lin Z X, et al, 2020. Low-energy facets on CdS allomorph junctions with optimal phase ratio to boost charge directional transfer for photocatalytic H_2 fuel evolution. Small, 16(24): 2000944.

Zhong W W, Shen S J, He M, et al., 2019. The pulsed laser-induced Schottky junction via in-situ forming Cd clusters on CdS surfaces toward efficient visible light-driven photocatalytic hydrogen evolution. Applied Catalysis B: Environmental, 258: 117967.

Zhu T T, Ye X J, Zhang Q Q, et al., 2019. Efficient utilization of photogenerated electrons and holes for photocatalytic redox reactions using visible light-driven $Au/ZnIn_2S_4$ hybrid. Journal of Hazardous Materials, 367: 277-285.

Zhuge K, Chen Z, Yang Y,et al., 2021. In-suit photodeposition of MoS_2 onto CdS quantum dots for efficient photocatalytic H_2 evolution. Applied Surface Science, 539: 148234.

Zuo G C, Wang Y T, Teo W L, et al., 2020. Ultrathin $ZnIn_2S_4$ nanosheets anchored on $Ti_3C_2T_x$ MXene for photocatalytic H_2 evolution. Angewandte Chemie International Edition, 59(28): 11287-11292.

第 2 章　半导体光催化中的非贵金属助催化剂 MXene

2.1　引　　言

MXene 是一类新型二维（2D）过渡金属碳化物、氮化物或碳氮化物，主要是通过选择性蚀刻其三维（3D）块状前驱体 MAX 相中的 A 元素而获得。其中，M 代表早期过渡金属元素，例如 Sc、Ti、V 等；A 为 IIIA 和 IVA 的一种元素，X 则代表 C 和/或 N 元素（Anasori et al.，2017）。MXene 的分子式为 $M_{n+1}X_n$ 或 $M_{n+1}X_nT_x$（T 代表表面官能团如—O、—F 和—OH），n 的范围通常为 1～3，它决定了 MXene 的结构类型。

图 2.1 展示了一些典型的 MXene 结构（M_2XT_x、$M_3X_2T_x$ 和 $M_4X_3T_x$），其中第一行为 X 元素被覆盖的单一过渡金属 MXene 结构。对于固溶相，两种过渡金属 M 随机分布在 MXene 中（见图 2.1 第二行）。第三行显示的是有序的双 M 金属化合物，其中单层或双层的一种 M 金属被另一种金属夹在层间（Gogotsi et al.，2019）。虽然其他二维碳基材料，如石墨烯和石墨已经在许多领域得到了发展，但它们简单的化学组分限制了其多样化应用。相较而言，MXene 具有复杂的分层结构，且至少包含两种元素；因此，MXene 拥有更大的结构及组分调整空间，这有助于实现其特定物理化学性质的调控（Kuang et al.，2018；Yang et al.，2018）。另外，由于其出色的导电性、独特的结构和可调的带结构，MXene 被认为是许多领域的热点材料，如储能（刘欢 等，2023；Li et al.，2020a）、生物传感器（尹建宇 等，2024；Zhang et al.，2019）、环境催化（Li et al.，2019d；Sun et al.，2019）等。

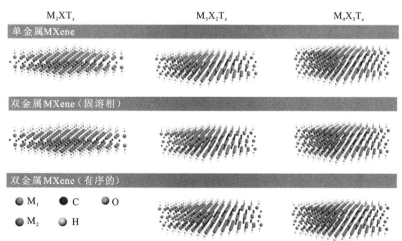

图 2.1　MXene 的典型结构和组成成分示意图

M 为早期过渡金属元素，X 为 C 和/或 N 元素（此处以 C 元素为例）；引自 Li 等（2019d）；扫封底二维码见彩图

MXene 虽然在光催化领域有很大的潜力，但不能直接用作光催化剂，因为它们基本上不是半导体（Sun et al.，2019）。根据计算预测，通过改变其表面官能团，一些 $M_{n+1}X_nT_x$ 可以成为半导体，然而这些材料还没有通过实验合成得到验证（Mashtalir et al.，2014）。研究表明，MXene 已被成功开发为高效光催化的助催化剂（Zeng et al.，2019；Cai et al.，2018）。最近发表的大多数关于 MXene 的综述论文主要集中在能源相关领域，包括 MXene 的合成、性质和潜在应用等方面（Pang et al.，2019；Verger et al.，2019）。鉴于目前 MXene 作为光催化应用中助催化剂的研究较少，本章旨在综述 MXene 作为助催化剂的最新进展，主要包括在光催化产氢、CO_2 光还原、光催化固氮和光氧化去除有机污染物等方面的应用；此外，介绍 MXene 基光催化材料的合成及光催化机理；最后，从当前 MXene 面临的挑战出发，对未来的研究方向进行展望。

2.2　MXene 的剥离方法

迄今为止报道的 MXene 主要是通过氢氟酸（HF）（Naguib et al.，2011）、原位形成 HF 的刻蚀剂（氟化物和 HCl）（Lipatov et al.，2016；Ghidiu et al.，2014）或熔融氟化物（氟化钾、氟化钠或氟化锂）（Urbankowski et al.，2016）选择性地刻蚀 MAX 相中的 A 元素而获得，如图 2.2 中第一步所示。在这一过程中，HF 可以选择性破坏比 M—X 键更脆弱的 M—A。为了获得单层或更少层的 MXene，通过超声、手动/机械搅拌剥离多层 MXene（图 2.2 中最后一步）。此外，插层阶段可选择性地使用插层剂，如 DMSO、TBAOH、NH_4HF_2 和尿素，促进 MXene 剥离。

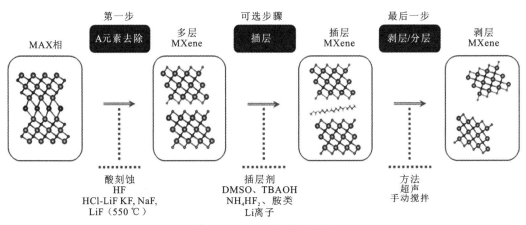

图 2.2　MXene 合成示意图

引自 Alhabeb 等（2017）；扫封底二维码见彩图

氢氟酸介导的湿法刻蚀是最常用的合成 MXene 的方法。Naguib 等（2011）率先使用氢氟酸溶液蚀刻 Ti_3AlC_2（MAX），而多层的 MXene 可以在甲醇溶液中通过超声剥离。通常，通过氢氟酸蚀刻得到 $M_{n+1}X_nT_x$（MXene）的反应过程（Hantanasirisakul et al.，2018）如下所示。

$$M_{n+1}AlX_n + 3HF \longrightarrow M_{n+1}X_n + AlF_3 + 1.5H_2 \tag{2.1}$$

$$M_{n+1}X_n + 2H_2O \longrightarrow M_{n+1}X_n(OH)_2 + H_2 \tag{2.2}$$

$$M_{n+1}X_n + 2HF \longrightarrow M_{n+1}X_nF_2 + H_2 \tag{2.3}$$

MAX 相中的 Al 层可与 HF 反应生成 AlF_3 和 H_2 气体[式（2.1）]，导致 MXene 层间距增大。制得的多层 MXene 通常含有 O、OH 和 F 等终端基团[式（2.2）和式（2.3）]。由于表面基团会影响 MXene 的物理化学性质，阐明其功能非常重要（Peng et al.，2019）。为了避免使用高浓度强腐蚀性的氟化氢溶液，Ghidiu 等（2014）使用氟化锂和盐酸的混合溶液刻蚀 Ti_3AlC_2（MAX），开辟了一条更安全和更高产的 $Ti_3C_2T_x$（MXene）合成路线。值得注意的是，刻蚀条件如氟化锂和盐酸的含量对 MXene 的质量有一定的影响。例如，Shahzad 等（2016）通过调整 LiF 和 HCl 的含量，开发了一种温和的剥离方法，即最低强度层剥离（minimally intensive layer delamination，MILD）来制备较大尺寸的单层 $Ti_3C_2T_x$。在制备过程中，仅使用手动摇晃（无超声处理），这种方法有利于刻蚀过程中的阳离子嵌入，该方法制备的单层 MXene 尺寸更大且缺陷更少（Alhabeb et al.，2017）。一般而言，不同的 MXene 应用场景需要不同的制备方法。对于更小、有更多缺陷的薄片，建议使用 HF 刻蚀。为了获得导电性更好和尺寸更大的 MXene，建议使用 MILD 法。Urbankowski 等（2016）首次报道了在熔融氟化物（氟化钾、氟化钠或氟化锂）存在下，于 550 ℃加热 Ti_4AlN_3 合成氮化物 MXene（Ti_4N_3）。在热处理过程中，会产生一些含氟副产物，需要用 H_2SO_4 洗去除这些杂质。最后，加入氢氧化四丁基铵作为插层剂，再经过超声处理，即可得到少层甚至单层的 MXene。这种熔融氟化物盐法是传统 MXene 制备方法的突破。

2.3　以 MXene 为助剂的杂化光催化材料

作为光催化应用中的助催化剂，MXene 的异质结构设计和制备受到越来越多的关注，也取得了预期的效果。因此，总结 MXene 基光催化材料的合成方法具有重要意义。目前，MXene 基光催化剂材料主要有三种合成方法：机械混合法、自组装法和原位氧化法。

2.3.1　机械混合法

机械混合法是一种相对简单的复合催化剂的合成方法，具有操作简便、成本低等优点。研磨固体粉末或在溶液中混合两种方式都可用于在光催化剂表面负载 MXene。根据 Sun 等（2018）的研究，通过简单的机械研磨 $g-C_3N_4$ 和 Ti_3C_2（MXene）粉末，Ti_3C_2 成功地沉积在 $g-C_3N_4$ 光催化剂的表面；煅烧后的 $g-C_3N_4/Ti_3C_2T_x$ 复合材料显示出显著改善的光生载流子分离效率和增强的光催化产氢性能。Ye 等（2018）发现 $Ti_3C_2-OH/P25$ 异质材料可通过将两个组分混合于水中经磁力搅拌而制备得到，研究表明表面碱化的 Ti_3C_2 可以显著提高 P25 光催化 CO_2 还原的性能。优异的光催化性能归因于 Ti_3C_2-OH 优异的导电性、CO_2 吸附和活化性能。

2.3.2 自组装法

与机械混合法得到的复合材料相比，通过自组装法制得的样品接触得更紧密、分散得更均匀。Su 等（2019）采用静电自组装的方法制备了双二维 2D/2D Ti$_3$C$_2$/g-C$_3$N$_4$ 杂化材料，并且证明了 MXene 是光催化反应的有效助催化剂。该研究发现，由于质子化的 g-C$_3$N$_4$ 带正电荷，MXene 表面带负电荷，Ti$_3$C$_2$ 和 g-C$_3$N$_4$ 可通过静电诱导自组装形成 Ti$_3$C$_2$/g-C$_3$N$_4$ 异质结。类似地，Ag$_3$PO$_4$/Ti$_3$C$_2$（Cai et al.，2018）、TiO$_2$ 纳米纤维/Ti$_3$C$_2$（Zhuang et al.，2019）、CdS/Ti$_3$C$_2$T$_x$（Xie et al.，2018）等一系列 MXene 基复合光催化剂也可以通过这种方法合成。

2.3.3 原位氧化法

与上述方法不同，含 MXene 基杂化光催化剂还可以通过直接原位氧化 MXene 获得。由于形成的金属氧化物（MO）与 MXene 之间存在化学键，这种强而紧密的接触使杂化材料具有独特的光电性质。例如，Peng 等（2016）采用水热法将 Ti$_3$C$_2$ 局部氧化合成了 Ti$_3$C$_2$ 和暴露(001)高能面的 TiO$_2$ 的杂化光催化剂。Su 等（2018）在 CO$_2$ 氛围下，采用一步法氧化 Nb$_2$CT$_x$ 制备了 Nb$_2$O$_5$/C/Nb$_2$C 纳米复合材料。研究发现，Nb$_2$CT$_x$ 的氧化时间对 Nb$_2$O$_5$/C/Nb$_2$C 杂化材料的光学和催化性能有重要影响。氧化时间为 1 h 的样品表现出最高的光催化析氢速率，比纯 Nb$_2$O$_5$ 快 4 倍。值得注意的是，用该法氧化 MXene 的产物一般是 MO/MXene 或 MO/MXene/C（多为无定形碳），其中 C 和 MXene 可作为光催化反应的助催化剂（Sun et al.，2019）。但是这种方法只能在 MO 是半导体的情况下使用。

2.4　MXene 作为助催化剂的光催化机理

对于大多数半导体光催化剂，光生载流子的快速复合会影响整体的光催化性能。负载助催化剂被认为是提高光催化剂性能的有效策略（图 2.3）。将 MXene 与半导体光催化剂耦合有望在光催化应用中发挥巨大的潜力，因为具有独特二维层状结构的 MXene 能够提供丰富的吸附位点和强的金属导电性。目前，已有一些研究表明，相比于传统单一半导体光催化剂，MXene 基纳米复合材料具有更高的光活性和稳定性（Cheng et al.，2019b）。

由于 MXene 和主催化剂之间的费米能级不同，光激发的电子将从主催化剂的导带迁移到具有强导电性的 MXene（Shen et al.，2019）。随着电子在 MXene 上积累，主催化剂的导带和价带会向上弯曲，形成肖特基势垒。另外，肖特基势垒会阻碍电子从 MXene 返回主催化剂，促使电子快速转移。MXene 上积累的电子可以与 H$^+$ 反应产生氢，参与 CO$_2$ 还原反应产生 CH$_4$、CO、CH$_3$OH 等碳氢产物，而价带上空穴可以用于有机污染物的氧化去除（Cheng et al.，2019b）。MXene 与主催化剂之间的肖特基势垒也可以抑制光生载流子的复合，促进光催化过程。当然，主催化剂与 MXene 需要强而紧密的界面接触，这可与肖特基结协同提升体系光催化效率。

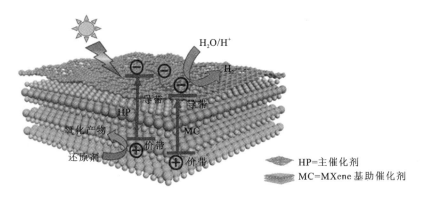

图 2.3　MXene 基助催化剂的光催化机理

引自 Cheng 等（2019b）；扫封底二维码见彩图

2.5　MXene 基复合材料在光催化中的应用

2.5.1　光催化析氢

社会的可持续发展需要清洁技术的进步，这引发了研究人员对可再生能源探索的热情（Li et al.，2020b；Tian et al.，2017）。H_2 具有较高的能量密度（140 MJ/kg），且燃烧时只产生水。因此，它被认为是满足未来燃料需求的最清洁的产品之一（Cheng et al.，2019a；Guo et al.，2016）。由太阳能驱动的光催化产氢可以作为解决能源危机和环境问题的重要策略。然而，太阳能光催化产氢通常需要高效且稳定的助催化剂。近年来，MXene 受到光催化领域研究者的极大关注。相比于使用贵金属助催化剂的产氢，MXene 可作为一种高成本效益的替代品。Ran 等（2017）通过水热法制备了一种由 Ti_3C_2 纳米粒子和 CdS 组成的复合材料 CdS/Ti_3C_2，该材料可作为一种无贵金属的光催化剂用于可见光光催化产氢。CdS/Ti_3C_2 复合光催化剂的形貌如图 2.4（a）和（b）所示。通过优化 Ti_3C_2 助催化剂的负载量（Ti_3C_2 与 CdS 的质量比为 2.5%时），以乳酸作为牺牲剂，CdS/Ti_3C_2 显示出最高的光催化产 H_2 速率（14 342 μmol/(h·g)）[图 2.4（c）]；其表观量子效率（apparent

（a）　　　　　　（b）

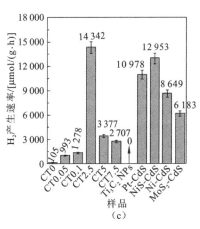

（c）

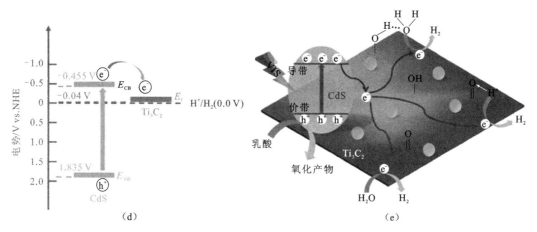

图 2.4 CdS/Ti$_3$C$_2$ 复合物（CT2.5）的高倍透射电镜图（a）、扫描电镜图（b）和产氢速率对比图（c），以及 CdS/Ti$_3$C$_2$T$_x$ 的能带结构（d）和光催化机理示意图（e）

（a）～（c）引自 Ran 等（2017）；（d）和（e）引自 Yang 等（2019）

quantum efficiency，AQE）为 40.1% @ 420 nm，该材料是活性最高的金属硫化物光催化剂之一。在含—O 终端基团的 Ti$_3$C$_2$ 纳米颗粒上高效的电子-空穴对的分离和电子转移是 CdS/Ti$_3$C$_2$ 高光活性的主要原因。该研究表明 MXene 可以作为贵金属助剂的替代物在太阳能光解水中发挥作用。

尽管 MXene 是产氢的一种有效的助催化剂，但是其功能可能受限于与主催化剂较弱的界面接触。Yang 等（2019）的研究表明，通过 O$_2$-N$_2$-等离子体处理 Ti$_3$C$_2$T$_x$，可以增强其与 CdS 纳米粒子间的物理相互作用。他们通过温和的溶剂热法成功地制备了等离子体改性的 Ti$_3$C$_2$T$_x$/CdS 杂化材料。经过优化的 1%-Ti$_3$C$_2$T$_x$/CdS 样品，在以乳酸作为牺牲试剂的条件下，可见光催化产氢速率达 825 μmol/(g·h)，对应的 AQE 为 10.2% @ 450 nm。如图 2.4（d）和（e）所示，CdS 纳米粒子的导带电位比 Ti$_3$C$_2$T$_x$ 的 E_f 更负，因此光生电子会从 CdS 迁移到 Ti$_3$C$_2$T$_x$ 参与产氢。具体而言，优异的产氢性能可归因于 Ti$_3$C$_2$T$_x$ 表面丰富的含氧基团及 CdS 纳米颗粒与 Ti$_3$C$_2$ 间密切的接触。前者有利于捕获 H$_2$O/H$^+$；后者提供了稳定的电荷转移通道，抑制了电子-空穴对的复合。金属硫化物在光催化反应过程中容易发生光腐蚀现象。因此，提高这类催化剂的稳定性具有重要意义。对此，Xie 等（2018）提出了 Ti$_3$C$_2$T$_x$ 原位限制 Cd^{2+} 浸出的新机制，并获得了预期的结果。尽管使用 MXene 作为助催化剂可以极大地提高 Cds 的 HER 性能，但 Cd 始终是一种对环境有害的污染物，所以开发环境友好型光催化剂十分重要。Wang 等（2016）采用水热法制备了一系列 TiO$_2$/Ti$_3$C$_2$ 复合材料。与纯金红石 TiO$_2$ 相比，以 5%Ti$_3$C$_2$ 为助催化剂的 TiO$_2$/Ti$_3$C$_2$ 样品光催化 HER 活性可提高 4 倍[图 2.5(a)]。同时，他们研究了其他 MXene（如 Nb$_2$CT$_x$、Ti$_2$CT$_x$）对 TiO$_2$ 的性能增强机制，并提供深入见解。这些光催化剂都显示出增强的光活性，因为光生电子可以从其导带转移到金属碳化物（M$_x$C$_y$）。同时，金属碳化物和 TiO$_2$ 之间形成的肖特基势垒可以阻止电子返回半导体[图 2.5（b）]。上述研究表明，MXene 通常可以用作有效的助催化剂提升 TiO$_2$ 的光催化析氢性能。

考虑紧密的界面接触能为主催化剂与助催化剂间的电荷转移提供更多通道，Li 等（2019c）以含氟终端基团的 Ti$_3$C$_2$ 为前驱体，原位生长暴露(001)面的截面八面体 TiO$_2$。

其中，具有合适费米能级的 Ti_3C_2 可作为电子槽捕获电子；另外，TiO_2 上的(101)-(001)表面异质结也进一步加快了电荷分离；因此，Ti_3C_2/TiO_2 复合材料显示出出色的光产氢活性。在另一项工作中，Li 等（2019b）通过两步水热法[图 2.5（c）]合成了 2D/2D/2D Ti_3C_2 MXene/MoS_2/TiO_2 纳米片异质结，并用于裂解水产氢。该异质结在光催化反应中表现出显著增强的活性和优异的稳定性[图 2.5（d）和（e）]。催化性能提高的原因是 TiO_2 纳米片原位生长在 MXene 上，二者结合紧密，更有利于电子传输。同时，双助催化剂（Ti_3C_2、MoS_2）也在一定程度上促进了光生电荷分离。

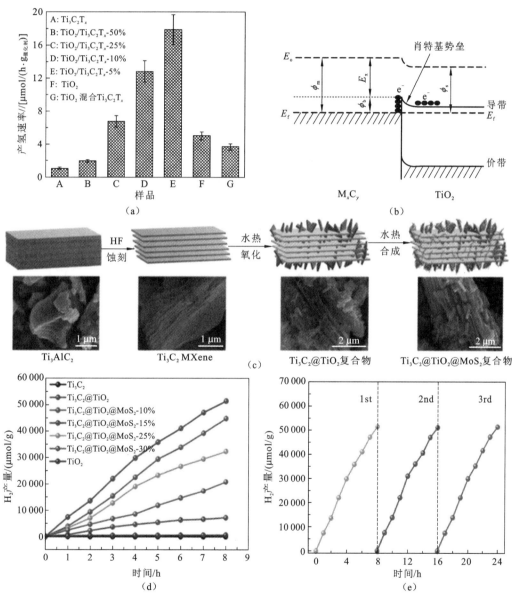

图 2.5 $Ti_3C_2T_x$ 负载量对 TiO_2/$Ti_3C_2T_x$ 复合材料光催化产氢性能的影响（a）；MXene/TiO_2 界面肖特基势垒的形成示意图（b）；Ti_3C_2@TiO_2@MoS_2 复合材料合成示意图（c）；MoS_2 负载量对 Ti_3C_2@TiO_2@MoS_2 杂化光催化剂光催化析氢活性的影响（d）；Ti_3C_2@TiO_2@MoS 2%～15%光催化剂的稳定性测试（e）

（a）和（b）引自 Wang 等（2016）；（c）～（e）引自 Li 等（2019b）；扫封底二维码见彩图

g-C₃N₄ 是一种聚合物半导体光催化剂，带隙约为 2.7 eV，常被用于可见光驱动的光催化产氢（Meng et al.，2019）。Shao 等（2017）报道了一种新型 Ti₂C MXene/g-C₃N₄ 异质结材料，经优化的 Ti₂C/g-C₃N₄（Ti₂C 与 g-C₃N₄ 质量比为 0.4%）样品，其析氢速率为 47.5 μmol/h，比纯 g-C₃N₄ 提升了 14.4 倍，甚至优于 Pt/g-C₃N₄。优异的性能可归因于 g-C₃N₄ 和 Ti₂C MXene 的紧密结合，这加速了光生电子向具有金属特性的 Ti₂C 的输送和积累。随后，积累的电子引起费米能级的负移，这有利于 H₂ 产生[图 2.6（a）]。Su 等（2019）在对 2D/2D Ti₃C₂/g-C₃N₄ 异质材料的进一步研究中，也证实了 Ti₃C₂MXene 对提升 g-C₃N₄ 光电性能、增强光催化析氢的贡献。近期，Li 等（2019a）利用自组装法合成了 g-C₃N₄@Ti₃C₂ MXene 量子点（quantum dots，QDs）。相比于贵金属 Pt，采用低维度 Ti₃C₂ MXene 量子点修饰的 g-C₃N₄ 纳米片光催化产氢能力更高[图 2.6（b）和（c）]；该工作为实现 MXene 基光催化剂性能突破提供了新的方案。

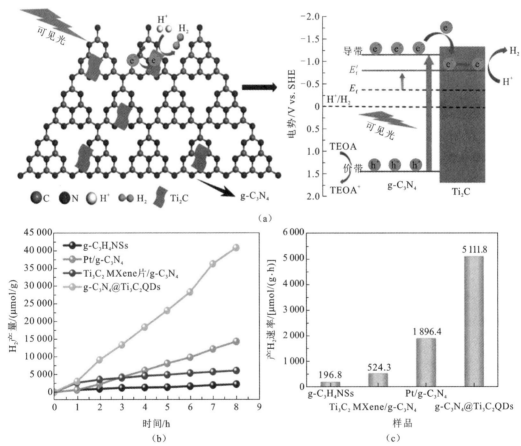

图 2.6　Ti₂C/g-C₃N₄ 的光催化产氢机理（a）、光催化析氢曲线（b）及相应的析氢速率（c）
（a）中，E_f、E_f' 分别指平衡前后的 g-C₃N₄ 费米能级，引自 Shao 等（2017）；（b）和（c）引自 Li 等（2019）；
TEOA 为三乙醇胺，TEOA⁺为三乙醇胺氧化产物；扫封底二维码见彩图

2.5.2　光催化还原 CO₂

人类工业化的快速发展、化石能源的大量消耗，产生了大量的 CO₂ 进而引发了温室

效应。将 CO_2 转化为高附加值燃料已成为一项热点研究课题，因为它既能缓解能源问题，又能减轻环境影响。CO_2 稳定的分子结构阻碍了其在工业生产中的应用。而光催化 CO_2 还原（人工光合作用）被认为是应对这一挑战获得清洁燃料的理想方法。最近，一些研究结果表明，MXene 也可以作为光催化 CO_2 还原领域中极具潜力的助催化剂（表 2.1）。

表 2.1   MXene 基材料光催化 CO_2 还原参数对比

催化剂	用量/mg	MXene	光源	实验条件	活性	参考文献
TiO_2/Ti_3C_2	50	Ti_3C_2	氙灯（300 W）	CO_2 通过 $NaHCO_3$ 和 HCl 反应原位产生（200 mL Pyrex 反应器）	4.4 μmol/(g·h)（CH_4）	Low 等（2018）
Bi_2WO_6/Ti_3C_2	100	2%Ti_3C_2（质量分数）	氙灯	CO_2 通过 $NaHCO_3$ 和 H_2SO_4 反应原位产生（200 mL Pyrex 反应器）	1.78 μmol/(g·h)（CH_4） 0.44 μmol/(g·h)（CH_3OH）	Cao 等（2018）
TiO_2（P25）/Ti_3C_2-OH	50	5%Ti_3C_2-OH（质量分数）	氙灯（300 W）	密闭循环系统（70 kPa CO_2）	16.61 μmol/(g·h)（CH_4） 11.74 μmol/(g·h)（CO）	Ye 等（2018）
CeO_2/Ti_3C_2	50	5%Ti_3C_2（质量分数）	氙灯	CO_2 通过 $NaHCO_3$ 和 HCl 反应原位产生（200 mL Pyrex 反应器）	26.1 μmol/(m²·h)（CO）	Shen 等（2019）
Ti_3C_2 QDs/Cu_2O/Cu	—	Ti_3C_2 QDs	氙灯（300 W）	高纯度 CO_2（100 mL 石英瓶）	153.38 mg/(L·cm²)（CH_3OH）	Zeng 等（2019）
$CsPbBr_3$/MXene	—	Ti_3C_2 NSs	氙灯（300 W，$\lambda>420$ nm）	高纯度 CO_2（密闭的反应釜）在线气相色谱检测系统	14.64 μmol/(g·h)（CH_4） 32.15 μmol/(g·h)（CO）	Pan 等（2019）

Ye 等（2018）发现通过引入一定量表面碱化的 Ti_3C_2-OH，可以显著增强 P25 的 CO_2 光还原活性[图 2.7（a）]。根据密度泛函理论（DFT）结果[图 2.7（b）]，CO_2 在 Ti_3C_2-F 上的吸附能为-0.13 eV，远低于 CO_2 在 Ti_3C_2-OH（-0.44 eV）上的吸附能，说明 Ti_3C_2-OH 有更好的 CO_2 吸附能力。此外，该研究还发现 Ti_3C_2-OH 优异的导电性、出色的 CO_2 吸附和活化能力都有利于增强光催化 CO_2 还原活性。值得注意的是，相比于其他碳基材料（Bie et al., 2019；Xu et al., 2019），MXene 基化合物在光催化 CO_2 还原产 CH_4 方面似乎有更好的选择性（Xu et al., 2019）。

减小 MXene 的尺寸和层数有助于缩短载流子的转移距离并为反应目标分子提供更多接触可能。Cao 等（2018）成功地制备了新型超薄 2D/2D Ti_3C_2 MXene/$BiWO_6$ 纳米片异质结[图 2.7（c）～（e）]，他们发现 5% Ti_3C_2/$BiWO_6$ 样品表现出最高的 CO_2 光还原反应性，其 CH_4 和 CH_3OH 的总产率比纯 Bi_2WO_6 超薄纳米片高 4.6 倍。该工作表明，将二维 MXene 助剂与匹配的半导体结合，可有效提高电荷转移效率，增强光响应性，从而提高 CO_2 光转换活性。此外，Zeng 等（2019）将 MXene 材料的维度扩展到零维，并通过简易的自组装法将其与 Cu 网上的 Cu_2O 纳米线耦合。三元异质结 Ti_3C_2 量子点（QDs）/Cu_2O 纳米线（NWs）/Cu 的光催化 CO_2 还原产甲醇活性分别比 Cu_2O NWs/Cu 和 Ti_3C_2 纳米片/Cu_2O NWs/Cu 高 8.25 倍和 2.15 倍[图 2.7（f）]。理论和实验结果显示，Ti_3C_2 量子点的引入提高了 Cu_2O 的 CO_2 光还原活性和稳定性，原因是它改善了材料的整体光电性质，包括光吸收、载流子扩散动力学等。如图 2.7（g）所示，在模拟太阳光的激发下，光生电子从 Cu_2O 的价带转移至导带。由于 Ti_3C_2 量子点具有较高的电导率，而且其费米能级低于 Cu_2O 的导带，所以光生电子倾向于转移并积累到 Ti_3C_2 量子点上，由此避免了电子-空穴对的复合。Ti_3C_2 量子点的费米能级比 CO_2 还原为甲醇的氧化还原势更负，因此 Ti_3C_2 量子点上积累的电子将可用于 CO_2 还原为甲醇。值得注意的是，与 Ti_3C_2 纳米片（$E_f = 0.71$ V vs. NHE，pH=7）相比（Low et al.，2018），费米能级更负的 Ti_3C_2 量子点（-0.523 V vs. NHE，pH=7）更适合光催化 CO_2-CH_3OH 反应。

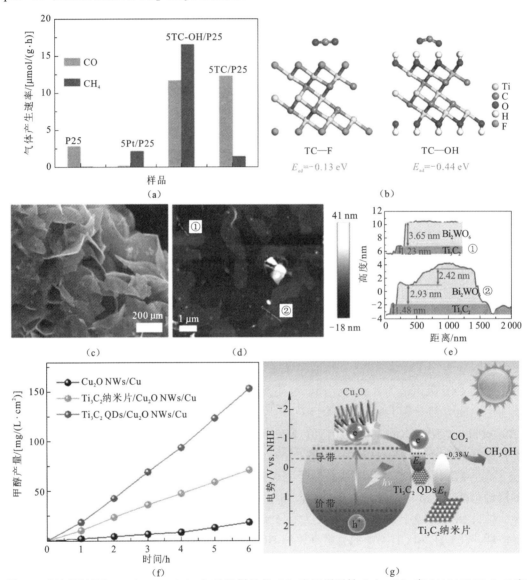

图 2.7　氙灯照射下 5% Ti_3C_2-OH/P25 与对照样品的 CO_2 光还原活性（a），CO_2 在 2×2×1 Ti_3C_2-F 和 2×2×1 Ti_3C_2-OH 超晶胞上的吸附模型（b）；超薄 Ti_3C_2 MXene/Bi_2WO_6 的 FESEM 图像（c）和 AFM 图像（d），以及对应的片状结构的高度图（e）；Ti_3C_2 QDs/Cu_2O NWs/Cu 与对照样品的 CO_2 光还原产甲醇活性图（f）和光催化 CO_2 机理图，以及 Ti_3C_2 量子点和 Ti_3C_2 纳米片费米能级差异图（g）
(a) 和 (b) 引自 Ye 等（2018）；(c) 和 (d) 引自 Cao 等（2018）
FESEM：field emission scanning electron microscope，场发射扫描电子显微镜；AFM：atomic force microscope，原子力显微镜；扫封底二维码见彩图

2.5.3　光催化固氮

氨（NH₃）是一种重要的无机化工原料，可用于化肥、制药、纺织等领域。大气中含量最丰富的气体 N₂ 是合成氨的理想材料，但由于其非极性 N≡N 键过于稳定而难以利用。哈伯法合成氨是 N₂ 利用的里程碑，它在高温高压下可将大气中的 N₂ 和 H₂ 转化为 NH₃。然而，传统的合成氨工艺的条件极其苛刻，并且会导致大量的能源消耗。因此，在温和条件下利用光催化技术还原 N₂ 合成氨具有重要意义。MXene 作为一种新兴的助催化剂，已被用于光催化固氮合成氨。

MXene 在光催化固氮方面表现出优异的性能。例如，Qin 等（2019）报道了一种由 0 维 AgInS₂ 纳米粒子和 MXene（Ti₃C₂）纳米片构成 Z 型异质结（AgInS₂/Ti₃C₂），并用在温和条件下光催化 N₂ 还原。得益于 Ti₃C₂ 独特的层状结构和 Z 型异质结的形成，AgInS₂/Ti₃C₂ 异质结表现出优异的界面电荷转移性能。30% AgInS₂/Ti₃C₂ 样品显示出最高的可见光光催化固氮活性（38.8 μmol/(g·h)）。此外，该工作还使用密度泛函理论（DFT）计算研究了 N₂ 在 Ti₃C₂(001)面的三种吸附模式[图 2.8（a）～（c）]。最佳吸附构型如图 2.8（c）所示，N₂ 中的一个 N 原子与 Ti-Ti 三聚体结合，另一个 N 原子与 Ti-Ti 二聚体结合。在这样的情况下，N₂ 分子的吸附能（E_{ad}）高达-5.20 eV。因此，MXene 可能为高效的 N₂ 固定提供一个合适的反应动力学环境。该工作进一步通过差分电荷密度计算研究了 Ti₃C₂ 和 N₂ 之间的电子转移行为[图 2.8（d）和（e）]。当相邻近的钛原子 d 轨道上

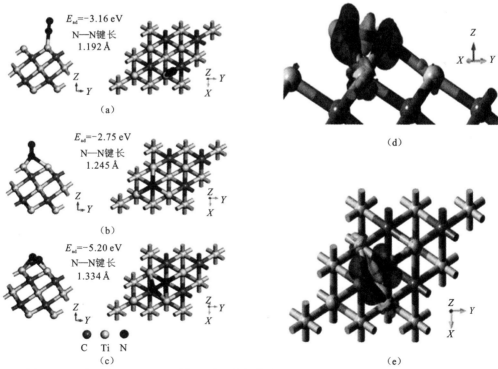

图 2.8　N₂ 分子在 Ti₃C₂(001)面的三种吸附的模型（a～c），以及 N₂ 吸附的差分电荷图：侧视图（d）和俯视图（e）

红色和黄色区域分别代表电荷积累和消耗；引自 Qin 等（2019）、Hao 等（2020）

的电子注入吸附的 N_2 分子时,其 N≡N 键会被削弱,具体表现为 N_2 的键长会从自由态时的 1.097 5 Å 拉长至 1.334 0 Å,这体现了 Ti_3C_2 在光催化 N_2 活化中的积极作用。

最近,Hao 等(2020)通过水热法制备了负载 RuO_2 的 TiO_2-MXene 杂化材料并用于光催化固氮。结果表明,具有强金属导电性的 MXene(Ti_3C_2)可为光生电子提供有效的传输途径。此外,N_2 分子更容易吸附在具有高放热反应能的 MXene 表面。除了光催化 N_2 还原,MXene 助剂也在光催化氧化固氮中发挥作用。例如,Wang 等(2019a)报道了一种具有高的固氮光氧化性能的 MIL-100(Fe)/Ti_3C_2 MXene 复合材料。负载 15%(质量分数)Ti_3C_2 的 MIL-100(Fe)/Ti_3C_2 复合材料的最高可见光催化效率为 57.92%,比纯 MIL-100(Fe)高 3 倍。这是因为 Ti_3C_2 MXene 的黑体效应增强了材料的光子捕获能力和光热效应。

虽然密度泛函理论计算已证实 MXene 是一种潜在的固氮助催化剂(Peng et al.,2019),但事实上,在 MXene 基材料光催化固氮方面的研究还相对较少。因此,未来还需进一步加强对这一领域的探索。例如,从原子/分子尺度,准确识别活性位、动态监测材料表面变化、揭示反应路径和催化机理,为设计高活性光固氮的 MXene 基材料奠定基础。

2.5.4　有机污染物的光催化氧化

由于其特殊的层状结构和优异的金属导电性,MXene 作为助催化剂被广泛用于光催化去除有机污染物应用(表 2.2)。迄今为止,文献已经报道了许多环境污染物,包括有机染料、抗生素、挥发性有机化合物(volatile organic compounds,VOCs)可通过 MXene 基材料光催化降解去除(Qin et al.,2019)。

表 2.2　MXene 基材料光催化去除有机污染物参数对比

催化剂	用量/mg	MXene	光源	污染物	降解率或速率常数	引入 MXene 的作用	参考文献
(001)TiO_2/Ti_3C_2	10	Ti_3C_2	300 W 氙灯	200 mL MO 水溶液(20 mg/L)	97.4%(50 min)	捕获空穴,促进载流子分离	Peng 等(2016)
In_2S_3/TiO_2@$Ti_3C_2T_x$	60	$Ti_3C_2T_x$	300 W 氙灯(420 nm 滤光片)	100 mL MO 溶液(20 mg/L)	92.1%(1 h)	形成肖特基结促进电荷分离、延长电子寿命	Wang 等(2018)
TiO_2/Ti_3C_2	100	Ti_3C_2	175 W 汞灯	100 mL MO(20 mg/L)	98%(30 min)	实现高效电子-空穴对分离	Gao 等(2015)
TiO_2@Ti_3C_2/g-C_3N_4	100	Ti_3C_2	300 W 氙灯(400 nm 滤光片)	100 mL 苯胺(20 mg/L)100 mL RhB(10 mg/L)	74.6%(苯胺)99.9%(RhB)	促进电子的迁移	Ding 等(2019)
α-Fe_2O_3/Ti_3C_2	20	Ti_3C_2	500 W 氙灯(420 nm 滤光片)	100 mL RhB(10 mg/L)	98%(2 h)	锚定 α-Fe_2O_3,增强光吸收	Zhang 等(2018)
CeO_2/Ti_3C_2	50	Ti_3C_2	500 W 汞灯	50 mL RhB(20 mg/L)	75%(1.5 h)	提高光吸收	Zhou 等(2017)
Bi_2WO_6/Ti_3C_2	20	Ti_3C_2	300 W 氙灯(400 nm 滤光片)	5 μL HCHO 5 μL CH_3COCH_3	CO_2 产率:72.8 μmol/(g·h)(HCHO)85.3 μmol/(g·h)(CH_3COCH_3)	增强挥发性有机污染物的吸附,促进光生电子转移	Huang 等(2020)

催化剂	用量/mg	MXene	光源	污染物	降解率或速率常数	引入 MXene 的作用	参考文献
$TiO_2/Ti_3C_2T_x$	10	$Ti_3C_2T_x$	紫外线或模拟太阳光	10 mL 卡马西平（5 mg/L）	98.67%（紫外线）55.83%（模拟太阳光）	作为基底，原位生长 TiO_2；构建肖特基结促进光生载流子分离	Shahzad 等（2018）
Ag_3PO_4/Ti_3C_2	20	Ti_3C_2	300 W 氙灯（420 nm 滤光片）	MO 染料 2,4-二硝基苯酚 盐酸四环素 甲砜霉素 氯霉素	0.094 min^{-1} 0.005 min^{-1} 0.32 min^{-1} 0.004 2 min^{-1} 0.025 min^{-1}	起电子槽作用，促进载流子分离，形成内建电场抑制 Ag_3PO_4 的光腐蚀	Cai 等（2018）

此前有研究显示，在 $Ti_3C_2T_x$ 存在的条件下，使用紫外线光照可加快 MB 和 AB80 染料的光催化降解；但 $Ti_3C_2T_x$ 通常被认为是导体，无法充当独立的光催化剂。可能的原因是 $Ti_3C_2T_x$ 在水溶液介质中被氧化形成氢氧化钛/氧化钛，二者都具备一定的光催化活性。在大多数情况下，MXene 还是被用作光催化的助催化剂。Peng 等（2016）以 Ti_3C_2 为原料，$NaBF_4$ 为形貌控制剂，通过水热法合成了暴露 {001} 面 TiO_2 与 Ti_3C_2 复合物（(001)TiO_2/Ti_3C_2）[图 2.9（a）]。其中，Ti_3C_2 不仅可以提供钛源以生长 TiO_2 纳米片，还可与 TiO_2 形成肖特基结成为空穴捕获中心，从而实现光载流子的高效分离[图 2.9（b）和（c）]。猝灭实验表明，羟基自由基是 MO 染料降解的主要活性氧物种（reactive oxygen specie，ROS）[图 2.9（d）]。此外，该(001)TiO_2/T_3C_2 MXene 异质催化剂在光催化反应过程中也表现出了优异的稳定性[图 2.9（e）]。

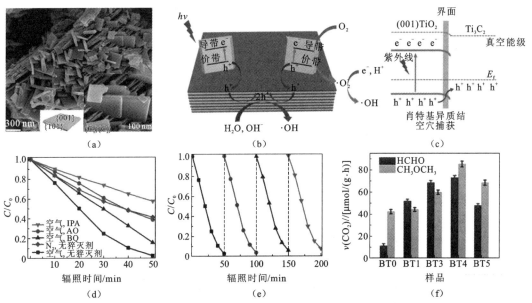

图 2.9 (001)TiO_2/Ti_3C_2 的扫描电镜图（a），光生电荷转移示意图（b），肖特基结形成及 Ti_3C_2 空穴捕获示意图（c），活性自由基猝灭实验结果图（d），以及 MO 光降解稳定性测试结果图（e）；Bi_2WO_6/Ti_3C_2 光催化氧化 HCHO 和 CH_3OCH_3 的 CO_2 产生速率图（f）

（d）中 IPA 为异丙醇，AO 为草酸铵，BQ 为苯醌；（f）中 $v(CO_2)$ 为 CO_2 产生速率；（a）～（e）引自 Peng 等（2016）；（f）引自 Huang 等（2020）；扫封底二维码见彩图

除 TiO$_2$ 外，Ti$_3$C$_2$ 也被用于与二维 α-Fe$_2$O$_3$ 耦合。Zhang 等（2018）报道了一种超声辅助的自组装策略合成的 α-Fe$_2$O$_3$/Ti$_3$C$_2$ MXene 复合材料。紫外可见吸收光谱结果显示，与纯 α-Fe$_2$O$_3$ 相比，α-Fe$_2$O$_3$/Ti$_3$C$_2$ 光吸收带边明显红移，可见光吸收显著增强。α-Fe$_2$O$_3$/Ti$_3$C$_2$ 复合光催化剂在可见光照射下表现出增强的光催化降解罗丹明 B（RhB）染料活性和良好的循环稳定性。该研究强调了 Ti$_3$C$_2$ 与 α-Fe$_2$O$_3$ 之间存在强相互作用；它调节了界面电子结构，促进了光吸收、促进电荷的分离和转移，最终实现光催化性能的增强。除构建二元异质结外，MXene 基三元复合光催化材料也得到一定的关注。例如，Wang 等（2018）合成了一种新型三元准核壳结构 In$_2$S$_3$/TiO$_2$@Ti$_3$C$_2$T$_x$ MXene 复合材料，该材料包含双异质结（即 II 型异质结和肖特基结）。该研究证实，这样的结构有助于延长光电子寿命，刺激活性自由基产生。因此，它展现出优异的光降解甲基橙染料性能。

近年来，一些药物（如盐酸四环素、甲砜霉素和氯霉素）被证明能够被 Ag$_3$PO$_4$/Ti$_3$C$_2$ MXene 光催化降解（Cai et al.，2018）。研究发现，Ti$_3$C$_2$ 可以显著提高 Ag$_3$PO$_4$ 的光催化活性和稳定性，在该体系中甚至优于氧化石墨烯。此外，Huang 等（2020）的研究表明，Ti$_3$C$_2$ MXene 纳米粒子可以通过静电作用吸附到 Bi$_2$WO$_6$ 表面。Ti$_3$C$_2$ 修饰的 Bi$_2$WO$_6$ 光催化剂可用于去除挥发性有机化合物。与原始的 Bi$_2$WO$_6$ 相比，优化的 Bi$_2$WO$_6$/Ti$_3$C$_2$ 催化剂在光催化降解 HCHO 和 CH$_3$COCH$_3$ 反应中的 CO$_2$ 产生速率分别提升了 2 倍和 6.6 倍 [图 2.9（f）]。这种优异的催化性能可以归因于 Ti$_3$C$_2$ MXene 对挥发性有机污染物的良好化学吸附和强电子转移作用。

2.6 小 结

本章综述了近年来 MXene 基光催化材料的研究进展，并讨论了其合成策略及催化机理。

（1）MXene 的引入已被证明能有效提高半导体光催化剂在分解水产氢、CO$_2$ 还原、固氮和氧化有机污染物方面的反应性，这为缓解能源危机，解决环境问题提供了潜在可能。

（2）MXene 具有优异的导电性、良好的亲水性、灵活的结构可调性等优点，适合作为低成本的非贵金属助催化剂。

（3）MXene 具有独特的二维层状结构，可以为目标反应分子的吸附和活化提供丰富的位点。

（4）由于 MXene 具有合适的费米能级，它可以起到电子槽的作用，促进光生电荷的分离和转移，从而加快光催化反应的进程。

目前，虽然 MXene 作为光催化的助催化剂研究取得了一定进展，但仍有许多问题需要解决。

（1）MXene 基催化剂在光催化中的应用主要集中在分解水制氢、CO$_2$ 还原、降解水中有机污染物等方面。与空气净化（气体污染物的降解）、合成氨和全解水相关的工作还较少。因此，这些领域的研究仍值得关注。

（2）目前，大多数 MXene 基材料光活性的增强机理解释都比较相似。然而，MXene

真正的效果仍存在争议。例如，有学者认为，在光催化反应中，Ti_3C_2 衍生的石墨烯量子点（graphene quantum dots，GQDs）是 $La_2Ti_2O_7/Ti_3C_2$ 复合材料真正的助催化剂，而非二维 Ti_3C_2（Wang et al.，2020）。随着表征技术的不断发展，未来可以尝试应用一些原位表征手段，如原位红外光谱、原位拉曼光谱、原位 X 射线吸收精细结构谱来研究 MXene 作为助催化剂在光催化过程中的构效关系，并进一步揭示催化机制。

（3）大多数 MXene 的制备主要使用强腐蚀性 HF 或 HF 替代品刻蚀 MAX 的 A 层。在刻蚀过程中，产生的含氟废水毒性大，腐蚀性强，对环境有害。因此，开发一种安全、环保的 MXene 合成工艺迫在眉睫。

（4）虽然一些理论计算结果显示，通过改变 MXene 的表面化学性质、调整与 M 原子相连的终端基团，能够改变 MXene 电子结构，MXene 有望成为独立的光催化剂，但是，这一说法仍未得到实验证实。因此，了解表面终端基团的具体功能，可为设计具有特定功能的 MXene 基光催化剂夯实基础。

（5）可以引入一些新型改性技术提高 MXene 基光催化剂的光活性，如局域表面等离子体共振（localized surface plasmon resonance，LSPR）效应、缺陷工程和单原子修饰。这些方法可提高光吸收性能，促进光生载流子分离，或提供独特的活性位点，从而进一步提高 MXene 基光催化剂的光反应性。

参 考 文 献

刘欢, 马宇, 曹斌, 等, 2023. MXenes 在水系锌离子电池中的应用研究进展. 物理化学学报, 39(5): 31-48.

尹建宇, 刘逆霜, 高义华, 2024. MXene 在压力传感中的研究进展. 无机材料学报, 39(2): 179-185.

Alhabeb M, Maleski K, Anasori B, et al., 2017. Guidelines for synthesis and processing of two-dimensional titanium carbide ($Ti_3C_2T_x$ MXene). Chemistry of Materials, 29(18): 7633-7644.

Anasori B, Lukatskaya M R, Gogotsi Y, 2017. 2D metal carbides and nitrides (MXenes) for energy storage. Nature Reviews Materials, 2(2): 16098.

Bie C B, Zhu B C, Xu F Y, et al., 2019. In situ grown monolayer N-doped graphene on CdS hollow spheres with seamless contact for photocatalytic CO_2 reduction. Advanced Materials, 31(42): 1902868.

Cai T, Wang L L, Liu Y T, et al., 2018. Ag_3PO_4/Ti_3C_2 MXene interface materials as a Schottky catalyst with enhanced photocatalytic activities and anti-photocorrosion performance. Applied Catalysis B: Environmental, 239: 545-554.

Cao S W, Shen B J, Tong T, et al., 2018. 2D/2D heterojunction of ultrathin $MXene/Bi_2WO_6$ nanosheets for improved photocatalytic CO_2 reduction. Advanced Functional Materials, 28(21): 1800136.

Cheng J S, Hu Z, Li Q, et al., 2019a. Fabrication of high photoreactive carbon nitride nanosheets by polymerization of amidinourea for hydrogen production. Applied Catalysis B: Environmental, 245: 197-206.

Cheng L, Li X, Zhang H W, et al., 2019b. Two-dimensional transition metal MXene-based photocatalysts for solar fuel generation. The Journal of Physical Chemistry Letters, 10(12): 3488-3494.

Ding X H, Li Y C, Li C H, et al., 2019. 2D visible-light-driven $TiO_2@Ti_3C_2/g$-C_3N_4 ternary heterostructure for high photocatalytic activity. Journal of Materials Science, 54(13): 9385-9396.

Gao Y P, Wang L B, Zhou A G, et al., 2015. Hydrothermal synthesis of TiO_2/Ti_3C_2 nanocomposites with enhanced photocatalytic activity. Materials Letters, 150: 62-64.

Ghidiu M, Lukatskaya M R, Zhao M Q, et al., 2014. Conductive two-dimensional titanium carbide 'clay' with high volumetric capacitance. Nature, 516(7529): 78-81.

Gogotsi Y, Anasori B, 2019. The rise of MXenes. ACS Nano, 13(8): 8491-8494.

Guo Z L, Zhou J, Zhu L G, et al., 2016. MXene: A promising photocatalyst for water splitting. Journal of Materials Chemistry A, 4(29): 11446-11452.

Hantanasirisakul K, Gogotsi Y, 2018. Electronic and optical properties of 2D transition metal carbides and nitrides (MXenes). Advanced Materials, 30(52): 1804779.

Hao C Y, Liao Y, Wu Y, et al., 2020. RuO_2-loaded TiO_2-MXene as a high performance photocatalyst for nitrogen fixation. Journal of Physics and Chemistry of Solids, 136: 109141.

Huang G, Li S, Liu L, et al., 2020. Ti_3C_2 MXene-modified Bi_2WO_6 nanoplates for efficient photodegradation of volatile organic compounds. Applied Surface Science, 503: 144183.

Kuang P Y, Zhu B C, Li Y L, et al., 2018. Graphdiyne: A superior carbon additive to boost the activity of water oxidation catalysts. Nanoscale Horizons, 3(3): 317-326.

Li J F, Han L, Li Y Q, et al., 2020a. MXene-decorated SnS_2/Sn_3S_4 hybrid as anode material for high-rate lithium-ion batteries. Chemical Engineering Journal, 380: 122590.

Li Y J, Ding L, Guo Y C, et al., 2019a. Boosting the photocatalytic ability of g-C_3N_4 for hydrogen production by Ti_3C_2 MXene quantum dots. ACS Applied Materials & Interfaces, 11(44): 41440-41447.

Li Y J, Yin Z H, Ji G R, et al., 2019b. 2D/2D/2D heterojunction of Ti_3C_2 MXene/MoS_2 nanosheets/ TiO_2 nanosheets with exposed (001) facets toward enhanced photocatalytic hydrogen production activity. Applied Catalysis B: Environmental, 246: 12-20.

Li Y, Zhang D N, Feng X H, et al., 2019c. Truncated octahedral bipyramidal TiO_2/MXene Ti_3C_2 hybrids with enhanced photocatalytic H_2 production activity. Nanoscale Advances, 1(5): 1812-1818.

Li Y, Zhang D N, Feng X H, et al., 2020b. Enhanced photocatalytic hydrogen production activity of highly crystalline carbon nitride synthesized by hydrochloric acid treatment. Chinese Journal of Catalysis, 41(1): 21-30.

Li Z, Wu Y, 2019d. 2D early transition metal carbides (MXenes) for catalysis. Small, 15(29): 1804736.

Lipatov A, Alhabeb M, LukatskayaM R, et al., 2016. Effect of synthesis on quality, electronic properties and environmental stability of individual monolayer Ti_3C_2MXene flakes. Advanced Electronic Materials, 2(12): 1600255.

Low J X, Zhang L Y, Tong T, et al., 2018. TiO_2/MXene Ti_3C_2 composite with excellent photocatalytic CO_2 reduction activity. Journal of Catalysis, 361: 255-266.

Lü F, Zhao S Z, Guo R J, et al., 2019. Nitrogen-coordinated single Fe sites for efficient electrocatalytic N_2 fixation in neutral media. Nano Energy, 61: 420-427.

Mashtalir O, Cook K M, Mochalin V N, et al., 2014. Dye adsorption and decomposition on two-dimensional titanium carbide in aqueous media. Journal of Materials Chemistry A, 2(35): 14334-14338.

Meng A Y, Zhang L Y, Cheng B, et al., 2019. Dual cocatalysts in TiO_2 photocatalysis. Advanced Materials, 31(30): 1807660.

Naguib M, Kurtoglu M, Presser V, et al., 2011. Two-dimensional nanocrystals produced by exfoliation of

Ti$_3$AlC$_2$. Advanced Materials, 23(37): 4248-4253.

Pan A Z, Ma X Q, Huang S Y, et al., 2019. CsPbBr$_3$ perovskite nanocrystal grown on MXene nanosheets for enhanced photoelectric detection and photocatalytic CO$_2$ reduction. The Journal of Physical Chemistry Letters, 10(21): 6590-6597.

Pang J B, Mendes R G, Bachmatiuk A, et al., 2019. Applications of 2D MXenes in energy conversion and storage systems. Chemical Society Reviews, 48(1): 72-133.

Peng C, Yang X F, Li Y H, et al., 2016. Hybrids of two-dimensional Ti$_3$C$_2$ and TiO$_2$ exposing {001} facets toward enhanced photocatalytic activity. ACS Applied Materials & Interfaces, 8(9): 6051-6060.

Peng J H, Chen X Z, Ong W J, et al., 2019. Surface and heterointerface engineering of 2D MXenes and their nanocomposites: Insights into electro- and photocatalysis. Chem, 5(1): 18-50.

Qin J Z, Hu X, Li X Y, et al., 2019. 0D/2D AgInS$_2$/MXene Z-scheme heterojunction nanosheets for improved ammonia photosynthesis of N$_2$. Nano Energy, 61: 27-35.

Ran J R, Gao G P, Li F T, et al., 2017. Ti$_3$C$_2$ MXene co-catalyst on metal sulfide photo-absorbers for enhanced visible-light photocatalytic hydrogen production. Nature Communications, 8: 13907.

Shahzad A, Rasool K, Nawaz M, et al., 2018. Heterostructural TiO$_2$/Ti$_3$C$_2$T$_x$ (MXene) for photocatalytic degradation of antiepileptic drug carbamazepine. Chemical Engineering Journal, 349: 748-755.

Shahzad F, Alhabeb M, Hatter C B, et al., 2016. Electromagnetic interference shielding with 2D transition metal carbides (MXenes). Science, 353(6304): 1137-1140.

Shao M M, Shao Y F, Chai J W, et al., 2017. Synergistic effect of 2D Ti$_2$C and g-C$_3$N$_4$ for efficient photocatalytic hydrogen production. Journal of Materials Chemistry A, 5(32): 16748-16756.

Shen J Y, Shen J, Zhang W J, et al., 2019. Built-in electric field induced CeO$_2$/Ti$_3$C$_2$-MXene Schottky-junction for coupled photocatalytic tetracycline degradation and CO$_2$ reduction. Ceramics International, 45(18): 24146-24153.

Su T M, Hood Z D, Naguib M, et al., 2019. 2D/2D heterojunction of Ti$_3$C$_2$/g-C$_3$N$_4$ nanosheets for enhanced photocatalytic hydrogen evolution. Nanoscale, 11(17): 8138-8149.

Su T M, Peng R, Hood Z D, et al., 2018. One-Step synthesis of Nb$_2$O$_5$/C/Nb$_2$C (MXene) composites and their use as photocatalysts for hydrogen evolution. ChemSusChem, 11(4): 688-699.

Sun Y L, Zheng H T, Tao J L, et al., 2019. Effectiveness and safety of Chinese herbal medicine for pediatric adenoid hypertrophy: A meta-analysis. International Journal of Pediatric Otorhinolaryngology, 119: 79-85.

Sun Y L, Jin D, Sun Y, et al., 2018. g-C$_3$N$_4$/Ti$_3$C$_2$T$_x$ (MXenes) composite with oxidized surface groups for efficient photocatalytic hydrogen evolution. Journal of Materials Chemistry A, 6(19): 9124-9131.

Tian N, Zhang Y H, Li X W, et al., 2017. Precursor-reforming protocol to 3D mesoporous g-C$_3$N$_4$ established by ultrathin self-doped nanosheets for superior hydrogen evolution. Nano Energy, 38: 72-81.

Urbankowski P, Anasori B, Makaryan T, et al., 2016. Synthesis of two-dimensional titanium nitride Ti$_4$N$_3$ (MXene). Nanoscale, 8(22): 11385-11391.

Verger L, Xu C, Natu V, et al., 2019. Overview of the synthesis of MXenes and other ultrathin 2D transition metal carbides and nitrides. Current Opinion in Solid State and Materials Science, 23(3): 149-163.

Wang B, Wang M Y, Liu F Y, et al., 2020. Ti$_3$C$_2$: An ideal co-catalyst? Angewandte Chemie International Edition, 59(5): 1914-1918.

Wang H, Peng R, Hood Z D, et al., 2016. Titania composites with 2D transition metal carbides as photocatalysts for hydrogen production under visible-light irradiation. ChemSusChem, 9(12): 1490-1497.

Wang H, Wu Y, Xiao T, et al., 2018. Formation of quasi-core-shell In_2S_3/anatase TiO_2@metallic $Ti_3C_2T_x$ hybrids with favorable charge transfer channels for excellent visible-light-photocatalytic performance. Applied Catalysis B: Environmental, 233: 213-225.

Wang H M, Zhao R, Qin J Q, et al., 2019a. MIL-100(Fe)/Ti_3C_2 MXene as a Schottky catalyst with enhanced photocatalytic oxidation for nitrogen fixation activities. ACS Applied Materials & Interfaces, 11(47): 44249-44262.

Wang L M, Chen W L, Zhang D D, et al., 2019b. Surface strategies for catalytic CO_2 reduction: From two-dimensional materials to nanoclusters to single atoms. Chemical Society Reviews, 48(21): 5310-5349.

Wang S X, Li K X, Tian Y, et al., 2019c. An experimental and numerical examination on the thermal inertia of a cylindrical lithium-ion power battery. Applied Thermal Engineering, 154: 676-685.

Xie X Q, Zhang N, Tang Z R, et al., 2018. $Ti_3C_2T_x$ MXene as a Janus cocatalyst for concurrent promoted photoactivity and inhibited photocorrosion. Applied Catalysis B: Environmental, 237: 43-49.

Xu F Y, Meng K, Zhu B C, et al., 2019. Graphdiyne: A new photocatalytic CO_2 reduction cocatalyst. Advanced Functional Materials, 29(43): 1904256.

Xue X L, Chen R P, Yan C Z, et al., 2019. Efficient photocatalytic nitrogen fixation under ambient conditions enabled by the heterojunctions of n-type Bi_2MoO_6 and oxygen-vacancy-rich p-type BiOBr. Nanoscale, 11(21): 10439-10445.

Yang L, Liu Y, Zhang R Y, et al., 2018. Enhanced visible-light photocatalytic performance of a monolithic tungsten oxide/graphene oxide aerogel for nitric oxide oxidation. Chinese Journal of Catalysis, 39(4): 646-653.

Yang Y, Zhang D N, Xiang Q J, 2019. Plasma-modified $Ti_3C_2T_x$/CdS hybrids with oxygen-containing groups for high-efficiency photocatalytic hydrogen production. Nanoscale, 11(40): 18797-18805.

Ye M H, Wang X, Liu E Z, et al., 2018. Boosting the photocatalytic activity of P25 for carbon dioxide reduction by using a surface-alkalinized titanium carbide MXene as cocatalyst. ChemSusChem, 11(10): 1606-1611.

Zeng Z P, Yan Y B, Chen J, et al., 2019. Boosting the photocatalytic ability of Cu_2O nanowires for CO_2 conversion by MXene quantum dots. Advanced Functional Materials, 29(2): 1806500.

Zhang H L, Li M, Cao J L, et al., 2018. 2D a-Fe_2O_3 doped Ti_3C_2 MXene composite with enhanced visible light photocatalytic activity for degradation of Rhodamine B. Ceramics International, 44(16): 19958-19962.

Zhang H X, Wang Z H, Zhang Q X, et al., 2019. Ti_3C_2 MXenes nanosheets catalyzed highly efficient electrogenerated chemiluminescence biosensor for the detection of exosomes. Biosensors and Bioelectronics, 124-125: 184-190.

Zhou W J, Zhu J F, Wang F, et al., 2017. One-step synthesis of Ceria/Ti_3C_2 nanocomposites with enhanced photocatalytic activity. Materials Letters, 206: 237-240.

Zhuang Y, Liu Y E, Meng X F, 2019. Fabrication of TiO_2 nanofibers/MXene Ti_3C_2 nanocomposites for photocatalytic H_2 evolution by electrostatic self-assembly. Applied Surface Science, 496: 143647.

第3章 MOFs 超薄纳米片与 CdS 纳米棒复合高效光催化分解水制氢

3.1 引　言

半导体光催化技术因其在解决环境污染和能源危机方面的广泛应用前景而备受关注。氢气是最具发展前景的清洁能源，故光催化分解水制氢引起了科研工作者的极大兴趣（安攀 等，2022）。目前，在光解水制氢方面，二氧化钛（TiO_2）和石墨相氮化碳（g-C_3N_4）是研究比较广泛的半导体光催化材料。但是，单一的半导体光照过程中光生载流子易于复合，光催化分解水产氢电势较大，导致其制氢的效率较低。有报道表明以 Pt、Pd 等贵金属做助催化剂能够极大提升半导体材料的制氢效率（Hejazi et al.，2020；Xiong et al.，2019；Wang et al.，2018）。然而，目前光催化制氢的效率仍然需要提高。

金属有机骨架（metal organic frameworks，MOFs）化合物是一种由金属簇和有机配体组成的材料，已被广泛用于光催化分解水制氢反应（Shi et al.，2019；Yang et al.，2019a；Fang et al.，2018；Han et al.，2018；Xiao et al.，2018）。金属簇选择的多样性以及有机配体设计上的灵活性使 MOFs 的电子能带结构可调。但是，体相 MOFs 尺寸较大，一般为亚微米或微米尺寸，因此存在光吸收能力受限、光生载流子复合快以及载流子传输距离长等问题（Ding et al.，2020；Guo et al.，2019；Kang et al.，2019）。将体相 MOFs 制备成 MOFs 二维纳米片，既可以保留 MOFs 原有的独特性质，又有着二维材料横向延展性好、可接触的活性位点丰富、光穿透性好等特征，而备受科研工作者的关注（王广琦 等，2022；Dhakshinamoorthy et al.，2019；Shifa et al.，2019；Zhuang et al.，2019；Zuo et al.，2019；Yan et al.，2018）。基于以上考虑，一种新型 Ni 基 MOF$\{Ni_2(5,4\text{-PMIA})_2(TPOM)_{0.5}\}_n \cdot x$Solvent［缩写为 NMOF-Ni；5,4-PMIA，5-(4-吡啶基)-甲氧基间苯二甲酸，TPOM，四（4-吡啶氧基亚甲基）甲烷］超薄纳米片在表面活性剂聚乙烯吡咯烷酮（PVP）的协助下通过自下而上方法被成功合成（Yan et al.，2018）。由于该超薄纳米片具有较高表面能，超薄 NMOF-Ni 会自组装形成多级结构。另外，NMOF-Ni 结构中存在丰富的未参与配位的氧原子，极易与 H_2O 分子形成氢键作用，从而表现出良好的亲水性。然而据文献可知，由有机配体 TPOM 构筑的 MOFs 通常禁带宽度较宽且最高占据分子轨道（highest occupied molecular orbital，HOMO）位置较低，因此表现出的可见光响应能力较差（Chakraborty et al.，2020；Chakraborty et al.，2018；Liu et al.，2017）。

硫化镉（CdS）是一种常见的非贵金属光催化剂，由于其带隙小、导带位置高，被公认为是一种良好的可见光响应的还原型光催化剂（Xu et al.，2018），广泛应用于光催化分解水制氢反应。然而，CdS 因易发生光腐蚀和团聚现象而阻碍了其在光催化中的广泛应用。基于此，利用具有大的横向延展性的亲水性 NMOF-Ni 多级结构作为载体，均匀地分散 CdS 纳米棒（CdS-NRs）于其表面。NMOF-Ni 超薄纳米片高度分散的微孔、超薄的结构、大的比表面积有利于活性位点的暴露，缩短电子的传输距离。而其自组装成的多级结构，可促进入射光在纳米片之间进行多重反射，提高光的吸收和利用。CdS-NRs 具有较大的长径比，可使得光生电子-空穴对单向流动，从而缩短电子从内部转移到表面的距离。利用 Zeta 电位/粒度分析仪测量 CdS-NRs 和 NMOF-Ni 在乙醇分散液中的表面 Zeta 电位，分别为-12.4 mV 和+22.7 mV（图 3.1），故 CdS-NRs 和 NMOF-Ni 之间通过较强的静电作用力相互作用在一起形成紧密接触面，从而促进电子在接触界面的迁移。最后根据原位 X 射线光电子能谱（X-ray photoelectron spectroscopy，XPS）和电子顺磁共振（electron paramagnetic resonance，EPR）表征结果，提出了 NMOF-Ni 与 CdS 之间直接 Z 型异质结电荷转移机制，以解释 CdS-NRs/NMOF-Ni 复合物光反应活性增强的原因。

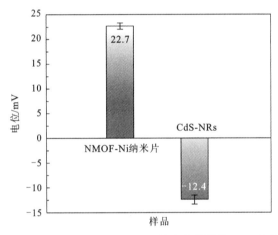

图 3.1　CdS-NRs 和 NMOF-Ni 纳米片样品的 Zeta 电位

3.2　实　验　部　分

3.2.1　药品与试剂

氯化镉（$CdCl_2 \cdot 2.5H_2O$）、硫脲（NH_2CSNH_2）、乙二胺（$C_2H_8N_2$）、乙酸镍（$Ni(Ac)_2 \cdot 4H_2O$）、硝酸镍（$Ni(NO_3)_2 \cdot 6H_2O$）、聚乙烯吡咯烷酮（PVP，MW 58 000）、N,N′-二甲基甲酰胺（DMF，99.8%）、N,N′-二甲基乙酰胺（DMA，99.8%）、乙醇（C_2H_5OH）和乳酸（98%）均为分析纯。配体 5-（4-吡啶基）-甲氧基间苯二甲酸（5,4-PMIA，99%）和四（4-吡啶基甲醛）甲烷（TPOM）根据文献报道方法合成（Metrangolo et al.，2007；Shao et al.，2003）。

3.2.2　催化剂制备

1. CdS-NRs 的制备

在 Zhang 等（2018a）的基础上采用改进的溶剂热法合成了 CdS-NRs。将 $CdCl_2 \cdot 2.5H_2O$（1.5 mmol，0.342 g）和 NH_2CSNH_2（4.5 mmol，0.342 g）分散到装有 12 mL 乙二胺（$C_2H_8N_2$）的 20 mL 聚四氟乙烯的内衬中，剧烈搅拌 30 min 以得到均匀分散的溶液。再将聚四氟乙烯内衬装入不锈钢高压釜中并于烘箱中在 160 ℃下反应 24 h。待反应完成、冷却至室温后，通过离心收集黄色沉淀物，并用蒸馏水和无水乙醇洗涤数次，最后在真空烘箱（60 ℃）中干燥过夜。

2. 体相 MOF-Ni 和 NMOF-Ni 的制备

采用传统的溶剂热合成法和表面活性剂协助的溶剂热法分别成功制备体相 MOF-Ni 和多级结构的 NMOF-Ni（Yan et al.，2018）。

3. CdS-NRs/NMOF-Ni 异质结光催化剂的制备

在相同条件下分别合成不同 CdS 质量分数（5%～50%）的 CdS-NRs/NMOF-Ni 光催化剂，并将其标记为 Sx，其中 x 表示 CdS-NRs 在 CdS-NRs/NMOF-Ni 中的质量分数。以 S10 为代表样品，其详细的合成步骤如下：将 90 mg NMOF-Ni 分散于装有 10 mL 无水乙醇的圆底烧瓶中，超声处理 5 min，将得到的均匀悬浮液在激烈搅拌条件下加热至 80 ℃并保温 10 min。再向其中逐滴滴入 10 mL 含 10 mg CdS-NRs 的乙醇溶液，滴加完毕后将该混合溶液在 80 ℃下回流反应 2 h。最后过滤得到复合样品，真空烘箱中 60 ℃干燥过夜得到 S10 光催化剂。

3.2.3　催化剂表征

粉末 X 射线衍射（powder X-ray diffractometer，PXRD）数据是以 Cu-Kα（λ＝1.540 6 Å）为射线源在 Siemens D 5005 粉末衍射仪测得的。用配有 Mg-Kα 辐射源的电子谱仪测试 X 射线光电子能谱，数据在使用前，元素结合能通过 284.8 eV 处的 C 1s 峰进行校正。在 300 kV 加速电压下，采用透射电子显微镜获取样品的 TEM 图像。记录 FESEM 图像和能量色散 X 射线谱（X-ray energy dispersive spectrum，EDS）。固体紫外-可见漫反射光谱（diffuse reflectance spectrum，DRS）在紫外-可见分光光度计上以 $BaSO_4$ 为基准进行校正测得。样品固体光致发光（photoluminescence，PL）光谱和时间分辨光致发光（time-resolved photoluminescence，TRPL）光谱在 FLS1000 荧光寿命分光光度计上以 375 nm 激发波长激发获得。使用原子力显微镜测量样品的厚度和三维图像。使用调制频率为 100 kHz、微波功率为 15 mW 的电子顺磁谱仪探测样品的顺磁电子信号。使用接触角测量仪测试样品的亲疏水性质。采用 Zeta 电位/粒度分析仪进行样品表面电荷测量。

3.2.4 光催化活性测试

在全玻璃自动在线微量气体分析光反应装置上进行光催化分解水制氢实验，该装置与封闭的气体循环及抽真空系统相连。具体地，将 50 mg 光催化剂分散到含有 10%（体积分数）乳酸的 80 mL 水溶液中，搅拌混合物使其均匀分散在光反应容器中并抽真空。然后以 300 W 氙灯为模拟太阳光进行光照。最后再使用气相色谱仪在线检测 H_2 的产量。

循环实验测试时，将上述反应后的 80 mL 悬浮液进行离心处理，以回收光催化剂用于循环测试。具体地：首先，将回收的光催化剂洗涤、干燥并再分散到新鲜的含 10%（体积分数）乳酸的 80 mL 水溶液中。然后，在光照之前将光反应容器再次彻底抽真空，随后的步骤与光催化制氢实验的步骤相同。

表观量子效率（AQE）测试时，分别在 365 nm（0.520 W/cm^2）和 420 nm（0.404 W/cm^2）单色光［式（3.1）］下通过 PL-MW2000 测量光子数。

$$AQE = 2 \times \frac{产生的氢气分子数}{入射光子数} \times 100\% \tag{3.1}$$

3.3 结果与讨论

3.3.1 晶相结构与形貌分析

采用如图 3.2 所示方法制备复合样品。由制备得到的体相 MOF-Ni 和 NMOF-Ni 超薄纳米片的粉末 X 射线衍射（PXRD）图［图 3.3（a）］可知，其衍射峰峰位置和峰形与本课题组前期报道工作中所给出的 PXRD 图相一致（Yan et al.，2018）。表明体相 MOF-Ni 和 NMOF-Ni 被成功合成。图 3.3（b）显示的是所有 CdS-NRs/NMOF-Ni 样品的粉末 X 射线衍射图，从图中可以看出复合样品除了可以观察到 NMOF-Ni 的特征峰，还存在一

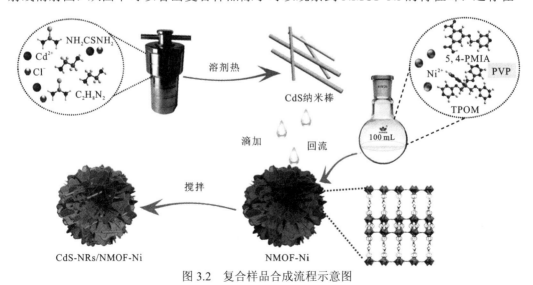

图 3.2 复合样品合成流程示意图

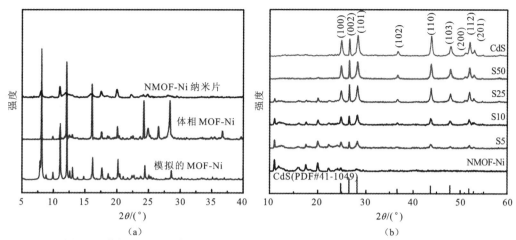

图 3.3　体相 MOF-Ni 与 NMOF-Ni（a）及 CdS 和复合样品（b）的 PXRD 图

系列位于 24.9°、26.5°、28.2°、43.7°、47.8°、51.8°处的衍射峰，分别对应于纤锌矿结构 CdS 的(100)、(002)、(101)、(110)、(103)、(112)晶面（JCPDS No.41-1049）（Shen et al.，2020；Hao et al.，2018）。这可初步表明 CdS-NRs 成功地负载于 NMOF-Ni 表面。值得注意的是，随着 CdS-NRs 负载量的增加，NMOF-Ni 的峰强度逐渐减弱，这主要是由于 CdS 的特征衍射峰强度增强对 NMOF-Ni 超薄纳米片的衍射峰起到了一定的屏蔽作用。

为观察所制备样品形貌，首先对样品进行扫描电镜（SEM）测试。从图 3.4（a）可以看出 NMOF-Ni 超薄纳米片自组装成多级结构，并且该结构中超薄二维纳米片的直径为 2～3 μm。然后利用原子力显微镜（AFM）测试该二维纳米片的厚度，从 AFM 图像（图 3.5）可以看出该纳米片的厚度约为 8 nm。而从图 3.4（b）可以看出纯 CdS 的形貌为一维纳米棒，其长度为 0.6～2.5 μm、宽度为 30～80 nm，并且呈现出团聚的现象。当 CdS 纳米棒（CdS-NRs）与 NMOF-Ni 复合时，CdS-NRs 在 NMOF-Ni 的表面上呈现出高度分散状态[图 3.4（c）]。此外，为了进一步观察所制备样品的形貌，利用透射电子显微镜（TEM）对样品进行测试。图 3.4（d）显示 CdS-NRs 分散、穿插在多级结构的 NMOF-Ni 中。图 3.4（e）显示 NMOF-Ni 超薄纳米片和 CdS-NRs 之间的明显界面接触，更直观地证实了 CdS-NRs/NMOF-Ni 复合光催化剂成功合成。高倍透射电镜图显示出 CdS-NRs 晶面间距为 0.33 nm 的晶格条纹，这与纤锌矿结构 CdS 的(002)晶面相对应[图 3.4（f）]（Jiang et al.，2017）。图 3.4（g）展示了复合样品 S10 的高角环形暗场-扫描透射电子显微镜（high-angle annular dark-field scanning transmission election microscope，HAADF-STEM）和 EDS 图像。明显地，C、N、O、Ni、Cd 和 S 元素均匀地分布在复合催化剂中，进一步证实了 CdS-NRs/NMOF-Ni 异质结的形成。

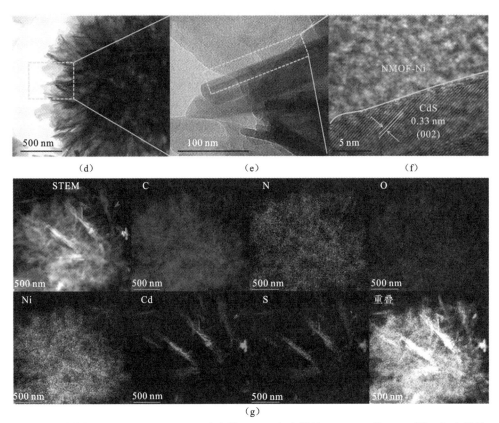

图 3.4　多级结构的 NMOF-Ni（a）、CdS 纳米棒（b）、复合样品 S10（c）的 SEM 图；复合样品 S10 的 TEM 图（d）～（f）；复合样品的 HAADF-STEM 和 EDS 元素分布图（g）

扫封底二维码见彩图

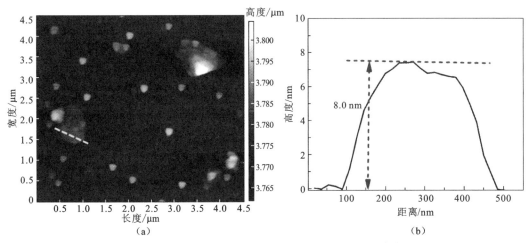

图 3.5　NMOF-Ni 超薄纳米片的 AFM 图（a）和相对应的高度图（b）

3.3.2　样品表面化学状态

为确定 CdS-NRs/NMOF-Ni 异质结表面化学成分及价态，对 CdS、NMOF-Ni 和 S10

样品进行 XPS 表征。由图 3.6（a）中 XPS 全谱可知复合样品 S10 中除 Ni、Cd、C、N、O 和 S 元素外不含其他杂质，说明样品 S10 具有良好的纯度。Cd 3d、S 2p 和 Ni 2p 的高分辨率 XPS 能谱分峰结果如图 3.6（b）～（d）所示。相比于纯的 CdS，复合样品 S10 中的 Cd $3d_{5/2}$ 和 Cd $3d_{3/2}$ 电子结合能向高电子结合能位置移动，变为 405.0 eV 和 411.7 eV（Zhang et al.，2018b），相应地，S $2p_{3/2}$ 和 S $2p_{1/2}$ 的电子结合能也迁移至高电子结合能位置，分别为 161.3 eV 和 162.4 eV（Xu et al.，2019；Yu et al.，2018），表明复合样品 S10 中 CdS 的电子密度降低。与之相反，与纯 NMOF-Ni（855.3 eV 和 873.0 eV）相比，复合样品 S10 中 Ni $2p_{3/2}$（855.1 eV）和 Ni $2p_{1/2}$（872.8 eV）XPS 能谱峰向低电子结合能方向移动（Ran et al.，2019；Yan et al.，2018），表明 NMOF-Ni 的电子密度升高。综合以上结果可说明自由电子在 CdS 与 NMOF-Ni 之间的紧密接触界面处从 CdS 迁移到 NMOF-Ni（Zhang et al.，2020a；Ran et al.，2019），这有利于 CdS-NRs/NMOF-Ni 异质结界面形成内建电场（Hu et al.，2020；Xu et al.，2020；Wang et al.，2019），促进光生载流子的迁移。

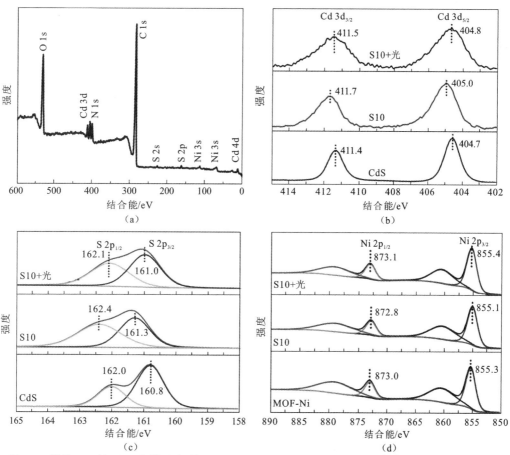

图 3.6　样品 S10 的 XPS 全谱（a）及 Cd 3d（b）、S 2p（c）、Ni 2p（d）的高分辨率 XPS 能谱图

扫封底二维码见彩图

3.3.3 光学性质与能带结构

利用紫外–可见漫反射光谱仪对样品光吸收能力进行测试。如图 3.7（a）所示，NMOF-Ni 在 200～300 nm 和 390 nm 处显示 2 个吸收峰，分别归属于有机配体 π-π* 和 n-π* 跃迁导致的吸收峰，另外在 670 nm 处的吸收峰归属于 Ni^{2+}(d^8)的 d-d 跃迁导致的吸收峰（Chakraborty et al.，2018；Gallo et al.，2017）。CdS-NRs/NMOF-Ni 复合材料中既含有 NMOF-Ni 的特征吸收峰，又有 CdS 的特征吸收峰。且随着 CdS-NRs 含量的增加，CdS-NRs/NMOF-Ni 复合光催化剂的带边逐渐红移，这为该材料展现出优良的光催化性能提供了可能。根据库贝尔卡–蒙克（Kubelka-Munk）函数转换方程（Yang et al.，2019b；Wan et al.，2017），可以计算出 NMOF-Ni 和 CdS 的带隙能约为 3.77 eV 和 2.25 eV［图 3.7（b）］。此外，为分析 CdS-NRs 和 NMOF-Ni 的能带结构，利用电化学工作站对样品进行了莫特–肖特基（Mott-Schottky，M-S）测试。从莫特–肖特基曲线［图 3.7（c）和（d）］可知，CdS 和 NMOF-Ni 的曲线图均表现出正斜率，表明这两种材料均具有 n 型半导体特征。对于 n 型半导体，一般认为其平带电位值接近于导带电位值（Yang et al.，

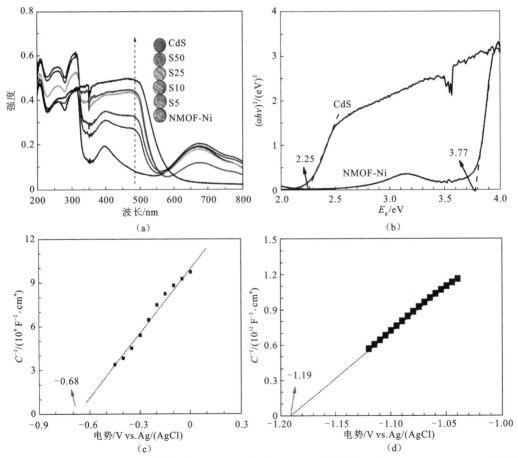

图 3.7　样品的紫外–可见漫反射光谱图（a）；相应的 Tauc Plot 转换图（b）；0.5 mol/L Na$_2$SO$_4$ 水溶液（pH=7）中 NMOF-Ni（c）和 CdS（d）的莫特–肖特基曲线图谱

（c）（d）中 C 为界面电容；扫封底二维码见彩图

2020，2019b）。由此可得 CdS 的导带电位为-1.19 V vs. Ag/AgCl，pH=7（即-0.58 V vs. NHE，pH=0），相应地也可推算出 NMOF-Ni 的最低未占据分子轨道（lowest unoccupied molecular orbital，LUMO）位置位于-0.68 V vs. Ag/AgCl，pH=7（即-0.07 V vs. NHE，pH=0）。可知它们的导带电位均比 H^+/H_2 的还原电位（0 V vs. NHE，pH=0）低，故热力学表明可将这些样品用于模拟太阳光照下的催化分解水制 H_2 反应。

3.3.4　光催化性能

为检测所制备样品的光催化性能，在以模拟的太阳光为光源、乳酸为牺牲剂的反应条件下对样品进行光催化分解水制 H_2 性能测试。图 3.8（a）给出了在相同的反应条件下，不同催化剂的制 H_2 性能。反应 3 h 后，对于单一 NMOF-Ni，只检测到较少量的 H_2（243 μmol/g），而纯 CdS 样品则观察到相对较高的产 H_2 量（4 650 μmol/g）。对于复合样品，随着 CdS 的负载量增加，其产 H_2 量呈现先增加后减少的趋势。其中，复合样品 S10 光催化剂表现出最高的产 H_2 量，为 13 499 μmol/g。样品 S10 优异的光催化性能得益于

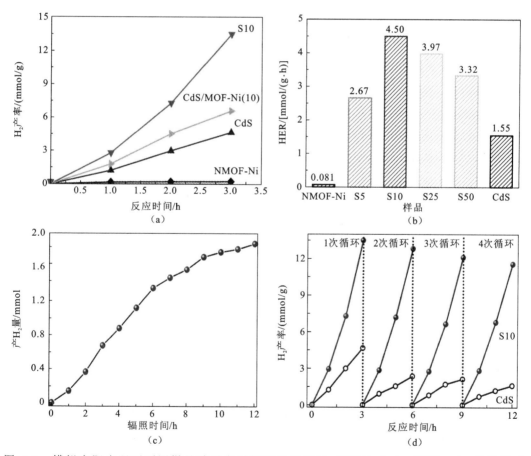

图 3.8　模拟太阳光照下不同样品随反应时间延长的产 H_2 量对比（a）；不同 CdS 负载量对 CdS-NRs/NMOF-Ni 复合材料平均产 H_2 速率的影响（b）；样品 S10 长时间光催化产 H_2 量曲线（c）；样品 S10 光催化产 H_2 循环实验（d）

扫封底二维码见彩图

多级结构的 NMOF-Ni 具有较大的比表面积，能够广泛分散 CdS-NRs 从而有利于暴露出更多活性位点与反应物接触参与反应。图 3.8（b）显示含有不同量 CdS 的 CdS-NRs/NMOF-Ni 复合样品的平均产氢速率。其中，样品 S10 的平均产氢速率最高，为 4.5 mmol/(g·h)，超过大多数基于 MOFs 构筑的光催化剂用于光催化分解水制氢的体系，如表 3.1 所示，样品 S10 的平均产氢速率分别是 CdS/UiO-66 和 UiO-66-(COOH)$_2$/ZnIn$_2$S$_4$ 的 2.6 倍和 1.24 倍（Mu et al.，2020；Xu et al.，2018）。另外，样品 S10 的表观量子效率（AQE）分别为 11.83%@365 nm 和 6.36%@420 nm。

表 3.1　MOFs 基异质结光催化剂的光催化分解 H$_2$O 制 H$_2$ 活性对比表

催化剂	助催化剂	光源	牺牲剂	产氢活性	量子效率/%	文献
CdS@Cd-MOF	—	300 W Xe，>400 nm	25 mmol/L Na$_2$S/10 mmol/L Na$_2$SO$_3$	729 μmol/(g·h)	1.05 (420 nm)	Zhou 等 (2015)
CdS/MIL-101	0.5% Pt（质量分数）	300 Xe，>420 nm	10%乳酸（体积分数）	75.5 μmol/(g$_{CdS}$·h)	—	Zhou 等 (2015)
CdS/Ni-MOF	—	300 W Xe，>420 nm	18%乳酸（体积分数）	45 201 μmol/(g·h)	—	Ran 等 (2019)
CdS/UiO-66	—	300 W Xe，>380 nm	11%乳酸（体积分数）	1 725 μmol/(g$_{CdS}$·h)	0.85 (420 nm)	Xu 等 (2018)
CdLa$_2$S$_4$/MIL-88A(Fe)	—	300 W Xe，>420 nm	10%乙二酸（体积分数）	7 677.5 μmol/(g·h)	10.3 (420 nm)	Chen 等 (2020)
UiO-66-(COOH)$_2$/ZnIn$_2$S$_4$	—	300 W Xe，模拟太阳光	0.7 mol/L Na$_2$S/0.5 mol/L Na$_2$SO$_3$	3.622 mmol/(g·h)	—	Mu 等 (2020)
UiO-66-(COOH)$_2$/MoS$_2$/ZnIn$_2$S$_4$	2% MoS$_2$（质量分数）	300 W Xe，模拟太阳光	0.7 mol/L Na$_2$S/0.5 mol/L Na$_2$SO$_3$	18.794 mmol/(g·h)	—	Mu 等 (2020)
Mo$_3$S$_{13}^{2-}$/MIL-125-NH$_2$	0.82% Mo$_3$S$_{13}^{2-}$（质量分数）	300 W Xe，≥420 nm	16% TEA（三乙胺）（体积分数）	2 094 mol/(g$_{MOF}$·h)	11 (450 nm)	Nguyen 等 (2018)
CFBM/NH$_2$-MIL-125	3% Pt（质量分数）	300 W Xe，>420 nm	10% TEOA（三乙醇胺）（体积分数）	1.123 mmol/(g·h)	—	Zhou 等 (2018)
CdS@NU-1000/RGO	1% Pt（质量分数）	300 W Xe，≥420 nm	0.1 mol/L Na$_2$S/Na$_2$SO$_3$	2.42 mmol/(g$_{CdS}$·h)	0.0137 (420 nm)	Bag 等 (2017)
CD/CdS@MIL-101	5.2% CD（质量分数，碳点）	300 W Xe，≥420 nm	10%乳酸（体积分数）	488.66 μmol/(g·h)	—	Meng 等 (2019)
CdS-NRs/NMOF-Ni	—	300 W Xe，模拟太阳光	10%乳酸（体积分数）	4 500 μmol/(g·h)	6.36 (420 nm) 11.83 (365 nm)	本章

对照实验中制备了由体相 MOF-Ni 和等质量分数（10%）的 CdS-NRs 组成的复合光催化剂 CdS/MOF-Ni(10)，并对其产氢性能进行测试。如图 3.8（a）所示，其产 H$_2$ 性能显然也不及样品 S10。这主要归因于 NMOF-Ni 超薄纳米片横向延展性强有利于更广泛地分散 CdS-NRs，因此可暴露出比体相 MOF-Ni 制备的 CdS/MOF-Ni(10)光催化剂更为丰富的活性位点，且其超薄的厚度可缩短载流子传输距离有利于更快速地传输、转移电子。此外，入射光可在多级结构的 NMOF-Ni 纳米片之间进行多重反射从而更有利于增强光

吸收。因此可认为 NMOF-Ni 超薄纳米片对提高 CdS/NMOF-Ni(10)异质结光催化剂的性能起着至关重要的作用。

图 3.8（c）展示了复合样品 S10 长时间光催化产 H_2 性能曲线，由图可知随反应时间的延长，其产 H_2 量也逐渐增加，且连续反应 9 h 后，其产 H_2 量增幅略微减小。循环实验结果显示，经过 4 次循环实验后，CdS-NRs 由于光腐蚀现象导致光反应性下降了 65.6%。而复合样品 S10 在相同条件下重复循环使用 4 次后光反应活性仅下降了 14.4%[图 3.8（d）]。这表明 NMOF-Ni 可以对 CdS-NRs 起到保护作用，使 CdS-NRs 的光腐蚀现象得到明显抑制。对反应后的催化剂进行表征，如图 3.9（a）所示，样品 XRD 衍射峰除强度略微减弱外，峰形及位置没有观察到明显变化，同时反应前后样品的 XPS 峰也无明显变化[图 3.9（b）～（d）]，这表明反应后 CdS-NRs/NMOF-Ni 复合材料的结构仍旧保持良好。同时，图 3.10 给出了反应后样品 S10 的 SEM 和 TEM 图，结果更进一步证明 CdS-NRs/NMOF-Ni 在反应后结构形貌基本均保持完整。

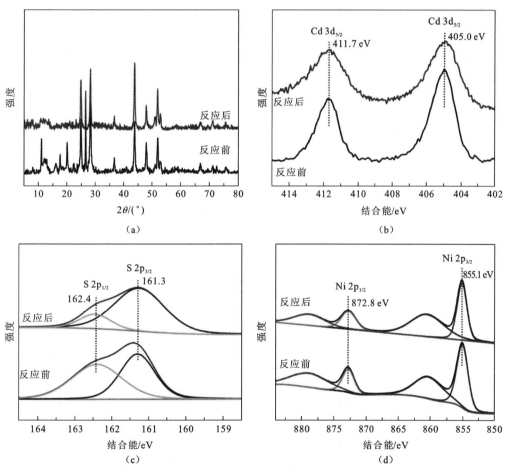

图 3.9　样品 S10 反应前后的 PXRD 对比图（a）及 Cd 3d（b）、S 2p（d）、Ni 2p（d）的高分辨率 XPS 能谱对比图
扫封底二维码见彩图

图 3.10　反应后样品 S10 的 SEM 图（a，b）、TEM 图（c，d），以及 CdS 晶格条纹图（e）

为进一步证明 NMOF-Ni 能有效抑制 CdS-NRs 光腐蚀作用，采用电感耦合等离子体质谱（inductively coupled plasma-mass spectrometry，ICP-MS）对样品 CdS 和 S10 光催化反应后的滤液中 Cd^{2+} 浓度进行检测。结果显示光催化反应后，S10 和 CdS 悬浮液中 Cd^{2+} 浓度为 0.74 mg/L 和 18.05 mg/L。这意味着将 CdS-NRs 与 NMOF-Ni 复合后，溶液中析出的 Cd^{2+} 可减少约 96%，这进一步证实了 NMOF-Ni 与 CdS-NRs 之间的强相互作用可以抑制 CdS-NR 的光腐蚀。

3.3.5　光生载流子分离与转移路径分析

为深入研究复合样品光催化产 H_2 性能得以提升的可能原因，对其进行光电化学和荧光测试。从图 3.11（a）中可以看出，NMOF-Ni 的稳态荧光光谱强度比 CdS-NRs 强，这是由电荷载流子的快速复合所致。然而，NMOF-Ni 与 CdS-NRs 复合后可观察到明显的 PL 光谱猝灭现象，这表明 NMOF-Ni 与 CdS-NRs 复合可降低光生电子-空穴对的复合率，从而有利于提升光催化性能。TRPL 曲线的双指数拟合结果显示复合样品 S10 的平均寿命（1.17 ns）比原始 NMOF-Ni（1.39 ns）和 CdS（2.22 ns）短［（图 3.11（b）］，这缩短的寿命表明电子在 NMOF-Ni 和 CdS-NRs 之间以非辐射淬灭的形式进行转移（Wang et al.，2018；Yang et al.，2017）。

此外，电化学阻抗谱（electrochemical impedance spectroscopy，EIS）显示，复合样品 S10 具有最小的能斯特圆弧，表明具有最低的电荷转移电阻，从而使电荷载流子的迁移和分离最快［图 3.11（c）］。此外，瞬态光电流-时间（i-t）曲线表明所有样品的光电流都在光照时迅速上升，而关灯后迅速下降，这说明该电流主要是光诱导产生的。而且 NMOF-Ni 表现出最小的光电流[图 3.11（d）]，这主要归因于其较宽的带隙和较差的导电性。纯 CdS-NRs 中光生电子-空穴对的快速复合及其自身的严重光腐蚀，也导致其表现出相对较弱的光电流。相比之下，复合样品 S10 的光电流强度明显增强，表明形成的异质结可以提供电荷转移途径，有效地提高体系中的光生电子-空穴对迁移和分离效率（Yin et al.，2016）。

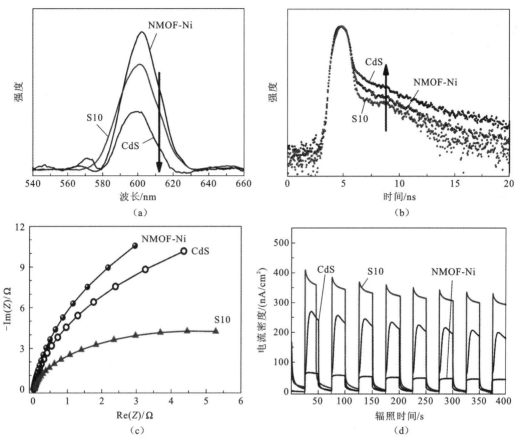

图 3.11　样品稳态荧光（λ_{E_x}=380 nm）光谱图（a）、TRPL 光谱图（b）；NMOF-Ni、CdS 和 S10 的能斯特 EIS 图（c）和瞬态光电流谱（d）

扫封底二维码见彩图

通常，II 型和直接 Z 型异质结电荷转移机制都用于解释半导体异质结光催化剂增强的光催化性能。为了详细探讨反应机理，分别在 5,5-二甲基-1-吡咯啉 N-氧化物（DMPO）的甲醇溶液[捕获超氧自由基负离子（·O_2^-）]和水溶液[捕获羟基自由基（·OH）]中对样品 CdS-NRs、NMOF-Ni 及 S10 进行自由基捕获实验（Cheng et al.，2019；Jiang et al.，2018）。由于 CdS-NRs 相对于一般氢电极的导带电位为-0.58 V，在热力学上可以将 O_2 还原生成·O_2^-（$E^{\theta}O_2/\cdot O_2^-$=-0.33 V）（Zhang et al.，2020b；Hu et al.，2019），如图 3.12（a）所示，在 CdS-NRs 悬浮液中检测到明显的 DMPO-·O_2^-信号。而 NMOF-Ni 相对于一般氢电极的 LUMO 值仅为-0.07 V，热力学上不足以将 O_2 还原为·O_2^-。但在 NMOF-Ni 中仍然检测到微弱的 DMPO-·O_2^-信号，这可能是吸附在 NMOF-Ni 框架上的光生电子将溶

液中微量溶解 O_2 还原产生的（Shi et al.，2015）。此外，在含复合样品 S10 的悬浊液中检测到 DMPO-·O_2^- 信号急剧增强，这表明将 NMOF-Ni 与 CdS-NRs 复合形成异质结后可以促进电荷载流子的分离和迁移。相反地，在 ·OH 捕获实验中，NMOF-Ni 悬浊液中检测到明显的 DMPO-·OH 信号[图 3.12（b）]，这是由于其 HOMO 位置（+3.70 V vs. NHE）高于 OH⁻ 的氧化还原电势 OH⁻/·OH（+2.80 V vs. NHE）（Zhang et al.，2020；Yu et al.，2015）。而 CdS-NRs 的价带电位较低（+1.67 V），因此很难将 H_2O 氧化为 ·OH。但在 CdS-NRs 中仍捕获到 ·OH 的微弱信号应归因于 ·O_2^- 间接氧化产生了 ·OH。（Zhang et al.，2020a；Yu et al.，2018）同样地，由于 NMOF-Ni 与 CdS-NRs 复合形成异质结后可以在它们之间的接触界面有效地分离出光生载流子，·OH 信号明显增强。

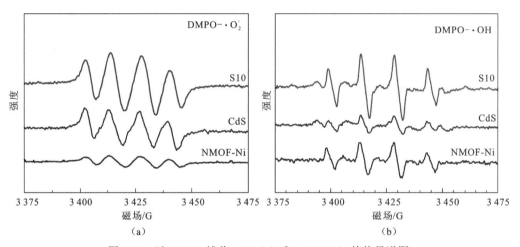

图 3.12　以 DMPO 捕获 ·O_2^-（a）和 ·OH（b）的信号谱图

　　如果 CdS-NRs 和 NMOF-Ni 之间是 II 型异质结电荷转移机制，那么 CdS-NRs 中导带上的电子则会迁移到 NMOF-Ni 的 LUMO 上，而 NMOF-Ni 的 HOMO 上的空穴则将迁移到 CdS-NRs 的价带上。最终 CdS-NRs/NMOF-Ni 异质结的氧化能力和还原能力将分别由 NMOF-Ni 的 LUMO 和 CdS-NRs 的价带电位决定。那么异质结降低的氧化还原能力将使 O_2 还原生成 ·O_2^- 以及 H_2O 氧化成 ·OH 变得更加困难，这一结果显然与自由基捕获实验检测的结果不一致。此外，空穴从 NMOF-Ni 的 HOMO 迁移到 CdS-NRs 的价带上后会加速 CdS-NRs 的光腐蚀，这也与 CdS-NRs/NMOF-Ni 异质结改善了 CdS 的光腐蚀现象相矛盾（图 3.13）。相反地，直接 Z 型异质结电荷转移机制可以更合理地阐明实验结果。

图 3.13　光催化反应前后反应器中催化剂 CdS（a）和 S10（b）分散液照片
扫封底二维码见彩图

如图 3.14（b）所示，NMOF-Ni 与 CdS-NRs 复合后，光生电子和空穴将重新分布，这将导致 NMOF-Ni 与 CdS-NRs 之间形成内建电场。由于 NMOF-Ni 和 CdS-NRs 的费米能级不同，CdS-NRs 的导带处的电子将迁移到 NMOF-Ni，NMOF-Ni 的 HOMO 上产生的空穴将转移至 CdS-NRs，从而导致 CdS-NRs 的导带边向上弯曲，而 NMOF-Ni 的 HOMO 边向下弯曲。在这种情况下，电子传输路径会受内建电场和库仑吸引力的影响从而遵循直接 Z 型异质结电荷转移机制的传输路线。也就是说，NMOF-Ni 的 LUMO 上的光生电子可以通过 CdS-NRs 与 NMOF-Ni 之间的紧密接触面有效迁移至 CdS-NRs 的价带上与其空穴结合，从而使 CdS-NRs 导带上的电子得以积累并参与 H^+ 还原产生 H_2。而 NMOF-Ni 的 HOMO 上剩余的空穴则用于氧化乳酸。最终，CdS-NRs 导带上的电子还原能力和 NMOF-Ni 的 HOMO 上的空穴氧化能力都得以最大化。因此，这也可以解释 NMOF-Ni 与 CdS-NRs 复合后 $\cdot O_2^-$ 和 $\cdot OH$ 的信号峰都明显增强的现象。

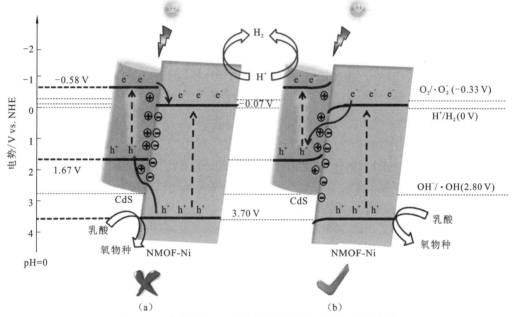

图 3.14　光催化产 H_2 反应过程的两种可能机理示意图
（a）传统的 II 型异质结；（b）直接 Z 型异质结

为了进一步验证直接 Z 型异质结电荷转移机制，对样品进行原位 XPS 测试。结果如图 3.14 所示，在 365 nm LED 照明下，样品 S10（以下标记为"S10+光"）的 Cd 3d 和 S 2p 电子结合能与黑暗条件下测试的结合能位置相比是向低电子结合能位置迁移了 0.2～0.3 eV。相反地，与在黑暗条件下测试的结果相比，S10 样品的 Ni 2p 结合能在紫外线照射（S10+光）下向高电子结合能位置迁移了约 0.3 eV。这些结果表明光生电子在光照下从 NMOF-Ni 迁移到 CdS-NRs 上，与直接 Z 型异质结电荷转移机制结果非常一致。综合以上所有分析可知，以直接 Z 型异质结电荷转移机制解释模拟太阳光照射下 CdS-NRs/NMOF-Ni 表现出优异催化分解水性能的现象更为合理。

3.4 小 结

本章构建了一种多级结构 CdS-NRs/NMOF-Ni 直接 Z 型异质结光催化剂用于模拟太阳光照下分解水制 H_2。本章工作是由 CdS 纳米棒和 NMOF-Ni 超薄纳米片静电自组装而成的直接 Z 型异质结体系用于光催化分解水制 H_2 的第一项工作。CdS-NRs/NMOF-Ni 光催化剂的产 H_2 速率高达 4 500 μmol/(g·h)，AQE 高达 11.83%@365 nm 和 6.36%@420 nm，优于大多数基于 MOFs 构筑的光催化剂体系。CdS-NRs/NMOF-Ni 光催化剂表现出优异的产 H_2 性能主要得益于横向延展性强的 NMOF-Ni 超薄纳米片可以将 CdS 纳米棒高度分散以暴露出充足的活性位点用于分解水制 H_2。同时，NMOF-Ni 超薄纳米片自组装成的多级结构可促进入射光在纳米片之间进行多重反射，从而提高光的吸收和利用率。此外，超薄的 NMOF-Ni 纳米片和大长径比的 CdS-NRs 均具有良好的光穿透光性并有利于缩短光生载流子的传输距离。更重要的是，NMOF-Ni 与 CdS 形成直接 Z 型异质结光催化剂不仅增强了光吸收能力和电子–空穴对的分离效率，还抑制了 CdS 的聚集和光腐蚀现象，同时催化剂的电子还原能力、空穴氧化能力得以最大化，为构建直接 Z 型异质结体系用于太阳能转化为化学能开辟新的视野。

参 考 文 献

安攀, 张庆慧, 杨状, 等, 2022.双碳目标下太阳能制氢技术的研究进展. 化学学报, 80(12): 1629-1642.

王广琦, 毕艺洋, 王嘉博, 等, 2022. 非贵金属三元复合 $Ni(PO_3)_2$-Ni_2P/CdS NPs 异质结的构建及可见光高效催化产氢性能. 高等学校化学学报, 43(6): 237-247.

Bag P P, Wang X S, Sahoo P, et al., 2017. Efficient photocatalytic hydrogen evolution under visible light by ternary composite CdS@NU-1000/RGO. Catalysis Science & Technology, 7(21): 5113-5119.

Chakraborty G, Das P, Mandal S K, 2018. Strategic construction of highly stable metal-organic frameworks combining both semi-rigid tetrapodal and rigid ditopic linkers: Selective and ultrafast sensing of 4-nitroaniline in water. ACS Applied Materials & Interfaces, 10(49): 42406-42416.

Chakraborty G, Das P, Mandal S K, et al., 2020. Polar sulfone-functionalized oxygen-rich metal-organic frameworks for highly selective CO_2 capture and sensitive detection of acetylacetone at ppb level. ACS Applied Materials Interfaces, 12(10): 11724-11736.

Chen H Y, Sun Z J, Ye S, et al., 2015. Molecular cobalt-salen complexes as novel cocatalysts for highly efficient photocatalytic hydrogen production over a CdS nanorod photosensitizer under visible light. Journal of Materials Chemistry A, 3(30): 15729-15737.

Chen Q, Li J, Cheng L, et al., 2020. Construction of $CdLa_2S_4$/MIL-88A(Fe) heterojunctions for enhanced photocatalytic H_2-evolution activity via a direct Z-scheme electron transfer. Chemical Engineering Journal, 379: 122389.

Cheng J S, Hu Z, Li Q, et al., 2019. Fabrication of high photoreactive carbon nitride nanosheets by polymerization of amidinourea for hydrogen production. Applied Catalysis B: Environmental, 245: 197-206.

Dhakshinamoorthy A, Asiri A M, Garcia H, 2019. 2D metal-organic frameworks as multifunctional materials in heterogeneous catalysis and electro/photocatalysis. Advanced Materials, 31(41): 1900617.

Ding X, Liu H L, Chen J Y, et al., 2020. In situ growth of well-aligned Ni-MOF nanosheets on nickel foam for enhanced photocatalytic degradation of typical volatile organic compounds. Nanoscale, 12(17): 9462-9470.

Fang X Z, Shang Q C, Wang Y, et al., 2018. Single Pt atoms confined into a metal-organic framework for efficient photocatalysis. Advanced Materials, 30(7): 1705112.

Gallo E, Gorelov E, Guda A A, et al., 2017. Effect of molecular guest binding on the d-d transitions of Ni^{2+} of CPO-27-Ni: A combined UV-Vis, resonant-valence-to-core X-ray emission spectroscopy, and theoretical study. Inorganic Chemistry, 56(23): 14408-14425.

Guo F, Yang S Z, Liu Y, et al., 2019. Size engineering of metal-organic framework MIL-101(Cr)-Ag hybrids for photocatalytic CO_2 reduction. ACS Catalysis, 9(9): 8464-8470.

Han S Y, Pan D L, Chen H, et al., 2018. A methylthio-functionalized-MOF photocatalyst with high performance for visible-light-driven H_2 evolution. Angewandte Chemie International Edition, 57(31): 9864-9869.

Hao X Q, Cui Z W, Zhou J, et al., 2018. Architecture of high efficient zinc vacancy mediated Z-scheme photocatalyst from metal-organic frameworks. Nano Energy, 52: 105-116.

Hejazi S, Mohajernia S, Osuagwu B, et al., 2020. On the controlled loading of single platinum atoms as a co-catalyst on TiO_2 anatase for optimized photocatalytic H_2 generation. Advanced Materials, 32(16): 1908505.

Hu J D, Chen D Y, Mo Z, et al., 2019. Z-scheme 2D/2D heterojunction of black phosphorus/monolayer Bi_2WO_6 nanosheets with enhanced photocatalytic activities. Angewandte Chemie International Edition, 58(7): 2073-2077.

Hu Y, Hao X Q, Cui Z W, et al., 2020. Enhanced photocarrier separation in conjugated polymer engineered CdS for direct Z-scheme photocatalytic hydrogen evolution. Applied Catalysis B: Environmental, 260: 118131.

Jiang D C, Zhu L, Irfan R M, et al., 2017. Integrating noble-metal-free NiS cocatalyst with a semiconductor heterojunction composite for efficient photocatalytic H_2 production in water under visible light. Chinese Journal of Catalysis, 38(12): 2102-2109.

Jiang Z F, Wan W M, Li H M, et al., 2018. A hierarchical Z-scheme α-Fe_2O_3/g-C_3N_4 hybrid for enhanced photocatalytic CO_2 reduction. Advanced Materials, 30(10): 1706108.

Kang Y S, Lu Y, Chen K, et al., 2019. Metal-organic frameworks with catalytic centers: From synthesis to catalytic application. Coordination Chemistry Reviews, 378(SI): 262-280.

Liu Y, Ye K Q, Wang Y, et al., 2017. Multitopic ligand directed assembly of low-dimensional metal-chalcogenide organic frameworks. Dalton Transactions, 46(5): 1481-1486.

Meng X B, Sheng J L, Tang H L, et al., 2019. Metal-organic framework as nanoreactors to co-incorporate carbon nanodots and CdS quantum dots into the pores for improved H_2 evolution without noble-metal cocatalyst. Applied Catalysis B: Environmental, 244: 340-346.

Metrangolo P, Meyer F, Pilati T, et al., 2007. Highly interpenetrated supramolecular networks supported by N···I halogen bonding. Chemistry-A European Journal, 13(20): 5765-5772.

Mu F H, Cai Q, Hu H, et al., 2020. Construction of 3D hierarchical microarchitectures of Z-scheme UiO-66-$(COOH)_2$/$ZnIn_2S_4$ hybrid decorated with non-noble MoS_2 cocatalyst: A highly efficient photocatalyst for hydrogen evolution and Cr(VI) reduction. Chemical Engineering Journal, 384: 123352.

Nguyen T N, Kampouri S, Valizadeh B, et al., 2018. Photocatalytic hydrogen generation from a visible-light-responsive metal-organic framework system: Stability versus activity of molybdenum sulfide cocatalysts. ACS Applied Materials & Interfaces, 10(36): 30035-30039.

Ran J R, Qu J T, Zhang H P, et al., 2019. 2D metal organic framework nanosheet: A universal platform promoting highly efficient visible-light-induced hydrogen production. Advanced Energy Materials, 9(11): 1803402.

Shao X B, Jiang X K, Wang X Z, et al., 2003. A novel strapped porphyrin receptor for molecular recognition. Tetrahedron, 59(26): 4881-4889.

Shen R C, Zhang L P, Chen X Z, et al., 2020. Integrating 2D/2D CdS/α-Fe$_2$O$_3$ ultrathin bilayer Z-scheme heterojunction with metallic β-NiS nanosheet-based ohmic-junction for efficient photocatalytic H$_2$ evolution. Applied Catalysis B: Environmental, 266: 118619.

Shi L, Wang T, Zhang H B, et al., 2015. Electrostatic self-assembly of nanosized carbon nitride nanosheet onto a zirconium metal-organic framework for enhanced photocatalytic CO$_2$ reduction. Advanced Functional Materials, 25(33): 5360-5367.

Shi Y, Yang A F, Cao C S, et al., 2019. Applications of MOFs: Recent advances in photocatalytic hydrogen production from water. Coordination Chemistry Reviews, 390: 50-75.

Shifa T A, Wang F M, Liu Y, et al., 2019. Heterostructures based on 2D materials: A versatile platform for efficient catalysis. Advanced Materials, 31(45): 1804828.

Wan Z, Zhang G K, Wu X Y, et al., 2017. Novel visible-light-driven Z-scheme Bi$_{12}$GeO$_{20}$/g-C$_3$N$_4$ photocatalyst: Oxygen-induced pathway of organic pollutants degradation and proton assisted electron transfer mechanism of Cr(VI) reduction. Applied Catalysis B: Environmental, 207: 17-26.

Wang S, Zhu B C, Liu M J, et al., 2019. Direct Z-scheme ZnO/CdS hierarchical photocatalyst for enhanced photocatalytic H$_2$-production activity. Applied Catalysis B: Environmental, 243: 19-26.

Wang S B, Guan B Y, Lou X W D, 2018a. Construction of ZnIn$_2$S$_4$-In$_2$O$_3$ hierarchical tubular heterostructures for efficient CO$_2$ photoreduction. Journal of the American Chemical Society, 140(15): 5037-5040.

Wang W J, Li G Y, An T C, et al., 2018b. Photocatalytic hydrogen evolution and bacterial inactivation utilizing sonochemical-synthesized g-C$_3$N$_4$/red phosphorus hybrid nanosheets as a wide-spectral-responsive photocatalyst: The role of type I band alignment. Applied Catalysis B: Environmental, 238: 126-135.

Xiao Y J, Qi Y, Wang X L, et al., 2018. Visible-light-responsive 2D cadmium-organic framework single crystals with dual functions of water reduction and oxidation. Advanced Materials, 30(44): 1803401.

Xiong H L, Wu L L, Liu Y, et al., 2019. Controllable synthesis of mesoporous TiO$_2$ polymorphs with tunable crystal structure for enhanced photocatalytic H$_2$ production. Advanced Energy Materials, 9(31): 1901634.

Xu H Q, Yang S Z, Ma X, et al., 2018. Unveiling charge-separation dynamics in CdS/metal-organic framework composites for enhanced photocatalysis. ACS Catalysis, 8(12): 11615-11621.

Xu J X, Yan X M, Qi Y H, et al., 2019. Novel phosphidated MoS$_2$ nanosheets modified CdS semiconductor for an efficient photocatalytic H$_2$ evolution. Chemical Engineering Journal, 375: 122053.

Xu Q L, Zhang L Y, Cheng B, et al., 2020. S-scheme heterojunction photocatalyst. Chem, 6(7): 1543-1559.

Yan R, Zhao Y, Yang H, et al., 2018. Ultrasmall Au nanoparticles embedded in 2D mixed-ligand metal-organic framework nanosheets exhibiting highly efficient and size-selective catalysis. Advanced Functional Materials, 28(34): 1802021.

Yang C, Zhang S S, Huang Y, et al., 2020. Sharply increasing the visible photoreactivity of g-C₃N₄ by breaking the intralayered hydrogen bonds. Applied Surface Science, 505: 144654.

Yang H, Wang J M, Ma J, et al., 2019a. A novel BODIPY-based MOF photocatalyst for efficient visible-light-driven hydrogen evolution. Journal of Materials Chemistry A, 7(17): 10439-10445.

Yang H, Zhao M, Zhang J, et al., 2019b. A noble-metal-free photocatalyst system obtained using BODIPY-based MOFs for highly efficient visible-light-driven H₂ evolution. Journal of Materials Chemistry A, 7(36): 20742-20749.

Yang M Q, Xu Y J, Lu W H, et al., 2017. Self-surface charge exfoliation and electrostatically coordinated 2D hetero-layered hybrids. Nature Communications, 8: 14224.

Yin X L, Li L L, Jiang W J, et al., 2016. MoS₂/CdS nanosheets-on-nanorod heterostructure for highly efficient photocatalytic H₂ generation under visible light irradiation. ACS Applied Materials & Interfaces, 8(24): 15258-15266.

Yu W L, Xu D F, Peng T Y, 2015. Enhanced photocatalytic activity of g-C₃N₄ for selective CO₂ reduction to CH₃OH via facile coupling of ZnO: A direct Z-scheme mechanism. Journal of Materials Chemistry A, 3(39): 19936-19947.

Yu W L, Zhang S, Chen J X, et al., 2018. Biomimetic Z-scheme photocatalyst with a tandem solid-state electron flow catalyzing H₂ evolution. Journal of Materials Chemistry A, 6(32): 15668-15674.

Zhang G P, Chen D Y, Li N J, et al., 2018a. Preparation of ZnIn₂S₄ nanosheet-coated CdS nanorod heterostructures for efficient photocatalytic reduction of Cr(VI). Applied Catalysis B: Environmental, 232: 164-174.

Zhang M, Lu M, Lang Z L, et al., 2020a. Semiconductor/covalent-organic-framework Z-scheme heterojunctions for artificial photosynthesis. Angewandte Chemie International Edition, 59(16): 6500-6506.

Zhang X H, Xiao J, Hou M, et al., 2018b. Robust visible/near-infrared light driven hydrogen generation over Z-scheme conjugated polymer/CdS hybrid. Applied Catalysis B: Environmental, 224: 871-876.

Zhang Y P, Tang H L, Dong H, et al., 2020b. Covalent-organic framework based Z-scheme heterostructured noble-metal-free photocatalysts for visible-light-driven hydrogen evolution. Journal of Materials Chemistry A, 8(8): 4334-4340.

Zhou G, Wu M F, Xing Q J, et al., 2018. Synthesis and characterizations of metal-free semiconductor/MOFs with good stability and high photocatalytic activity for H₂ evolution: A novel Z-scheme heterostructured photocatalyst formed by covalent bonds. Applied Catalysis B: Environmental, 220: 607-614.

Zhou J J, Wang R, Liu X L, et al., 2015. In situ growth of CdS nanoparticles on UiO-66 metal-organic framework octahedrons for enhanced photocatalytic hydrogen production under visible light irradiation. Applied Surface Science, 346: 278-283.

Zhuang L Z, Ge L, Liu H L, et al., 2019. A surfactant-free and scalable general strategy for synthesizing ultrathin two-dimensional metal-organic framework nanosheets for the oxygen evolution reaction. Angewandte Chemie International Edition, 58(38): 13565-13572.

Zuo Q, Liu T T, Chen C S, et al., 2019. Ultrathin metal-organic framework nanosheets with ultrahigh loading of single Pt atoms for efficient visible-light-driven photocatalytic H₂ evolution. Angewandte Chemie International Edition, 58(30): 10198-10203.

第4章 (001)TiO$_2$/Ti$_3$C$_2$复合材料光催化还原CO$_2$

4.1 引　言

半导体光催化是一种环境友好、无二次污染、可将光能转换为化学能的技术，在解决环境问题和能源危机中具有巨大的潜力。作为一种典型的半导体光催化剂，TiO$_2$具有稳定性强、活性高、环境友好、来源广泛等优点，因此在光催化应用领域备受关注（Guo et al.，2019）。然而，仍有许多问题制约着TiO$_2$的实际应用，例如，TiO$_2$的光生载流子易复合、光吸收能力有限。因此，研究人员开发了一系列用来解决这些问题的方法，例如，负载助催化剂（Xu et al.，2019）、形貌调控（李茂 等，2023；Sajan et al.，2016）、非贵金属掺杂（Shao et al.，2017；闫石 等，2011）、构建异质结（Li et al.，2018b）等。其中，在TiO$_2$上负载助催化剂被认为是可以提高光生载流子分离效率同时提高稳定性的有效方法。然而，贵金属助催化剂如Au、Pt因为价格高昂、储量少，实际应用受限。因此，继续开发合适的助催化剂提升TiO$_2$的光催化性能非常重要。

MXene是一类新型的二维过渡金属碳化物、氮化物或者碳氮化物。它具有优异的导电性、独特的层状结构、可调的组分结构，因此，被广泛应用于储能、生物传感、电磁屏蔽等领域。目前，已经有超过20种MXene被合成（Peng et al.，2019）。其中，Ti$_3$C$_2$是最具代表性也是研究最为广泛的一种MXene材料。一些研究发现，Ti$_3$C$_2$ MXene可以作为光催化应用中的助催化剂提升光生电荷分离和转移的效率。例如，Peng 等（2016）通过水热法合成了TiO$_2$/Ti$_3$C$_2$复合光催化剂，并用于高效降解甲基橙染料。他们发现Ti$_3$C$_2$可以作为TiO$_2$光生空穴的捕获中心，实现光生载流子的快速分离，同时延长电子的寿命。此外，碱化的Ti$_3$C$_2$-OH具有优异的导电性和出色的CO$_2$吸附能力，可作为助催化剂增强P25的光催化CO$_2$还原活性。Low 等（2018）通过煅烧法制备了TiO$_2$/Ti$_3$C$_2$光催化剂，该催化剂的光催化CO$_2$还原产甲烷活性显著优于P25。他们的研究结果表明，具有良好的电学特性的Ti$_3$C$_2$可以作为电子槽抑制TiO$_2$纳米颗粒光生载流子的复合，增强光生电子的积累并有助于参与多电子反应。

除了可以作为助催化剂，考虑到Ti$_3$C$_2$含有金属钛原子，也适合用于原位生长TiO$_2$制备TiO$_2$基复合碳材料。目前，已有一些研究小组以Ti$_3$C$_2$上的钛原子为成核中心，原位生长TiO$_2$，制备TiO$_2$/Ti$_3$C$_2$或TiO$_2$/C复合材料。主要的方法有高温快速氧化（Dall'Agnese et al.，2018）、CO$_2$气氛下煅烧（Zhang et al.，2016）、化学氧化（Ahmed et al.，2016）、高温球磨（Li et al.，2018a）等。相比于非原位构建的TiO$_2$/Ti$_3$C$_2$异质结，通过原位生长制备的异质结结合得更加紧密，更有利于光生电子的传输与转移。为了优化TiO$_2$/Ti$_3$C$_2$催化剂的光催化性能，学者们希望从TiO$_2$晶面调控的角度，制备高活性(001)晶面暴露的TiO$_2$/Ti$_3$C$_2$复合催化剂（(001)TiO$_2$/Ti$_3$C$_2$）。Yang 等（2008）研究指出，F离子在制备(001)晶面的 TiO_2 的过程中起着重要作用。这是因为在 TiO_2 晶体生长过程中，F 离子能够结合 Ti 原子，降低(001)面的表面能，抑制高能面在晶体生长过程中的减少，从而得到高能面暴露的 TiO_2。因此，Shahzad 等（2018）在刻蚀 Ti_3AlC_2 得到 Ti_3C_2 粉末后，再进一步通过添加氟硼酸钠（$NaBF_4$）、盐酸（HCl）与 Ti_3C_2 进行水热反应，制备了 (001)TiO_2/Ti_3C_2 复合光催化剂。但是，该方法操作复杂且产率较低，一定程度上影响其实际应用。因此，开发一种工艺简单、原料单一、产率高的(001)TiO_2/Ti_3C_2 复合光催化剂合成方法十分必要。

本章以 Ti_3AlC_2 为原料，通过水热法一步构建(001)TiO_2/Ti_3C_2。该方法无须添加额外的 $NaBF_4$（氟源）、HCl（营造酸性环境），而是巧妙地利用 Ti_3AlC_2 刻蚀步骤中的 HF 参与水热反应。其中，HF 既能营造合适的酸性水热条件，又可以提供 F 离子调控 TiO_2 高能面的生长，提高了 HF 利用率，更为绿色和环保。所得的(001)TiO_2/Ti_3C_2 复合材料具有丰富的孔结构、高效的电子-空穴分离效率。因此，经过优化的(001)TiO_2/Ti_3C_2 光催化 CO_2 还原速率可达 13.45 $\mu mol/(g \cdot h)$，优于商用 P25 TiO_2（10.95 $\mu mol/(g \cdot h)$）。另外，其 CO_2 光还原产 CH_4 选择性高达 76.4%。最后，本章采用一系列表征手段深入探讨复合材料光生电荷的分离机制及光催化机理，为设计、合成高效的 TiO_2 基光催化剂提供新的思路。

4.2　实　验　部　分

4.2.1　催化剂制备

1. (001)TiO_2/Ti_3C_2 的制备

采用一步水热法合成(001)TiO_2/Ti_3C_2 复合光催化剂，制备流程如图 4.1 所示。具体操作如下：取 5 mL 质量分数≥40%的 HF 于 200 mL 聚四氟乙烯反应釜内衬中，缓慢加入 2 g Ti_3AlC_2 粉末，密封磁力搅拌刻蚀 Ti_3AlC_2 的 Al 层（搅拌速度为 400 r/min）。经过 24 h 搅拌后，向反应釜内衬加蒸馏水至溶液总体积为 120 mL。超声处理 10 min，得到均匀混合液。将盛有混合液的聚四氟乙烯内衬转移到不锈钢高压反应釜中。密封后，在 180 ℃

图 4.1　(001)TiO_2/Ti_3C_2 复合光催化材料制备流程图

扫封底二维码见彩图

下水热反应 12 h。待其自然冷却后，用蒸馏水洗涤至 pH 为 7。随后，收集、干燥，即可得到(001)TiO$_2$/Ti$_3$C$_2$ 复合光催化材料（HF 加入量为 5 mL 所制得的催化剂标记为 TT-5）。

为了探究 HF 加入量对复合催化剂 CO$_2$ 光还原活性的影响。在其他条件不变的情况下，通过改变 HF 的用量（2 mL、3 mL、4 mL、6 mL、8 mL）合成了一系列催化剂，并将这些复合材料命名为 TT-x（$x=2$，3，4，6，8）。

此外，为了研究 Ti$_3$AlC$_2$ 向(001)TiO$_2$/Ti$_3$C$_2$ 的转变过程，收集未经过水热处理的 Ti$_3$C$_2$（5 mL HF 刻蚀 2 g Ti$_3$AlC$_2$ 制得），标记为 TT-5-u。

2. Ti$_3$C$_2$ 的制备

为了做对比实验，使用常规方法合成 Ti$_3$C$_2$。具体方法为：量取 10 mL HF 置于 50 mL 聚四氟乙烯烧杯中，缓慢分批加入 1 g Ti$_3$AlC$_2$ 粉末，磁力搅拌 24 h。搅拌结束后，将黑色悬浮液过滤，得到黑色粉末。用蒸馏水洗涤至滤液 pH 等于 7，随后收集、干燥，得到产物 Ti$_3$C$_2$。

4.2.3　催化剂表征

采用 X 射线衍射仪分析样品的物相结构，具体以铜靶作为发射源进行检测，扫描速率为 0.02°/s。为了进一步验证材料的物相信息，还利用激光共焦拉曼光谱对材料进行表征，激发波长为 633 nm。催化剂的分子结构和表面化学状态等信息采用傅里叶红外光谱仪和 X 射线光电子能谱仪（单色仪：Mg 发射源）进行表征。其中，材料电子结合能通过环境中的杂质碳 C 1s（284.8 eV）特征峰进行校正。用场发射扫描电子显微镜和扫描/透射电子显微镜对样品的形貌进行分析。样品的光吸收性能通过紫外-可见固体漫反射光谱仪进行测定，以 BaSO$_4$ 作为参比，扫描波长为 200～800 nm。为了获得光照过程中催化剂的光生载流子分离信息，采用光致发光光谱仪，以 235 nm 为激发波长，记录材料的荧光强度。样品的比表面积和孔径分布数据使用氮气物理吸附脱附仪进行检测，脱气温度为 175℃，脱气时间为 4 h。

4.2.4　光电化学测试

首先，取 30 mg 催化剂分散在 1 mL 乙醇溶液（其中 $V_{乙醇}$：$V_{蒸馏水}=1$：1 中）。向上述混合液中加入 30 μL 全氟磺酸基聚合物（nafion）作为凝聚剂，然后进行 30 min 超声处理。最后，在透明电极（indium tin oxide，ITO）上涂抹浆料镀上 TiO$_2$/Ti$_3$C$_2$ 薄膜，待自然晾干后备用。使用标准三电极体系在电化学工作站对催化剂进行光电流和阻抗测试，以表征其光电化学性能。其中，对电极为铂丝电极，参比电极为甘汞电极，制备的样品为工作电极，电解液为 0.4 mol/L 的 Na$_2$SO$_4$ 溶液。

4.2.5　光催化 CO$_2$ 还原活性测试

样品的光催化 CO$_2$ 还原活性测试是通过一个玻璃自动在线气体分析系统进行的［图 4.2（a）］。光源为 300 W 的氙灯。光催化活性测试主要分三步进行，分别是催化剂镀膜、原位产生 CO_2、发生 CO_2 光催化还原反应。①催化剂镀膜：取 30 mg 光催化剂分散于 15 mL 蒸馏水中，形成悬浮液，然后转移至直径为 60 mm 的培养皿中。将上述培养皿放到干燥箱中，干燥后催化剂在培养皿底部镀上一层薄膜。②原位产生 CO_2：取 2.1 g $NaHCO_3$ 粉末放置于自制双颈反应器底部，用石英三脚架将①中的镀膜表面皿支撑放入反应器中[图 4.2（b）]。在反应器上方盖上透光石英玻璃盖，并用橡胶圈密封。在光照反应发生前，抽真空以排尽反应系统中的空气。随后，用稀有气体氩气洗气 4 次，再次抽真空，确保反应器处于无氧状态。最后向反应器底部注入 7 mL 硫酸溶液（2 mol/L），硫酸与 $NaHCO_3$ 反应产生 CO_2 与水蒸气。③CO_2 光还原反应：将反应器置于氙灯光源下光照 4 h[图 4.2（c）]，每隔 1 h，气体分析系统会从反应器内抽取一定量气体注入带有火焰离子化检测器（flame ionization detector，FID）和热导检测器（thermal conductivity detector，TCD）的 GC-2014 气相色谱中，检测反应产物。

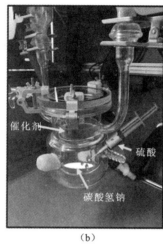

（a）　　　　　　　　　（b）　　　　　　　　　（c）

图 4.2　光催化 CO_2 还原（a）、原位产生 CO_2（b）和 CO_2 光还原反应（c）装置

扫封底二维码见彩图

另外，进行同位素示踪实验来验证光催化 CO_2 还原的产物中碳的来源。具体操作是将上述 CO_2 光催化还原反应中的 $NaH^{12}CO_3$ 替换为 ^{13}C 标记的 $NaH^{13}CO_3$。光照反应后，取 1 mL 的气体注入气相质谱仪中，分析产物。

4.3　结果与讨论

4.3.1　晶相结构与形貌分析

采用 X 射线衍射光谱分析样品的晶相结构，如图 4.3（a）所示，Ti_3AlC_2 MAX 的衍射峰与文献报道的一致。经过氢氟酸刻蚀后，Ti_3AlC_2 位于 39° 的(104)衍射峰消失，表明 Al 层已被成功去除，Ti_3AlC_2 转变为 Ti_3C_2（Yang et al., 2020）。此外，相比于 Ti_3AlC_2，Ti_3C_2 的(002)和(004)衍射峰向低衍射角方向偏移，且 Ti_3C_2 大多数的衍射峰都较弱，这是

因为 Ti_3C_2 有更大的层间距和更薄的结构。此外，XRD 谱图[图 4.3（a）]显示，通过一步水热法制备的样品都具有两种典型的特征峰，既有 Ti_3C_2 的特征峰，也有锐钛矿相 TiO_2 的衍射峰（JCPDS No. 21-1272），说明 TiO_2/Ti_3C_2 异质结被成功制备。除 TT-2 样品还有微弱的 39° 的 Al 层(104)衍射峰以外，其余样品的这一衍射峰均消失。这主要是因为制备 TT-2 时，氢氟酸（HF）的加入量太少，未能将 Ti_3AlC_2 的 Al 层刻蚀干净。当 HF 加入量大于 3 mL 时，样品对应该位置峰消失。另外，从 TT-2 到 TT-8 样品，随着 HF 加入量的增加，TiO_2 的衍射峰强度先提升后降低。这主要是因为过量的 HF 会进一步刻蚀 TiO_2 纳米片，使其结晶度下降。其中，$3\sim5$ mL 的 HF 加入量所制备的 TiO_2/Ti_3C_2 复合材料中 TiO_2 的结晶度较好。

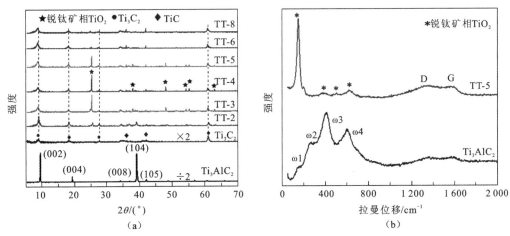

图 4.3　催化剂的 XRD（a）和拉曼（b）谱图
扫封底二维码见彩图

图 4.3（b）为样品 TT-5 和 Ti_3AlC_2 的激光共焦拉曼光谱图。150 cm^{-1}（Eg）、393 cm^{-1}（B1g）、507 cm^{-1}（A1g）、630 cm^{-1}（Eg）是典型的锐钛矿相 TiO_2 拉曼峰（Shahzad et al.，2018），说明经过水热处理后，Ti_3C_2 上生长出锐钛矿相 TiO_2，与 XRD 结果相互印证。$1\,000\sim1\,600$ cm^{-1} 的 D 带和 G 带来源于石墨碳的拉伸振动。Ti_3AlC_2 的几个特征峰出现在 169 cm^{-1}、268 cm^{-1}、411 cm^{-1}、598 cm^{-1}，分别对应 ω1、ω2、ω3 和 ω4 拉曼活性声子振动模式（Hu et al.，2016）。

通过扫描电镜（SEM）分析样品的微观结构。如图 4.4 所示，体相 Ti_3AlC_2[图 4.4（a）]经过 HF 刻蚀后，形貌转变成千层饼状的 Ti_3C_2[图 4.4（b）]，证明 Al 层被成功去除。Ti_3AlC_2 刻蚀过程为

$$Ti_3AlC_2 + 3HF = Ti_3C_2 + AlF_3 + 1.5H_2 \tag{4.1}$$

更有趣的是，在 Ti_3AlC_2 加入量固定（2 g）的情况下，通过改变 HF 的用量即可调控 TiO_2/Ti_3C_2 样品的形貌。如图 4.5 所示，经过水热处理后，Ti_3C_2 依然保持着二维层状结构，与此同时，Ti_3C_2 的片层上生长出锐钛矿相的 TiO_2。其中，TT-2[图 4.5（a）和（a1）]样品呈现出来的是千层饼状的 Ti_3C_2 表面生长出不定形的细小颗粒。随着 HF 的加入量增加，(001)TiO_2/Ti_3C_2 复合材料上出现了 TiO_2 纳米片，并呈现一定的变化规律（TiO_2 纳米片数量逐渐增加、厚度逐渐变薄）。当 HF 加入量为 3 mL 时，TT-3[图 4.5（b）和（b1）]

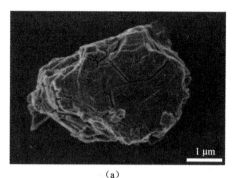

（a）　　　　　　　　　　　　　（b）

图 4.4　样品 Ti$_3$AlC$_2$（a）和 Ti$_3$C$_2$（b）的 SEM 图

上 TiO$_2$ 纳米片厚度约为 330 nm。当 HF 加入量为 4 mL 和 5mL 时，所得 TT-4[图 4.5（c）和（c1）]、TT-5[图 4.5（d）和（d1）]样品上 TiO$_2$ 纳米片的厚度减小到 100 nm 左右。值得注意的是，当 HF 加入量大于 6 mL 时，TiO$_2$ 纳米片会消失。例如，TT-6[图 4.5（e）和（e1）]和 TT-8[图 4.5（f）和（f1）]，这是因为过量的 HF 会进一步刻蚀 TiO$_2$。SEM 的结果与实验预期一致，经过合适浓度 HF（3～5 mL）处理的 Ti$_3$AlC$_2$ 能够通过一步水热法制备(001)TiO$_2$/Ti$_3$C$_2$ 复合材料。

利用 TEM 进一步观察(001)TiO$_2$/Ti$_3$C$_2$ 复合材料的微观结构[图 4.6（a）～（c）]，从图中可以观察到二维层状结构的 Ti$_3$C$_2$ 表面存在大量的 TiO$_2$ 纳米片，这些纳米片的边长约为 1 μm。为了研究这些纳米片材料的晶相，选取图 4.6（c）中的部分区域，采用 HRTEM 进行观察。如图 4.6（d）所示，图中出现晶格间距为 0.235 nm 的晶格条纹，对应锐钛矿相 TiO$_2$ 的(001)晶面。HRTEM 的结果进一步证明在 Ti$_3$C$_2$ 的表面原位生长出了高能(001)面暴露的 TiO$_2$ 纳米片，与前文 XRD 结果一致。从复合材料(001)TiO$_2$/Ti$_3$C$_2$ 的 EDS 能谱图（图 4.7）可以观察到，Ti、O、C 均匀地分布，证实材料中存在 TiO$_2$ 和 Ti$_3$C$_2$。

4.3.2　X 射线光电子能谱与傅里叶红外分析

为了确认样品表面组分和化学状态的变化，本小节进行 XPS 表征。TT-5、TT-5-u、Ti$_3$AlC$_2$ 的 XPS 全谱如图 4.8 所示。Ti$_3$AlC$_2$ 存在 Al 2s 和 2p 峰，而经过 HF 处理后的 TT-5、TT-5-u，其 Al 的峰消失，证明 Al 层已被成功去除。

为了研究 TiO$_2$-Ti$_3$C$_2$ 异质结的形成过程，进一步分析各元素的高分辨 XPS 谱图。图 4.9（a）和（d）分别是 TT-5 及 TT-5-u 的 Ti 2p 高分辨 X 射线光电子能谱图。在图 4.9（a）中，TT-5 中的 Ti 2p 峰可以拟合成 7 个峰，它们所对应的结合能分别是 454.8 eV、456.3 eV、456.5 eV、459.4 eV、461.3 eV、462.6 eV、465.0 eV。它们分别归属于 Ti—C（454.8 eV 和 461.3 eV）、Ti—X（456.3 eV）（非化学计量比 TiC 或者碳氧化钛）、Ti^{3+}（456.5 eV 和 462.6 eV）、TiO$_2$（459.4 eV 和 465.0 eV）（Shahzad et al.，2018）。显然，相比于 TT-5-u[图 4.9（d）]，经过水热的 TT-5 样品多了 2 个 TiO$_2$ 的峰（459.4 eV 和 465.0 eV），并且 TT-5 其他 Ti 物种的峰也逐渐减弱，证明了 Ti$_3$C$_2$ 被逐渐消耗而转变为 TiO$_2$。从两个样品的 C 1s 谱图[图 4.9（b）和（e）]中可以发现，TT-5 样品有几个明显的峰出现在结合能为 288.8 eV、286.4 eV、284.8 eV、282.5 eV、281.9 eV 处，对应于 C—F、C—O、C—C、C—Ti—O、Ti—C（Rakhi et al.，2015）。其中，C—F 来源于 HF，Ti—C、C—C

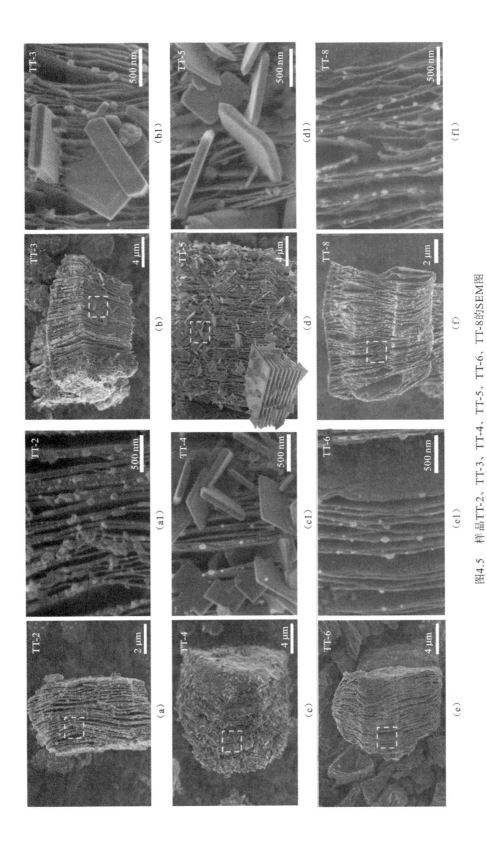

图4.5 样品TT-2、TT-3、TT-4、TT-5、TT-6、TT-8的SEM图

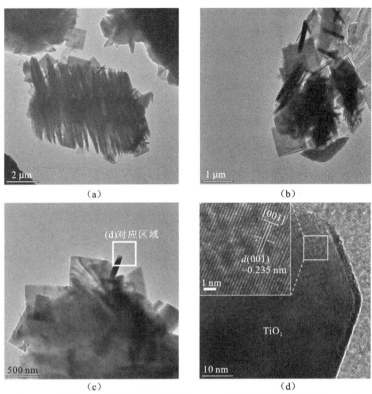

图 4.6 样品 TT-5 的透射电镜图（a～c）及高分辨透射电镜图（d）

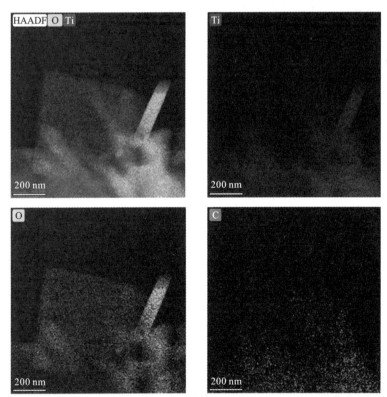

图 4.7 样品 TT-5 中 Ti、O、C 元素的 HAADF-STEM-EDS 元素分布图

扫封底二维码见彩图

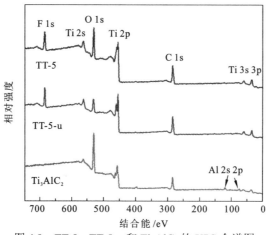

图 4.8   TT-5、TT-5-u 和 Ti₃AlC₂ 的 XPS 全谱图

分别来源于 Ti₃C₂ 和外来吸附碳。需要特别说明的是，相比于 TT-5-u 的 C 1s 谱图，经过水热的 TT-5，在 282.5 eV 处出现了新的 C—Ti—O 峰，证明成功制备了以 C—Ti—O 键连接的 TiO₂-Ti₃C₂ 的异质结。此外，经过分析两个样品的 O 1s 谱图发现，TT-5-u 的 O 1s 的峰分别位于 532.18 eV、530.0 eV [图 4.9（f）]，对应于 Ti—OH、Ti—O（Li et al.，2014）。经过水热的 TT-5 样品 [图 4.9（c）]，其 Ti—O 的峰显著增强。这一结果同样证明了在水

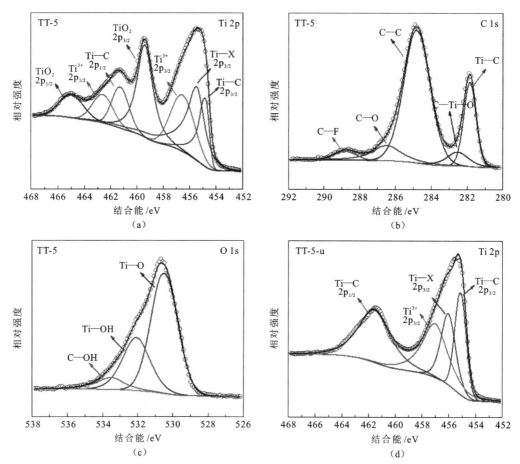

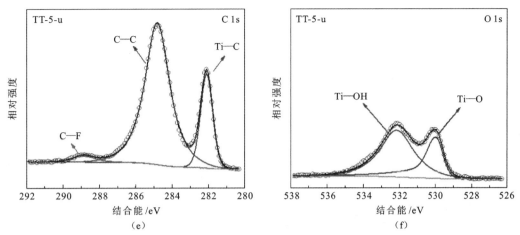

图 4.9 TT-5 和 TT-5-u 中 Ti 2p、C 1s 和 O 1s 的高分辨 XPS 谱图

扫封底二维码见彩图

热过程中，Ti_3C_2 逐渐向 TiO_2 转变。以上结果进一步证明了 TT-5 中存在 TiO_2，与 XRD、拉曼光谱、EDS 分析结果一致。

图 4.10 为样品的傅里叶红外光谱，选取 TiO_2 结晶最好的三个样品（TT-5、TT-4、TT-3）与 TT-5-u 进行对比。从红外光谱图中可以观察到，与 TT-5-u 不同，TT-5、TT-4、TT-3 样品呈现出 TiO_2 典型的 Ti—O—Ti 的拉伸振动（673 cm^{-1}）（Tahir，2020），说明经过水热处理后有 TiO_2 的生成。位于 3 437 cm^{-1} 和 1 630 cm^{-1} 处的峰对应 O—H 的伸缩振动峰，说明样品表面存在—OH 吸附。位于 1 041 cm^{-1} 的峰则对应 C—F，源于 Ti_3AlC_2 刻蚀过程中使用的 HF（Yang et al.，2020）。

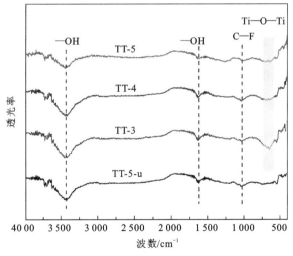

图 4.10 样品的傅里叶红外光谱图

扫封底二维码见彩图

4.3.3　光学性质与 N_2 吸脱附曲线分析

样品的紫外-可见漫反射吸收光谱测试结果如图 4.11（a）所示。由于 Ti_3C_2 的存在，

样品在可见光波段都有较强的光吸收能力。虽然 Ti_3C_2 所引起的光吸收不能直接用于光催化产生光生电子-空穴对，但是它所引起的光热效应对加速光生载流子迁移是有利的（Yu et al.，2014）。经过水热制备的样品在可见光区域的光吸收能力减弱，这是因为 Ti_3C_2 在向 TiO_2 转变，TiO_2 含量不断增加，这一趋势与 XRD 结果相对应。

图 4.11（b）为样品 TT-2、TT-5、TT-8 的氮气吸附-脱附等温线及相应的孔径分布曲线。显然，根据 BDDT（Brunauer-Deming-Deming-Teller）的分类，所有的样品呈现 IV 型等温线，说明存在中孔（2～50 nm）。并且，等温线在相对高压的地方（0.8～1.0）出现了 H3 回滞环，说明样品存在裂缝状的介孔或大孔。这是片状颗粒非刚性聚集体的典型特征。由孔分布图可以看出，样品都有着较大的孔分布范围（2～100 nm）。分布最高的是 55 nm，说明存在一定量的大孔。它们源于 Ti_3C_2 的堆叠和高能面 TiO_2 片生长所产生的间隙。另外，相比 TT-2，TT-5 和 TT-8 有更多的微孔（<2 nm），这可能会有利于对 CO_2 气体分子的吸附。值得指出的是，TT-5 拥有多的中孔和大孔[图 4.11（b）插图]。由表 4.1 可知，样品的比表面积与 HF 的加入量呈正相关，这是因为 HF 能够刻蚀 Ti_3AlC_2 的 Al 层，扩大 Ti_3C_2 纳米片的层间距，有利于提高 Ti_3C_2 的层间暴露面。从扫描电镜图（图 4.5）可以看出，从 TT-3 到 TT-5，TiO_2 纳米片的数量增加、厚度下降，这是因为在水热过程中，HF 提供氟源促进(001)面暴露的 TiO_2 片的原位生长。显然，这也有利于提高复合催化剂的比表面积。但是，过量的 HF 会进一步刻蚀 TiO_2，因此样品的 BET 比表面积提升并不明显。以上结果表明，精准控制 HF 加入量对优化(001)TiO_2-Ti_3C_2 复合材料的物理性质尤为重要。

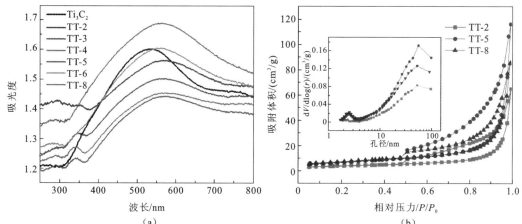

图 4.11　样品的紫外-可见漫反射光谱图（a）和 N_2 吸附-脱附曲线及对应的孔分布曲线（b）

扫扫底二维码见彩图

表 4.1　样品的物理性能

样品	S_{BET}/(m^2/g)	PV/(m^3/g)	APS/nm
TT-2	13.45	0.10	12.11
TT-3	17.14	0.12	11.02
TT-5	24.01	0.18	12.45
TT-8	25.81	0.13	14.46

注：PV 为孔体积；APS 为平均孔径

4.3.4　光电化学性质

光生载流子的分离和迁移率是半导体光催化剂光活性的重要影响因素。为此，进行瞬态光电流响应测试和电化学阻抗实验。光电流信号强度越大，电子-空穴对分离效率越高。如图 4.12（a）所示，TT-5 样品显示出最强的光电流信号，表明其光生载流子分离效率最高，因为 TT-5 形成了大量的 TiO_2 纳米片。光照以后产生了大量的电子-空穴对，其中空穴能够被 Ti_3C_2 捕获，从而提升光生载流子的分离效率。而 TT-2、TT-6、TT-8 的光电流信号较弱，也许是这几个样品的 TiO_2 含量较低所致。另外，暗态的阻抗图谱 [图 4.12（b）] 显示，TT-2 具有较小的圆弧半径，这说明 TT-2 的导电性较好。这是因为 TT-2 样品内 TiO_2 纳米片的含量较低，大多数组分还是具有类金属性质的 Ti_3C_2，而这也说明了 Ti_3C_2 可以作为出色的助催化剂，提高载流子的迁移率。

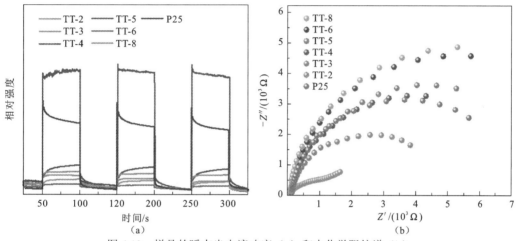

图 4.12　样品的瞬态光电流响应（a）和电化学阻抗谱（b）

扫封底二维码见彩图

4.3.5　光催化 CO_2 还原活性与中间物种鉴定

样品的光催化活性评价是通过光催化 CO_2 还原进行的，结果如图 4.13（a）所示。具有金属性质的 Ti_3C_2 通常来讲是没有光催化活性的（Yang et al.，2020），然而检测到 Ti_3C_2 显示出微弱的 CO_2 光还原活性，这可能是因为在储存过程或光照中部分 Ti_3C_2 被氧化，被氧化生成的这部分 TiO_2 产生了光活性。至于其他的样品，随着 HF 加入量的增加，材料的光催化活性呈现先上升后下降的趋势。从 TT-2 到 TT-5 活性升高，这是因为高能(001)面 TiO_2 纳米片的不断增多，TiO_2 纳米片具有较好的光催化 CO_2 还原活性。可是，当 HF 过量时，样品的 CO_2 还原活性逐渐下降，这是因为 HF 会进一步刻蚀 TiO_2，致使样品活性下降。其中，TT-5 显示出最好的光催化活性，它的 CO_2 光还原速率为 13.45 μmol/(g·h)（产 CH_4 速率和产 CO 速率分别为 10.28 μmol/(g·h) 和 3.17 μmol/(g·h)），高于商用 P25 TiO_2 的 10.95 μmol/(g·h)。值得注意的是，商用 P25 未检出甲烷，而 TT-5 的产甲烷选择性可达 76.4%。甲烷占天然气的 70%～90%，是重要的燃料和化工原料（Ravi et al.，2017），因

此光催化 CO_2 选择性产甲烷具有重要的应用价值。

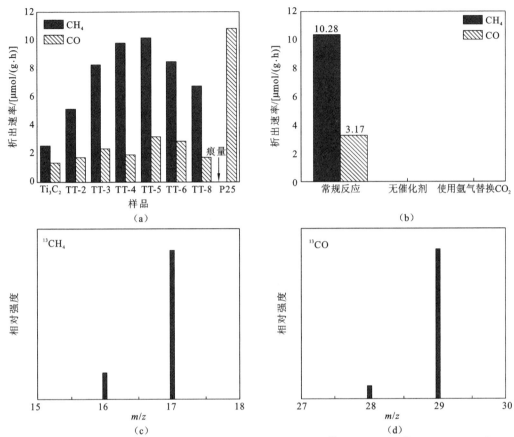

图 4.13　样品的光催化 CO_2 还原活性（a）和对照实验（b）；$^{13}CH_4$（c）与 ^{13}CO（d）的质谱图

为了探究反应产物 CH_4、CO 来源，进行对照实验，在不同条件下测试 CH_4 和 CO 的产量。如图 4.13（b）所示，在常规反应中，CO_2 还原产 CH_4 速率和产 CO 速率分别为 10.28 μmol/(g·h) 和 3.17 μmol/(g·h)。在无光催化剂、有 CO_2 气体、有光照的条件下，GC 没有检测到 CH_4 和 CO 的产生。在有光照、有催化剂、但将 CO_2 气体替换为 Ar 气体的情况下，GC 也没有检测到 CH_4 和 CO 的产生。空白对照实验的结果说明 CH_4、CO 来源于光催化 CO_2 还原，而非其他碳源污染。为了进一步验证光催化产物碳的来源，使用质谱做 ^{13}C 标记的同位素示踪实验。质谱结果如图 4.13（c）和（d）所示，在质荷比（m/z）=17、质荷比（m/z）=29 处均出现了强烈的信号，它们分别归属于 ^{13}C 标记的 $^{13}CH_4$ 和 ^{13}CO。该结果进一步证实了 CH_4 和 CO 来源于催化剂光催化 CO_2 还原，而不是来源于样品碳或杂质碳。

另外，利用原位傅里叶红外光谱研究 TT-5 的 CO_2 光还原反应的中间物种，以探讨其光催化机理。如图 4.14 所示，在黑暗条件下通入 CO_2 气体和水蒸气，并让样品达到吸附平衡，此时红外光谱没有发生明显变化。在光照的条件下，可以明显地观察到许多红外吸收峰的产生。位于 1 868 cm^{-1}、1 844 cm^{-1}、1 828 cm^{-1}、1 792 cm^{-1}、1 698 cm^{-1}、1 684 cm^{-1}、1 576 cm^{-1}、1 558 cm^{-1} 的峰归属于 HCOO（Huo et al., 2019）；位于 1 670 cm^{-1}、1 616 cm^{-1}、1 521 cm^{-1}、1 507 cm^{-1}、1 448 cm^{-1}、1 436 cm^{-1} 的峰归属于 CO_3^{2-}（Jiao et al.,

2017）；位于 1 653 cm⁻¹、1 497 cm⁻¹、1 489 cm⁻¹、1 473 cm⁻¹的峰归属于 HCO_3^-（Han et al.，2019）；位于 1 569 cm⁻¹的峰归属于 $COOH^*$。位于 1 540 cm⁻¹ 和 1 457 cm⁻¹的峰归属于 HCOOH。其中，HCOO、HCOOH 及 $COOH^*$是产生 CO 的重要中间物种。位于 1 772 cm⁻¹、1 750 cm⁻¹、1 716 cm⁻¹、1 419 cm⁻¹的峰归属于 HCHO，位于 1 734 cm⁻¹的峰则归属于 CH_3O（Xia et al.，2017），二者是产生 CH_4 的中间产物。但由于 CH_4 是非极性分子，所以原位红外光谱并未检测到 CH_4 的信号。基于上述结果，推断 TT-5 光催化还原的 CO_2 机理为：CO_2 分子吸附在 TT-5 样品的表面，然后经过两电子反应转化成 HCOOH（$2e^-$为光催化剂产生的光生电子，$2H^+$来源于 H_2O），最终，HCOOH 被还原成 CO（$CO_2 + 2e^- + 2H^+ = CO + H_2O$）（Xia et al.，2017）。另外，HCOOH 可以通过八电子反应，进一步还原成 HCHO 和 CH_3OH，最终转换为 CH_4（$CO_2 + 8e^- + 8H^+ = CH_4 + 2H_2O$）。

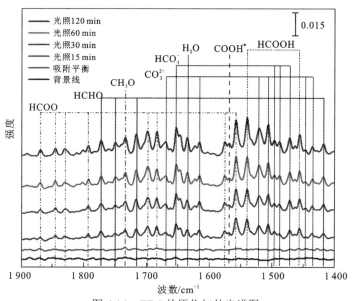

图 4.14　TT-5 的原位红外光谱图

4.3.6　光催化机理

TiO₂ 纳米片与 Ti₃C₂ 的界面载流子转移路径通过开尔文探针测得的功函数进行研究（此处 TiO₂ 纳米片是根据课题组之前的工作制备的（Wang et al.，2010）。样品的功函数可以将金网作为参比，通过测得的接触电势差（contact potential difference，CPD）来计算。

计算公式（Xia et al.，2019）如下：
$$W_{sample} = W_{probe} + e \cdot CPD_{sample} \tag{4.2}$$
式中：W_{sample}为样品的功函数；W_{probe}为金网的功函数（约 4.25 eV）；e为电子电荷；CPD_{sample}为样品的接触电势差。如图 4.15（a）所示，在 365 nm 的光照下，样品 Ti₃C₂、TiO₂ 纳米片的 CPD 值分别为 167.5 mV、418.7 mV。根据式（4.2）计算可得：样品 Ti₃C₂ 的功函数为 4.42 eV，TiO₂ 纳米片的功函数为 4.66 eV[图 4.15（b）]。另外，样品在真空下的费米能级（$E_{f,vac}$）的计算公式（Yang et al.，2020）如下：

$$E_{f,vac} = E_{vac} - W \tag{4.3}$$

式中：E_{vac} 为一个电子在真空能级的能量（此处 $E_{vac}=0$）；W 为样品的功函数。根据式（4.3）计算得出 Ti_3C_2、TiO_2 纳米片的 $E_{f,vac}$ 分别为-4.42 eV、-4.66 eV。根据转换式（4.4）和式（4.5）（式中 SHE 表示标准氢电极），计算得出 Ti_3C_2 的费米能级为-0.49 eV，而 TiO_2 纳米片的费米能级为-0.25 eV。显然，Ti_3C_2 的费米能级比 TiO_2 纳米片更负（Ti_3C_2 的功函数更小），因而 TiO_2 纳米片的光生空穴会被 Ti_3C_2 捕获。

$$E_f (vs.SHE, pH=0) = -4.5 \text{ V} - E_{f,vac} \tag{4.4}$$
$$E_f (vs.SHE, pH=7) = E(vs.SHE, pH=0) - 0.059 \text{ pH} \tag{4.5}$$

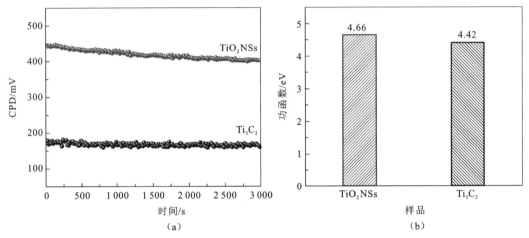

图 4.15　用开尔文探针测得的样品 CPD 值（a）及相应的功函数（b）

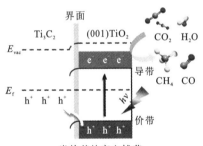

图 4.16　(001)TiO_2/Ti_3C_2 的光催化 CO_2 还原机理图

基于以上实验结果和文献调研，推断(001)TiO_2/Ti_3C_2 材料的光催化 CO_2 还原的机理如图 4.16 所示。在光照下，TiO_2 纳米片价带上的电子被激发到导带，聚集在导带上的光电子与被吸附的 CO_2 发生光还原反应，生成了 CH_4 和 CO。因为 Ti_3C_2 的功函数小于 TiO_2 纳米片的功函数，所以价带上的空穴会被 Ti_3C_2 捕获。此外，具有金属特性的 Ti_3C_2 能够促进空穴的转移，从而提升光生电子-空穴对的分离效率，确保 CO_2 光还原反应的高效进行。

4.4　小　　结

综上所述，本章以 Ti_3AlC_2 为原料，经少量氢氟酸搅拌处理后，再通过水热处理制备了高能(001)面暴露的 TiO_2 纳米片/Ti_3C_2 复合材料。同时，通过改变 Ti_3AlC_2 与 HF 的质量体积比，调控了(001)TiO_2/Ti_3C_2 的形貌。最后，通过一系列表征手段研究了其光催化 CO_2 还原机理。小结如下。

（1）该方法无须添加额外的氟源和酸，而是利用了 HF "一石三鸟" 的功能，提高了 HF 的利用率，更加绿色环保：HF 既能刻蚀 Ti_3AlC_2 的 Al 层，又能提供酸性的水热条件，使 Ti_3C_2 缺陷上 Ti 原子溶解成 Ti^{3+}，Ti^{3+} 能够被氧化成 Ti^{4+}，进而成为形成 TiO_2 的晶种。此外，HF 中的 F 离子可作为形貌调控剂调节 TiO_2 高能(001)面的生长。

（2）经过优化的 TT-5 样品具有优异的光催化活性，其 CO_2 光还原速率可达 13.45 $\mu mol/(g \cdot h)$，优于商用 P25 TiO_2（10.95 $\mu mol/(g \cdot h)$），并且具有优异的产 CH_4 选择性。

（3）在光照下，具有较低功函数的 Ti_3C_2 能捕获 TiO_2 纳米片产生的光生空穴，促进其迁移，从而提升光生载流子的分离效率，进而确保 CO_2 光还原反应的高效进行。

参 考 文 献

李茂, 楼婷飞, 李奇, 2023. 中空碳球负载 TiO_2 纳米颗粒用于增强光催化抗菌性能. 无机化学学报, 39(8): 1489-1500.

闫石, 黄勤栋, 林敬东, 等, 2011. 钴掺杂二氧化钛的光催化制氢性能. 物理化学学报, 27(10): 2406-2410.

Ahmed B, Anjum D H, Hedhili M N, et al., 2016. H_2O_2 assisted room temperature oxidation of Ti_2C MXene for Li-ion battery anodes. Nanoscale, 8(14): 7580-7587.

Dall'Agnese C, Dall'Agnese Y, Anasori B, et al., 2018. Oxidized Ti_3C_2 MXene nanosheets for dye-sensitized solar cells. New Journal of Chemistry, 42(20): 16446-16450.

Guo Q, Zhou C Y, Ma Z B, et al., 2019. Fundamentals of TiO_2 photocatalysis: Concepts, mechanisms, and challenges. Advanced Materials, 31(50): 1901997.

Han C Q, Zhang R M, Ye Y H, et al., 2019. Chainmail co-catalyst of NiO shell-encapsulated Ni for improving photocatalytic CO_2 reduction over g-C_3N_4. Journal of Materials Chemistry A, 7(16): 9726-9735.

Hu M M, Li Z J, Hu T, et al., 2016. High-capacitance mechanism for $Ti_3C_2T_x$ MXene by in situ electrochemical Raman spectroscopy investigation. ACS Nano, 10(12): 11344-11350.

Huo Y, Zhang J F, Dai K, et al., 2019. All-solid-state artificial Z-scheme porous g-C_3N_4/Sn_2S_3-DETA heterostructure photocatalyst with enhanced performance in photocatalytic CO_2 reduction. Applied Catalysis B: Environmental, 241: 528-538.

Jiao X Y, Li X D, Jin X Y, et al., 2017. Partially oxidized SnS_2 atomic layers achieving efficient visible-light-driven CO_2 reduction. Journal of the American Chemical Society, 139(49): 18044-18051.

Li B B, Zhao Z B, Gao F, et al., 2014. Mesoporous microspheres composed of carbon-coated TiO_2 nanocrystals with exposed {001} facets for improved visible light photocatalytic activity. Applied Catalysis B: Environmental, 147: 958-964.

Li J X, Wang S, Du Y L, et al., 2018a. Enhanced photocatalytic performance of TiO_2@C nanosheets derived from two-dimensional Ti_2CT_x. Ceramics International, 44(6): 7042-7046.

Li Q, Xia Y, Yang C, et al., 2018b. Building a direct Z-scheme heterojunction photocatalyst by $ZnIn_2S_4$ nanosheets and TiO_2 hollowspheres for highly-efficient artificial photosynthesis. Chemical Engineering Journal, 349: 287-296.

Low J, Zhang L, Tong T, et al., 2018. TiO_2/MXene Ti_3C_2 composite with excellent photocatalytic CO_2 reduction activity. Journal of Catalysis, 361: 255-266.

Peng C, Yang X, Li Y, et al., 2016. Hybrids of two-dimensional Ti_3C_2 and TiO_2 exposing {001} facets toward enhanced photocatalytic activity. ACS Applied Materials & Interfaces, 8: 6051-6060.

Peng J H, Chen X Z, Ong W J, et al., 2019. Surface and heterointerface engineering of 2D MXenes and their nanocomposites: Insights into electro- and photocatalysis. Chem, 5(1): 18-50.

Rakhi R B, Ahmed B, Hedhili M N, et al., 2015. Effect of postetch annealing gas composition on the structural and electrochemical properties of Ti_2CT_x MXene electrodes for supercapacitor applications. Chemistry of Materials, 27(15): 5314-5323.

Ravi M, Ranocchiari M, van Bokhoven J A, 2017. The direct catalytic oxidation of methane to methanol: A critical assessment. Angewandte Chemie International Edition, 56(52): 16464-16483.

Sajan C P, Wageh S, Al-Ghamdi A A, et al., 2016. TiO_2 nanosheets with exposed {001} facets for photocatalytic applications. Nano Research, 9(1): 3-27.

Shahzad A, Rasool K, Nawaz M, et al., 2018. Heterostructural $TiO_2/Ti_3C_2T_x$ (MXene) for photocatalytic degradation of antiepileptic drug carbamazepine. Chemical Engineering Journal, 349: 748-755.

Shao J, Sheng W C, Wang M S, et al., 2017. In situ synthesis of carbon-doped TiO_2 single-crystal nanorods with a remarkably photocatalytic efficiency. Applied Catalysis B: Environmental, 209: 311-319.

Tahir M, 2020. Enhanced photocatalytic CO_2 reduction to fuels through bireforming of methane over structured 3D MAX Ti_3AlC_2/TiO_2 heterojunction in a monolith photoreactor. Journal of CO_2 Utilization, 38: 99-112.

Wang Z Y, Lv K L, Wang G H, et al., 2010. Study on the shape control and photocatalytic activity of high-energy anatase titania. Applied Catalysis B: Environmental, 100(1-2): 378-385.

Xia P F, Zhu B C, Yu J G, et al., 2017. Ultra-thin nanosheet assemblies of graphitic carbon nitride for enhanced photocatalytic CO_2 reduction. Journal of Materials Chemistry A, 5(7): 3230-3238.

Xia Y, Cheng B, Fan J J, et al., 2019. Unraveling photoexcited charge transfer pathway and process of CdS/graphene nanoribbon composites toward visible-light photocatalytic hydrogen evolution. Small, 15(34): 1902459.

Xu F Y, Meng K, Zhu B C, et al., 2019. Graphdiyne: A new photocatalytic CO_2 reduction cocatalyst. Advanced Functional Materials, 29(43): 1904256.

Yang C, Tan Q Y, Li Q, et al., 2020. 2D/2D Ti_3C_2 MXene/g-C_3N_4 nanosheets heterojunction for high efficient CO_2 reduction photocatalyst: Dual effects of urea. Applied Catalysis B: Environmental, 268: 118738.

Yang H G, Sun C H, Qiao S Z, et al., 2008. Anatase TiO_2, single crystals with a large percentage of reactive facets. Nature, 453(7195): 638-641.

Yu J G, Jin J, Cheng B, et al., 2014. A noble metal-free reduced graphene oxide-CdS nanorod composite for the enhanced visible-light photocatalytic reduction of CO_2 to solar fuel. Journal of Materials Chemistry A, 2(10): 3407-3416.

Zhang C F J, Kim S J, Ghidiu M, et al., 2016. Layered orthorhombic $Nb_2O_5@Nb_4C_3T_x$ and $TiO_2@Ti_3C_2T_x$ hierarchical composites for high performance Li-ion batteries. Advanced Functional Materials, 26(23): 4143-4151.

第 5 章 Ti_3C_2/g-C_3N_4 纳米片的二维复合异质结光催化还原 CO_2

5.1 引　言

当前，日益严重的能源危机及温室效应问题激起了人类迫切找到应对策略的热情。幸运的是，被称为“圣杯”反应的光催化 CO_2 还原系统能有效地捕获太阳能，并引发光催化反应，直接将 CO_2 与 H_2O 转化成碳氢燃料和氧气。这项技术被认为是解决能源与环境问题的理想选择（刘科宜 等，2023；Xia et al.，2019b；Liang et al.，2018；Ran et al.，2018；Li et al.，2016）。最近，石墨相氮化碳（g-C_3N_4）因为具有良好的物理化学稳定性、廉价、无毒及合适的电子能带结构而受到广泛的关注，并作为一种潜在的光催化剂用于光催化 CO_2 还原（王鹏 等，2021；Sun et al.，2019；Liu et al.，2018a；Fu et al.，2017；Xia et al.，2017a）。然而，由于较低的 CO_2 吸附能力及快速的光生载流子复合，g-C_3N_4 的光催化性能受到了极大的抑制。

增大 g-C_3N_4 的比表面积是一个有效地提升 CO_2 吸附能力的策略。Sun 等（2019）成功制备了三维的 g-C_3N_4 泡沫，增大了 g-C_3N_4 的比表面积，使 CO_2 吸附能力得到显著的提升。在 g-C_3N_4 表面锚定碱性基团是另一种提升 CO_2 吸附能力的方法。Xia 等（2017a）在氨气氛围中煅烧制备出表面锚定氨基的超薄 g-C_3N_4 纳米片，碱性基团与增大的比表面积共同促进 CO_2 吸附。为了提高 g-C_3N_4 的电荷分离效率，He 等（2015）制备了一系列 g-C_3N_4 基异质结。这些方法最终使 g-C_3N_4 光还原 CO_2 性能得到提高。

此外，一个常用的改性方法是将 g-C_3N_4 与有效的助催化剂进行耦合。例如，在 g-C_3N_4 表面负载 Au（Li et al.，2018）、Pt（Zhang et al.，2019）和 Pd（Cao et al.，2017）等贵金属。这些贵金属的存在能提升光生电荷分离效率，并且提供更多的反应活性位点，从而增强 g-C_3N_4 的光催化活性。但是，贵金属价格昂贵，储备量少，这严重阻碍了其广泛应用。因此，有必要开发出有效的非贵金属助催化剂。

MXene 是一类二维过渡金属碳氮化合物。自从 Naguib 等在 2011 年首次制备出 Ti_3C_2，MXene 就成为一种炙手可热的明星材料。一般而言，MXene 是通过将其对应的 MAX 相材料中的 A 层刻蚀掉而制备出来的。其中，M 代表过渡金属元素（钛、钒、钼及铌等），A 代表第三或第四主族元素（铝、硅等），X 代表碳或氮元素（Peng et al.，2019）。目前为止，被研究最多的 MXene 是 Ti_3C_2。由于具有良好的导电性，Ti_3C_2 被广泛应用于电化学领域（Pan et al.，2019）。除此之外，自从 Ran 等（2017）巧妙地构建了 Ti_3C_2/CdS 异质结，并发现复合样品的光催化分解水产氢性能比单一的 CdS 有了明显的提升，Ti_3C_2 也被证明是一种潜在的用于光催化领域的助催化剂。这是因为 Ti_3C_2 具有强大的导电能力从而促进光生载流子快速迁移。到目前为止，有很多 Ti_3C_2 基的异质结光催化体系已经被研究。例如，Ti_3C_2/g-C_3N_4（Li et al.，2019；Yang et al.，2019b；Sun et al.，2018）、Ti_3C_2/TiO_2（Low et al.，2018；Ye et al.，2018）、Ti_3C_2/CdS（Ai et al.，2019；Yang et al.，2019c）及 Ti_3C_2/Bi_2WO_6（Cao et al.，2018）等。

通常认为，构建 Ti_3C_2 基异质结的理想策略是形成 2D/2D 界面接触，这样能最大限度地增加两相之间的接触面积（Di et al.，2018；Lin et al.，2018）。这种亲密的接触能极大地促进光诱导电子-空穴对的分离，从而增强光催化活性。例如，Cao 等（2018）将超薄 Ti_3C_2 纳米片与超薄 Bi_2WO_6 纳米片耦合制备出 2D/2D Ti_3C_2/Bi_2WO_6 异质结催化剂，相比于 Bi_2WO_6 纳米片，复合样品表现出更高的光催化 CO_2 还原性能。此外，Yang 等（2019b）也发现将超薄 Ti_3C_2 纳米片与超薄 g-C_3N_4 纳米片复合，能有效提升 g-C_3N_4 光催化 H_2O_2 产率，而活性提升的原因是 Ti_3C_2 良好的导电能力促进了电荷空间分离。然而，制备上述超薄 2D/2D Ti_3C_2 基异质结的前提是要先制备出超薄二维 Ti_3C_2 纳米片。这是一个烦琐耗时的过程，涉及利用二甲亚砜（DMSO）溶液长时间地对体相 Ti_3C_2 进行插层，长时间地超声剥离，以及多次离心。最后，超薄二维 Ti_3C_2 纳米片的产量还十分低（Wu et al.，2018）。因此，找到一个快速而简单的方法来制备超薄 2D/2D Ti_3C_2 基异质结仍然是一个巨大的挑战。

本章利用与 DMSO 化学结构相似的尿素插层体相 Ti_3C_2，并在氮气氛围下煅烧，一步原位制备出超薄 2D/2D Ti_3C_2/g-C_3N_4 异质结。在制备过程中，尿素起着气体模板作用从而将体相 Ti_3C_2 剥离成纳米片。此外，尿素还作为 g-C_3N_4 的前驱体从而原位构建超薄 2D/2D Ti_3C_2/g-C_3N_4 异质结。与文献相比，本章所提出的制备方法大大减少了时间及成本。与单一 g-C_3N_4 相比，超薄 2D/2D Ti_3C_2/g-C_3N_4 复合催化剂光催化还原 CO_2 的性能有显著提升。活性增强的原因主要归因于形成了超薄 2D/2D Ti_3C_2/g-C_3N_4 异质结，从而极大地促进了光生电荷的空间分离并提升了 CO_2 的吸附能力（图 5.1）。

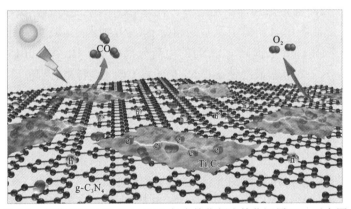

图 5.1　超薄 2D/2D Ti_3C_2/g-C_3N_4 复合催化剂光催化还原 CO_2 示意图
扫封底二维码见彩图

5.2　实　验　部　分

5.2.1　催化剂制备

根据 Yang 等（2019b），首先制备出 Ti_3C_2。具体过程如下：将 1 g Ti_3AlC_2 粉末分散

到 25 mL HF 溶液（40%）中，并在室温下搅拌 24 h 去除 Ti$_3$AlC$_2$ 中的 Al。然后过滤反应后的黑色悬浮液，得到黑色固体，并用水和无水乙醇洗涤黑色固体直到滤液的 pH 接近中性。将得到的滤饼在 80 ℃下真空干燥 6 h，得到 Ti$_3$C$_2$ 粉末。

Ti$_3$C$_2$/g-C$_3$N$_4$ 复合物的制备如下：将 10 g 尿素溶于 20 mL 水形成高浓度尿素溶液。然后，取 10 mg 制备好的 Ti$_3$C$_2$ 粉末分散到尿素溶液中。接下来，将 Ti$_3$C$_2$-尿素混合液在冰水浴中超声 2 h 使尿素分子插层到 Ti$_3$C$_2$ 层间。将混合液在 60 ℃下烘干得到前驱体，研磨均匀。最后，将前驱体在氮气氛围下于 550 ℃煅烧 2 h，升温速率为 10 ℃/min，最终得到的样品命名为 10TC。通过调控 Ti$_3$C$_2$ 的量，其他条件保持不变，制备出一系列 Ti$_3$C$_2$/g-C$_3$N$_4$ 复合物，命名为 xTC，x 代表 Ti$_3$C$_2$ 的量。

作为对照，当不加 Ti$_3$C$_2$ 时，制备得到的样品为 g-C$_3$N$_4$ 纳米片，命名为 UCN。当 10 mg Ti$_3$C$_2$ 与 10 g 尿素粉末进行机械研磨混合时，其他制备条件相同，得到的样品命名为 M-10TC。

5.2.2　催化剂表征

利用场发射扫描电子显微镜、原子力显微镜及高角环形暗场扫描电子显微镜观察制备样品的微观形貌与结构。傅里叶转换红外光谱用来表征材料的化学结构。X 射线衍射仪用来分析样品的相结构。以 BaSO$_4$ 作为参比，利用紫外分光光度计研究样品的光吸收性能。利用氮气吸附脱附仪测试样品的比表面积及 CO$_2$ 吸附量。采用气相色谱-质谱仪联用技术进行同位素标记实验来检测光催化 CO$_2$ 还原产物碳的来源。利用原位红外技术探究光催化 CO$_2$ 还原的中间产物。利用 X 射线光电子能谱仪及开尔文探针研究样品的电子转移路径。采用光致发光光谱、时间分辨的光致发光光谱研究样品光生电荷分离效率。

利用电化学工作站测试瞬态光电流（transient photocurrent，TPR）、电化学阻抗谱（EIS）及莫特-肖特基（M-S）曲线。测试时采用一个标准的三电极体系测量，以铂丝为对电极，以 Ag/AgCl 电极为参比电极，以制备的样品为工作电极，电解液为 Na$_2$SO$_4$ 溶液（0.5 mol/L，pH=6.7）。测试用的光源为 420 nm 的 LED 灯。测试 TPR 及 EIS 时，工作电极的制备如下：取 20 mg 样品分散到 1 mL 乙醇水溶液（$V_水$: $V_{乙醇}$=1:1）中，超声分散均匀。然后再加入 25 μL 萘酚，继续超声以获得均匀的分散液。将分散液均匀滴在 ITO 导电玻璃上，晾干即可。测试 M-S 曲线时，除了将分散液均匀滴在玻碳电极上，工作电极的制备过程与测试 TPR 及 EIS 相同。

5.2.3　光催化还原 CO$_2$

采用全玻璃自动在线微量气体分析系统进行光催化 CO$_2$ 还原实验。利用 300 W 的氙灯并配备了 420 nm 的截止型滤光片作为实验的可见光光源。具体过程如下：首先，称取 20 mg 催化剂，并分散到 15 mL 水中形成均匀的分散液。然后将分散液倒入培养皿（ϕ=60 mm）中并烘干，使样品沉积到培养皿底部形成一层膜。接下来，称取 1.26 g NaHCO$_3$

粉末，并与培养皿一起放入反应器中，然后对整个体系抽真空去除反应器内的空气。最后，向反应器中注入 4 mL H_2SO_4 溶液（2 mol/L），使其与反应器内的 $NaHCO_3$ 粉末反应，从而在体系内原位产生 CO_2 和水蒸气。光催化 CO_2 还原过程会持续 4 h，每 1 h 过后，系统自动取 0.6 mL 气体并注入气相色谱中进行检测，以此分析产物的浓度。

5.3 结果与讨论

5.3.1 超薄 2D/2D Ti_3C_2/g-C_3N_4 异质结形成机理

制备超薄 2D/2D Ti_3C_2/g-C_3N_4 纳米片异质结的过程如图 5.2 所示。首先，利用 HF 溶液将体相 Ti_3AlC_2 刻蚀成手风琴形貌的 Ti_3C_2[图 5.3（a）和（b）]。然后将制备好的 Ti_3C_2 分散到浓尿素溶液中并超声处理，使尿素分子插层到 Ti_3C_2 层间。如图 5.3（c）所示，由于 Ti_3C_2 表面具有丰富的末端基团（—F、—O 或者—OH），尿素分子通过氢键耦合紧紧吸附在 Ti_3C_2 表面。将超声后的混合液烘干得到三明治形貌的 Ti_3C_2-尿素前驱体[图 5.3（d）和（e）]。在煅烧时，尿素受热分解产生大量氨气，氨气作为气体模板将 Ti_3C_2 剥离成纳米片。与此同时，尿素作为氮化碳的前驱体，在 Ti_3C_2 表面原位生长氮化碳纳米片，最终形成超薄 2D/2D Ti_3C_2/g-C_3N_4 纳米片异质结。

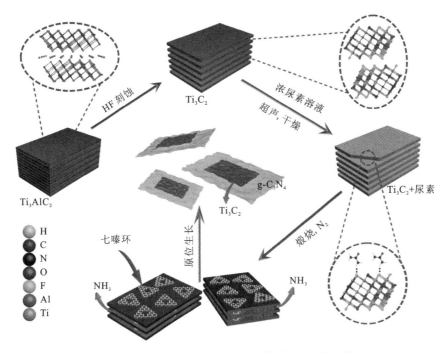

图 5.2 超薄 2D/2D Ti_3C_2/g-C_3N_4 异质结形成机理图

扫封底二维码见彩图

图 5.3　Ti₃AlC₂（a）及 Ti₃C₂（b）的 FESEM 图；Ti₃C₂ 的 FTIR 图（c）；Ti₃C₂-尿素混合物的电子背散射图（d）及对应的电子能量散射图（e）

FTIR：Fourier transform infrared spectroscopy，傅里叶红外光谱

5.3.2　形貌分析

为了观察样品的微观结构，对样品进行场发射扫描电子显微镜（FESEM）及原子力显微镜（AFM）表征。如图 5.4（a）和（c）所示，UCN 呈现出典型的纳米片形貌，其厚度大约为 3.5 nm[图 5.4（e）]。当通过尿素分子的超声辅助插层及煅烧后，手风琴形貌的 Ti₃C₂ 被剥离成超薄纳米片，并且 g-C₃N₄ 纳米片原位生长在 Ti₃C₂ 纳米片表面。如图 5.4（b）和（d）所示，10TC 样品具有明显的二维纳米片堆叠形貌。通过 AFM 表征发现，10TC 样品是由两种不同厚度的超薄纳米片组成。厚度为 3.85 nm 和 3.26 nm 的纳米片归属于超薄 g-C₃N₄ 纳米片，而厚度为 8.79 nm 和 7.69 nm 的纳米片应该是剥离的 Ti₃C₂ 纳米片[图 5.4（f）]。这个结果有力地证明了超薄 2D/2D Ti₃C₂/g-C₃N₄ 纳米片异质结被成功制备。这种超薄二维异质结增大了二者之间的界面接触面积，有利于光生电荷在界面迁移。

利用高角环形暗场扫描透射电子显微镜（HAADF-STEM），进一步研究 2D/2D Ti₃C₂/

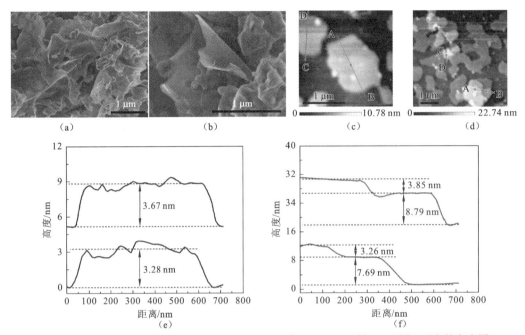

图 5.4　UCN（a）与 10TC（b）的 FESEM 图；UCN（c）与 10TC（d）的 AFM 图及对应的高度图（e，f）

扫封底二维码见彩图

g-C₃N₄ 纳米片异质结。如图 5.5（a）所示，可以观察到两种半透明且表面光滑的纳米片相互交错堆叠，说明形成了超薄 2D/2D Ti₃C₂/g-C₃N₄ 异质结，这进一步验证了图 5.4 的结论。通过高倍 TEM 图 [图 5.5（a）中蓝色方框区域]，可以观察到 Ti₃C₂ 纳米片与 g-C₃N₄ 纳米片之间明显的亲密界面接触 [图 5.5（b）]。其中，晶格间距 $d = 0.263$ nm 的区域归属于 Ti₃C₂ 的 $(0\bar{1}10)$ 晶面（Cao et al., 2018），而无定形区域归属于 g-C₃N₄。此外，10TC 样品的选区电子衍射图只显示出 Ti₃C₂ 的晶斑花样且为单晶 [图 5.5（b）]，且在 Ti₃C₂ 区域没有发现 TiO₂ 纳米颗粒，这说明在稀有气体中煅烧并没有使 Ti₃C₂ 发生氧化。利用能量散射 X 射线谱（EDS）-面扫（mapping），研究 10TC 样品的元素分布。如图 5.5（c）所示，C、N 及 Ti 元素均匀地分布，并且与对应的 TEM 图轮廓一致，这再一次证实超薄 2D/2D Ti₃C₂/g-C₃N₄ 纳米片异质结的成功制备。

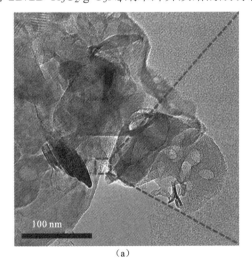

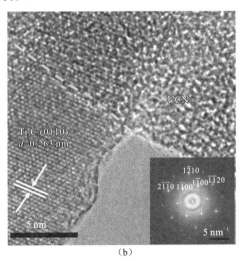

（a）　　　　　　　　　　　　　　（b）

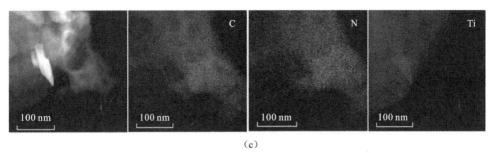

图 5.5 10TC 样品的 HAADF-STEM 图（a）、高分辨 TEM 图（b）、选区电子衍射图（插图 b），
以及 EDS-Mapping 图（c）

扫封底二维码见彩图

5.3.3 晶相结构与光吸收

利用 X 射线衍射（XRD）表征，分析样品的晶相结构。如图 5.6（a）所示，Ti_3AlC_2
具有尖锐且高强度的 XRD 峰（Peng et al.，2016）。利用 HF 溶液刻蚀后，Ti_3AlC_2 的（104，
$2\theta = 39°$）峰消失，并且其（002，$2\theta = 9.6°$）峰和（004，$2\theta = 19.3°$）峰向小角度偏移，
这说明 Ti_3AlC_2 中的铝层被刻蚀掉，Ti_3AlC_2 成功转化成 Ti_3C_2（Cai et al.，2018）。此外，
Ti_3C_2 的衍射峰强度几乎都比 Ti_3AlC_2 的弱，这说明 Ti_3C_2 具有更薄的层状结构。UCN 和
复合催化剂的 XRD 图谱中都具有两个明显的衍射峰，归属于 $g-C_3N_4$ 的(100)和(002)峰，
分别对应于 $g-C_3N_4$ 面内基本单元的周期排布及层间的 π-π 堆叠（Shi et al.，2018a）。此
外，复合样品在 $2\theta = 36.0°$ 及 $2\theta = 41.8°$ 处出现两个新的 XRD 峰，分别归属于 Ti_3C_2 的(103)
和(105)晶面。值得注意的是，与 UCN 相比，复合催化剂中归属于 $g-C_3N_4$ 的(002)峰从 27.6°
偏移至 27.3°，这是因为 Ti_3C_2 纳米片嵌入 $g-C_3N_4$ 层间，导致了 $g-C_3N_4$ 的层间距增大（Chen
et al.，2018a；Xiong et al.，2016）。进一步，测试样品的红外光谱（FTIR）。如图 5.6（b）
所示，复合样品的红外吸收峰与纯的 $g-C_3N_4$ 相比，无明显变化，说明复合样品的主要成
分为 $g-C_3N_4$。然而，复合样品的红外光谱中没有找到 Ti_3C_2 特征吸收峰，这是 Ti_3C_2 含量
较低及其红外特征峰信号太弱导致的。

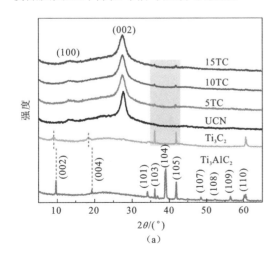

（a）

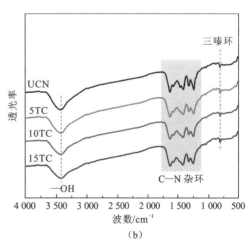

（b）

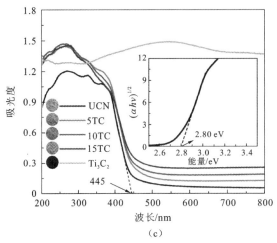

图 5.6　样品的 XRD 图（a）、FTIR 图（b）及紫外-可见 DRS 图（c）

扫封底二维码见彩图

为了探讨催化剂的光吸收性能，对其进行紫外-可见漫反射光谱（DRS）表征。如图 5.6（c）所示，UCN 的吸收带边大约在 445 nm。根据 Kubelka-Munk 计算方法，UCN 的禁带宽度（E_g）为 2.80 eV[图 5.6（c）]。随着 Ti_3C_2 的负载量增大，复合样品的吸收带边几乎不变，说明 Ti_3C_2 的引入不会改变 g-C_3N_4 的 E_g，排除了煅烧过程的掺杂影响。但是，在可见光区（450~800 nm），复合样品的光吸收明显增强，这归属于 Ti_3C_2 的全光谱吸收。尽管 450~800 nm 的光不会引起 g-C_3N_4 价带电子的激发，但是 Ti_3C_2 良好的光热转换能将这个波段的光转化成热能（Cao et al.，2018；Low et al.，2018；Li et al.，2017），从而促进光催化反应。

5.3.4　比表面积与 CO_2 吸附

材料的比表面积（S_{BET}）对其 CO_2 吸附能力有重要影响，进而影响光催化 CO_2 还原性能（Cao et al.，2018）。因此，首先测试样品的氮气吸附脱附曲线及孔径分布曲线。如图 5.7（a）所示，样品的氮气吸附脱附曲线属于 IV 型，并且在相对压力为 0.8~1.0 内具有 H3 型磁滞回线，说明样品存在由纳米片堆叠形成的缝隙孔。表 5.1 显示 UCN 具

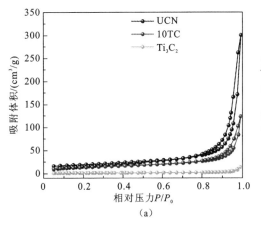

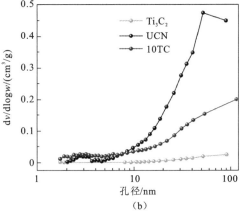

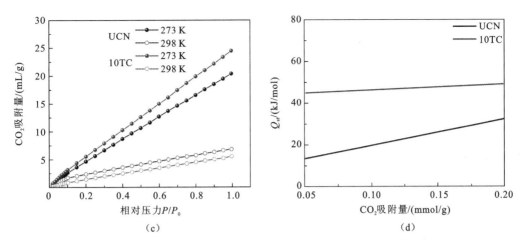

图 5.7 UCN、10TC 和 Ti_3C_2 的氮气吸附脱附曲线（a）及对应的孔径分布曲线（b）；UCN 和 10TC 的 CO_2 吸附曲线（c）及对应的等量吸附焓（d）

扫封底二维码见彩图

有最大的 S_{BET}。然而，Ti_3C_2 的引入使复合样品的 S_{BET} 减小，这是 $g-C_3N_4$ 纳米片与 Ti_3C_2 纳米片堆叠导致的，也说明 S_{BET} 不是影响光催化活性的主要因素。

表 5.1 样品的物理性质

样品	比表面积/(m^2/g)	总空体积/(cm^3/g)	平均孔径/nm
UCN	65.7	0.46	28.2
5TC	37.6	0.17	17.8
10TC	45.9	0.19	16.6
15TC	41.1	0.15	14.2
Ti_3C_2	3.7	0.02	22.2
M-10TC	37	0.13	17.3

　　尽管 UCN 的 S_{BET} 最大，但是 10TC 样品具有更多由纳米片堆叠形成的微孔[图 5.7（b）]，这些微孔有利于吸附 CO_2（Wang et al.，2019）。因此，接着测试样品的 CO_2 吸附曲线。如图 5.7（c）所示，当 273 K 及相对压力 $P/P_0=1$ 时，UCN 与 10TC 的 CO_2 吸附量分别为 20.3 mL/g 和 24.4 mL/g。然而，当温度升至 298 K 时，UCN 与 10TC 的 CO_2 吸附量分别减少至 6.8 mL/g 和 5.5 mL/g。值得注意的是，10TC 样品的 CO_2 吸附性能更依赖于温度，说明 CO_2 分子与 10TC 样品表面具有更强的化学亲和力。为了量化这个亲和力，根据克劳修斯–克拉佩龙方程（Xia et al.，2019b），计算 UCN 与 10TC 吸附 CO_2 的等量吸附焓（Q_{st}）。如图 5.7（d）所示，10TC 样品低覆盖度的 Q_{st} 高达 44.8 kJ/mol，远大于 UCN（13.4 kJ/mol）。除此之外，虽然 10TC 样品在 298 K 时的 CO_2 吸附量略低于 UCN 样品，但是 10TC 样品（0.120 mL/m^2）单位面积的 CO_2 吸附量仍然高于 UCN 样品（0.104 mL/m^2）。这些结果证明强烈的化学吸附作用极大地促进了 10TC 样品对 CO_2 的吸附，并且有利于 CO_2 的活化及光生电子迁移至 CO_2 分子，提升光催化 CO_2 还原性能（Xie et al.，2019）。

5.3.5 光催化 CO_2 还原

为了评价样品的光催化性能，在不加任何牺牲剂的条件下，对样品进行可见光光催化 CO_2 还原测试。如图 5.8（a）和（b）所示，光催化 CO_2 还原的产物主要为 CO，并伴有少量 CH_4 产生。Ti_3C_2 由于具有金属性质而不表现出光催化性能（Sun et al.，2018；Ran et al.，2017）。UCN 的光催化活性较弱，其 CO 产率为 $0.62\ \mu mol/(g\cdot h)$，CH_4 产率为 $0.021\ \mu mol/(g\cdot h)$。这是 UCN 样品光生电荷容易复合导致的（Shao et al.，2017；Shi et al.，2016）。当 Ti_3C_2 与 g-C_3N_4 复合后，复合样品的光催化活性有了明显的提升。优化样品（10TC）的光催化活性最高，其 CO 产率为 $5.19\ \mu mol/(g\cdot h)$，CH_4 产率为 $0.044\ \mu mol/(g\cdot h)$，超过了许多文献报道值，并且总 CO_2 转化是 UCN 样品的 8.1 倍。如图 5.8（c）所示，还研究了光生空穴将 H_2O 氧化成 O_2 这个重要的半反应（Kamat et al.，2018）。10TC 样品在光照 4 h 后，可以检测到明显的 O_2 信号，这证实了光催化氧化还原反应循环的终止。此外，10TC 样品还展现出良好的光催化稳定性，连续 5 次循环使用后，其光催化性能、化学结构和形貌几乎保持不变[图 5.8（d）和图 5.9]。

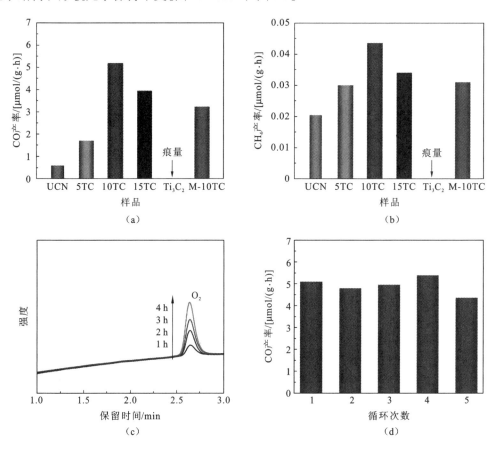

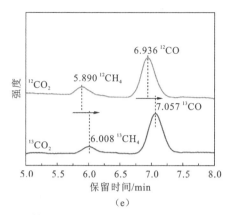
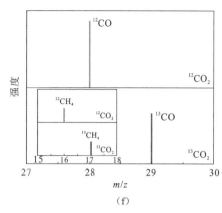

（e）　　　　　　　　　　　　　　（f）

图 5.8　光催化 CO_2 还原产 CO（a）、产 CH_4（b）、产 O_2（c）结果图；10TC 样品的循环稳定性测试（d）；
CO_2 光还原产物碳来源的 GC-MS 分析（e，f）

扫封底二维码见彩图

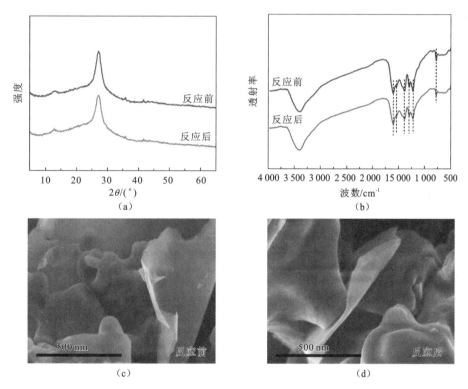

（a）　　　　　　　　　　　　　　（b）

（c）　　　　　　　　　　　　　　（d）

图 5.9　10TC 样品 5 次循环实验的 XRD 图（a）、FTIR 图（b）和 FESEM 图（c，d）

这种优异的光催化性能得益于二维 $g\text{-}C_3N_4$ 纳米片与 Ti_3C_2 纳米片之间亲密而有效的界面接触，从而促进了光生载流子在界面的迁移与分离。为了证实这一观点，将 Ti_3C_2 与尿素进行机械研磨混匀并煅烧制备出对照样品（M-10TC）。注意，尿素没有插层到 Ti_3C_2 层间。因此，M-10TC 是由三维多层 Ti_3C_2 颗粒与二维 $g\text{-}C_3N_4$ 纳米片组成，二维 $g\text{-}C_3N_4$ 纳米片生长在三维 Ti_3C_2 颗粒表面[图 5.10（a）]。光还原 CO_2 测试结果显示 M-10TC 样品的光催化活性明显低于 10TC，这是二者不充分的界面接触及减小的 S_{BET} 导致的[图 5.10（b）]，这种结构不利于电荷迁移与分离。

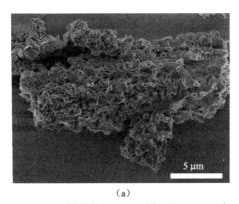
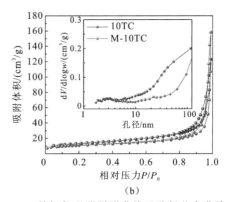

（a）   （b）

图 5.10　M-10TC 样品的 FESEM 图（a）；10TC 与 M-10TC 的氮气吸附脱附曲线及孔径分布曲线（b）

扫封底二维码见彩图

　　为了确定光催化 CO_2 还原产物碳的来源，进行空白实验，发现在没有光照、CO_2 或者光催化剂条件下，GC 检测不到任何产物。这说明该反应是光激发驱动的，且 CO_2 是唯一碳源。为了进一步证实这个结论，采用气相色谱-质谱（gas chromatography-mass spectrometry，GC-MS）联用技术检测 ^{12}C 和 ^{13}C 标记的 CO 和 CH_4。如图 5.8（e）所示，当以 $^{13}CO_2$ 为碳源时，得到产物（CO 和 CH_4）的保留时间更长。进一步，当以 $^{12}CO_2$ 为碳源时，主要还原产物 ^{12}CO 和 $^{12}CH_4$ 的质荷比分别为 28 和 16，而以 $^{13}CO_2$ 为碳源时，主要还原产物 ^{13}CO 和 $^{13}CH_4$ 的质荷比分别为 29 和 17[图 5.8（f）]。再结合空白实验，可以得出结论，即光催化 CO_2 还原产物来源于 CO_2 转化，而不是来源于样品碳或者杂质碳。

5.3.6　原位红外光谱分析

　　为了研究光催化 CO_2 还原反应过程，利用原位傅里叶变换红外（in-situ FTIR）光谱确定 10TC 样品光还原 CO_2 的反应中间产物。如图 5.11 所示，在条件（1）时，没有 FTIR 吸收峰被检测到。一旦通入 CO_2 和水蒸气，可以检测到许多 FTIR 吸收峰。位于 1 410 cm^{-1}、1 447 cm^{-1}、1 466 cm^{-1}、1 508 cm^{-1}、1 518 cm^{-1}、1 594 cm^{-1}、1 614 cm^{-1}、1 630 cm^{-1}、1 636 cm^{-1} 及 1 657 cm^{-1} 处的峰归属于 CO_3^{2-}（Di et al.，2019；Han et al.，2019；Jiao et al.，2017）。位于 1 431 cm^{-1}、1 474 cm^{-1}、1 484 cm^{-1}、1 497 cm^{-1}、1 500 cm^{-1}、1 652 cm^{-1}、1 677 cm^{-1} 及 1 715 cm^{-1} 处的峰归属于 HCO_3^{2-}（Han et al.，2019；Liu et al.，2018b；Meng et al.，2018；Fu et al.，2017）。这些 CO_3^{2-} 和 HCO_3^{2-} 是 CO_2 溶于 H_2O 产生的，进一步暗示 10TC 样品良好的 CO_2 吸附能力。

　　在可见光照射下，FTIR 光谱中出现了新的吸收峰。位于 1 532 cm^{-1}、1 556 cm^{-1}、1 577 cm^{-1}、1 669 cm^{-1}、1 673 cm^{-1}、1 688 cm^{-1}、1 695 cm^{-1}、1 697 cm^{-1}、1 700 cm^{-1} 及 1 742 cm^{-1} 处的峰归属于 HCOO（Han et al.，2019；Huo et al.，2019；Xia et al.，2017），而位于 1 457 cm^{-1}、1 542 cm^{-1}、1 704 cm^{-1} 及 1 721 cm^{-1} 处的峰归属于 HCOOH（Han et al.，2019；Xu et al.，2018）。1 568 cm^{-1} 处的峰归属于 COOH* 自由基（Di et al.，2019）。HCOO、HCOOH 及 COOH* 物种是产生 CO 的中间产物，大量甲酸基物种的出现间接反映出 10TC 样品良好的光催化性能。此外，还检测到少量的 CH_3O 及 HCHO 物种，分别位于 1 732 cm^{-1}

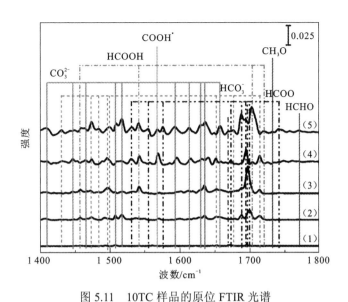

图 5.11 10TC 样品的原位 FTIR 光谱

扫封底二维码见彩图

（1）不通 CO_2 和水蒸气且没有光照；（2）通 CO_2 和水蒸气 30 min 或（3）60 min 且没有光照；

（4）通 CO_2 和水蒸气 30 min 或（5）60 min 且光照

和 1 771 cm^{-1} 处（Huo et al.，2019；Xia et al.，2017a）。CH_3O 和 HCHO 是产生 CH_4 的中间产物。然而，原位 FTIR 光谱中没有检测到 CH_4 的信号，这是因为 CH_4 是一个非极性分子（Xu et al.，2018）。基于这些信息，该体系光催化 CO_2 还原反应过程如下。首先，CO_2 分子被吸附在样品表面，然后被两个电子还原转化成 HCOOH，最终生成 CO（$CO_2 + 2e^- + 2H^+ = CO + H_2O$）。进一步，HCOOH 被还原转化成 HCHO 和 CH_3OH，最终产生 CH_4（$CO_2 + 8e^- + 8H^+ = CH_4 + 2H_2O$）。

5.3.7 电荷迁移与分离

为了揭示 g-C_3N_4 与 Ti_3C_2 之间界面的电子转移路径，对 UCN、10TC 及 Ti_3C_2 样品进行 X 射线光电子能谱（XPS）表征（Shi et al.，2018b）。如图 5.12（a）所示，Ti_3C_2 样品的 XPS 高分辨 Ti 2p 峰可以拟合成 5 个子峰，分别位于结合能为 455.4 eV、456.9 eV、459.8 eV、461.6 eV 和 465.4 eV 处。其中，455.4 eV 和 461.6 eV 的峰归属于 Ti—C 键，456.9 eV 和 465.4 eV 的峰归属于 Ti—O 键，而 459.8 eV 的峰归属于 Ti—F 键（Yang et al.，2019b；Chen et al.，2018b）。如图 5.12（b）所示，UCN 样品的 XPS 高分辨 N 1s 峰可以拟合成 4 个子峰，结合能分别为 398.5 eV、399.9 eV、401.1 eV 和 404.4 eV，分别归属于 C—N＝C、N—C_3、—NH_x 及荷电效应（Yao et al.，2019；Guo et al.，2016）。然而，当 Ti_3C_2 与 g-C_3N_4 复合后，与 Ti_3C_2 相比，10TC 样品的 Ti 2p 峰向低结合能偏移[图 5.12（a）]。相反，与 UCN 相比，10TC 样品的 N 1s 峰向高结合能偏移[图 5.12（b）]。这说明 g-C_3N_4 与 Ti_3C_2 之间具有强烈的相互作用，且电子从 g-C_3N_4 向 Ti_3C_2 转移。此外，10TC 样品 Ti—F 键的消失暗示着 Ti_3C_2 表面的—F 被—O 或—OH 取代，这说明 Ti_3C_2 有利于捕获 g-C_3N_4 的电子（Ran et al.，2017）。

利用开尔文探针测试样品的功函数（W），进一步证实了 g-C_3N_4 与 Ti_3C_2 之间界面的电子转移路径。样品的 W 是通过接触电位差（CPD）计算的，以金作为参比。如图 5.12（c）所示，UCN、10TC 和 Ti₃C₂ 的 CPD 值分别为 -444.7 mV、-293.2 mV 和 233.1 mV。根据式（4.2）（Xia et al.，2019a），UCN、10TC 和 Ti₃C₂ 的 W 分别为 3.81 eV、3.96 eV 和 4.48 eV [图 5.12（d）]。以真空能级为参考，根据式（4.3），UCN、10TC 和 Ti₃C₂ 样品的费米能级（$E_{f, vac}$）分别为 -3.81 eV、-3.96 eV 和 -4.48 eV。根据式（4.4）和式（4.5）（Cao et al.，2018），UCN、10TC 和 Ti₃C₂ 的 E_f 分别为 -1.10 V、-0.95 V 和 -0.43 V（vs. NHE，pH = 7）。由于 UCN 的费米能级比 Ti₃C₂ 的更负，很显然，当 g-C₃N₄ 与 Ti₃C₂ 亲密接触并且光照时，电子将从 UCN 转移至 Ti₃C₂ 表面，从而实现二者之间费米能级平衡，这进一步验证了 XPS 的结论。

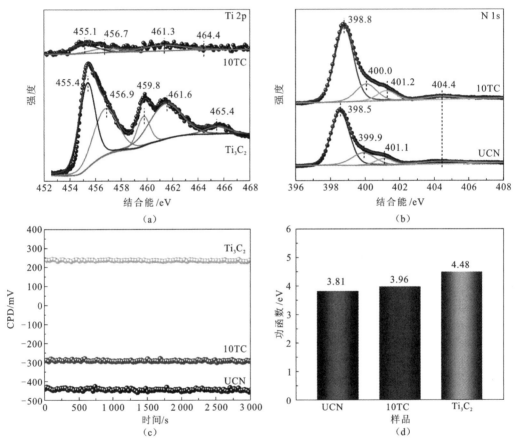

图 5.12　XPS 高分辨 Ti 2p 峰（a）和 N 1s 峰（b）；开尔文探针测试样品的接触电位差（c）及对应的功函数（d）

扫封底二维码见彩图

　　采用光致发光（PL）光谱及时间分辨光致发光（TRPL）光谱分析样品光生电荷的分离效率。如图 5.13（a）所示，Ti₃C₂ 由于其金属性质而不表现出 PL 发射性质（Wang et al.，2016）。除了 Ti₃C₂，10TC 样品的 PL 峰强度最低，表明了其高效的电荷分离效率。TRPL 光谱被用来进一步研究样品的光生电荷转移动力学，荧光衰减曲线采用二指数模型进行拟合 [表 5.2 和式（5.1）]。如图 5.13（b）所示，与 UCN 样品（4.14 ns）相比，10TC 样品的平均载流子寿命延长至 4.51 ns，这是 10TC 样品导电性增强使光生电子迁移更远才会与空穴复合导致的（Xia et al.，2019b）。这个结论进一步通过 EIS 曲线得到证实。

如图 5.13（c）所示，相比于 UCN，10TC 的 EIS 曲线半径更小。注意，Ti$_3$C$_2$ 的 EIS 曲线半径最小，说明了 Ti$_3$C$_2$ 良好的导电性，并且是 Ti$_3$C$_2$ 贡献了 10TC 样品的低阻抗或较高的电子迁移速率。这种优异的导电性使 Ti$_3$C$_2$ 成为类似于石墨烯的优良电子受体（Xia et al.，2017b），从而极大地促进光生电荷分离。

此外，测试 TPR，结果显示 10TC 样品具有最高的 TPR 信号［图 5.13（d）］，这再次证实了复合样品具有低的电荷复合率及电荷迁移阻力。

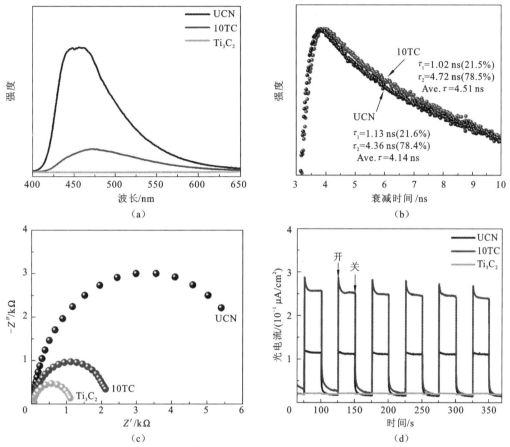

图 5.13　UCN、10TC 和 Ti$_3$C$_2$ 样品的 PL 光谱（a）、EIS 曲线（c）和 TPR 曲线（d）；
UCN 和 10TC 样品的 TRPL 光谱（b）
扫封底二维码见彩图

表 5.2　计算 UCN 和 10TC 样品平均载流子寿命的参数

样品	衰减时间 τ/ns		指前因子 B/%		平均寿命
	τ_1	τ_2	B_1	B_2	τ_{ave} /ns
UCN	1.13	4.36	21.6	78.4	4.14
10TC	1.02	4.72	21.5	78.5	4.51

$$\tau_{\text{ave}} = \frac{B_1\tau_1^2 + B_2\tau_2^2}{B_1\tau_1 + B_2\tau_2} \tag{5.1}$$

式中：τ_1 为荧光生命周期的短寿命分量；τ_2 为长寿命分量；τ_{ave} 为平均寿命值；B_1 和 B_2 为对应的指前因子。

5.3.8　光催化机理

为了揭示光催化 CO_2 还原反应的机理，确定 UCN、Ti_3C_2 和 10TC 样品的电子能带结构。首先，利用莫特-肖特基（M-S）曲线确定 UCN 和 10TC 的平带电势。如图 5.14（a）和（b）所示，UCN 和 10TC 样品 M-S 曲线的切线斜率都大于 0，说明 UCN 和 10TC 为 n 型半导体，因此其平带电势近似等于导带电势（E_{CB}）（Yang et al.，2019a）。以 Ag/AgCl 电极为参考且 pH=6.7，UCN 和 10TC 的 E_{CB} 分别为-1.53 V 和-1.44 V。根据转化式（5.2）和式（5.3），以标准氢电极（NHE）为参考且 pH=7，UCN 和 10TC 的 E_{CB} 分别为-1.35 V 和-1.26 V。根据 DRS 结果［图 5.6（c）］，UCN 和 10TC 的价带电势（E_{VB}）分别为 1.45 V 和 1.54 V。再结合 UCN、Ti_3C_2 和 10TC 的费米能级（E_f）位置，得到电子能带结构如图 5.14（c）所示。

$$E_{Ag/AgCl} = E_{RHE} - 0.059pH - 0.197 \qquad (5.2)$$

$$E_{NHE} = E_{RHE} - 0.059pH \qquad (5.3)$$

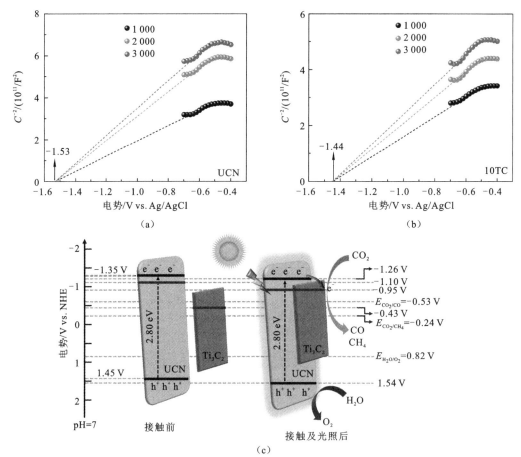

图 5.14　UCN（a）和 10TC（b）的 M-S 曲线及其对应的电子能带结构图（c）
扫封底二维码见彩图

在 UCN 和 Ti_3C_2 接触之前，Ti_3C_2 的 E_f 电势不足以将 CO_2 还原成 CO（$E_{CO_2/CO} = -0.53$ V vs. NHE，pH = 7）。UCN 的 E_{CB} 能将 CO_2 还原成 CO，同时其 E_{VB} 能将 H_2O 氧化成 O_2

（E_{H_2O/O_2} =0.82 V vs. NHE，pH = 7）（Li et al.，2016）。然而，由于快速的电荷复合，UCN 显示出十分差的光催化活性。当 UCN 与 Ti_3C_2 复合后，由于 UCN 与 Ti_3C_2 的 E_f 差（Zhang et al.，2017），UCN 的 E_f 正移，而 Ti_3C_2 的 E_f 负移，最终实现 E_f 平衡（$E_{f,equ}$ = − 0.95 V）。对于 Ti_3C_2，平衡的 E_f 电势能将 CO_2 还原成 CO。在可见光照射下，UCN 的价带电子被激发并跃迁至导带。由于 Ti_3C_2 良好的捕获电子能力以及 UCN 与 Ti_3C_2 亲密的接触，UCN 的导带电子会快速迁移至 Ti_3C_2 表面，从而极大地促进光生载流子分离。随后，Ti_3C_2 表面积累的电子参与 CO_2 还原反应。因此，光催化活性得到显著的提升。

5.4　小　　结

本章以体相 Ti_3C_2 与尿素为前驱体，通过新颖的一步法煅烧制备出超薄 2D/2D Ti_3C_2/g-C_3N_4 异质结。尿素作为气体模板将 Ti_3C_2 剥离成超薄纳米片，并且作为 g-C_3N_4 的前驱体用来原位构建 Ti_3C_2/g-C_3N_4 异质结。制备的复合样品显示出优异的光催化 CO_2 还原性能，CO 与 CH_4 的产率分别最高达 5.19 $\mu mol/(g \cdot h)$ 和 0.044 $\mu mol/(g \cdot h)$。光催化活性提升的原因可以总结为以下几点。

（1）Ti_3C_2 与 g-C_3N_4 形成了超薄 2D/2D 异质结，二者亲密的接触极大地促进了光生电荷空间分离。

（2）二维异质结的构建产生了强烈的化学吸附作用，促进了 CO_2 的吸附，有利于 CO_2 的活化。

本章催化剂的制备过程简单，节约了成本，为构建二维 g-C_3N_4 基异质结光催化剂用于能源转化提供了一个新的设计思路。

参考文献

刘科宜, 陈巧玲, 孙容, 等, 2023. 光催化剂活性位点调控及其光还原 CO_2 制 C_{2+} 产物研究进展. 分子催化, 37(4): 389-396.

王鹏, 阳敏, 汤森培, 等, 2021. 蜂窝状 C_3N_4/$CoSe_2$/GA 复合光催化剂的制备及 CO_2 还原性能. 高等学校化学学报, 42(6): 1924-1932.

Ai Z Z, Shao Y L, Chang B, et al., 2019. Effective orientation control of photogenerated carrier separation via rational design of a $Ti_3C_2(TiO_2)$@CdS/MoS_2 photocatalytic system. Applied Catalysis B: Environmental, 242: 202-208.

Cai T, Wang L L, Liu Y T, et al., 2018. Ag_3PO_4/Ti_3C_2 MXene interface materials as a Schottky catalyst with enhanced photocatalytic activities and anti-photocorrosion performance. Applied Catalysis B: Environmental, 239: 545-554.

Cao S W, Li Y, Zhu B C, et al., 2017. Facet effect of Pd cocatalyst on photocatalytic CO_2 reduction over g-C_3N_4. Journal of Catalysis, 349: 208-217.

Cao S W, Shen B J, Tong T, et al., 2018. 2D/2D heterojunction of ultrathin MXene/Bi_2WO_6 nanosheets for improved photocatalytic CO_2 reduction. Advanced Functional Materials, 28(21): 1800136.

Chen P F, Xing P X, Chen Z Q, et al., 2018a. Rapid and energy-efficient preparation of boron doped g-C_3N_4 with excellent performance in photocatalytic H_2-evolution. International Journal of Hydrogen Energy, 43(43): 19984-19989.

Chen X, Sun X K, Xu W, et al., 2018b. Ratiometric photoluminescence sensing based on Ti_3C_2 MXene quantum dots as an intracellular pH sensor. Nanoscale, 10(3): 1111-1118.

Di J, Chen C, Yang S Z, et al., 2019. Isolated single atom cobalt in Bi_3O_4Br atomic layers to trigger efficient CO_2 photoreduction. Nature Communications, 10(1): 2840.

Di J, Xiong J, Li H M, et al, 2018. Ultrathin 2D photocatalysts: Electronic-structure tailoring, hybridization, and applications. Advanced Materials, 30(1): 1704548.

Fu J W, Zhu B C, Jiang C J, et al., 2017. Hierarchical porous O-doped g-C_3N_4 with enhanced photocatalytic CO_2 reduction activity. Small, 13(15): 1603938.

Guo S E, Deng Z P, Li M X, et al., 2016. Phosphorus-doped carbon nitride tubes with a layered micro-nanostructure for enhanced visible-light photocatalytic hydrogen evolution. Angewandte Chemie International Edition, 55(5): 1830-1834.

Han C Q, Zhang R M, Ye Y H, et al., 2019. Chainmail co-catalyst of NiO shell-encapsulated Ni for improving photocatalytic CO_2 reduction over g-C_3N_4. Journal of Materials Chemistry A, 7(16): 9726-9735.

He Y M, Zhang L H, Teng B T, et al., 2015. New application of Z-scheme Ag_3PO_4/g-C_3N_4 composite in converting CO_2 to fuel. Environmental Science & Technology, 49(1): 649-656.

Huo Y, Zhang J F, Dai K, et al., 2019. All-solid-state artificial Z-scheme porous g-C_3N_4/Sn_2S_3-DETA heterostructure photocatalyst with enhanced performance in photocatalytic CO_2 reduction. Applied Catalysis B: Environmental, 241: 528-538.

Jiao X C, Li X D, Jin X Y, et al., 2017. Partially oxidized SnS_2 atomic layers achieving efficient visible-light-driven CO_2 reduction. Journal of the American Chemical Society, 139(49): 18044-18051.

Kamat P V, Jin S, 2018. Semiconductor photocatalysis: "Tell us the complete story!". ACS Energy Letters, 3(3): 622-623.

Li H L, Gao Y, Xiong Z, et al., 2018. Enhanced selective photocatalytic reduction of CO_2 to CH_4 over plasmonic Au modified g-C_3N_4 photocatalyst under UV-vis light irradiation. Applied Surface Science, 439: 552-559.

Li K, Peng B S, Peng T Y, 2016. Recent advances in heterogeneous photocatalytic CO_2 conversion to solar fuels. ACS Catalysis, 6(11): 7485-7527.

Li R Y, Zhang L B, Shi L, et al., 2017. MXene Ti_3C_2: An effective 2D light-to-heat conversion material. ACS Nano, 11(4): 3752-3759.

Li Y J, Ding L, Guo Y C, et al., 2019. Boosting the photocatalytic ability of g-C_3N_4 for hydrogen production by Ti_3C_2 MXene quantum dots. ACS Applied Materials & Interfaces, 11(44): 41440-41447.

Liang L, Li X D, Sun Y F, et al., 2018. Infrared light-driven CO_2 overall splitting at room temperature. Joule, 2(5): 1004-1016.

Lin B, Li H, An H, et al., 2018. Preparation of 2D/2D g-C_3N_4 nanosheet@$ZnIn_2S_4$ nanoleaf heterojunctions with well-designed high-speed charge transfer nanochannels towards high-efficiency photocatalytic hydrogen evolution. Applied Catalysis B: Environmental, 220: 542-552.

Liu B, Ye L Q, Wang R, et al., 2018a. Phosphorus-doped graphitic carbon nitride nanotubes with amino-rich surface for efficient CO_2 capture, enhanced photocatalytic activity, and product selectivity. ACS Applied Materials & Interfaces, 10(4): 4001-4009.

Liu K T, Li X D, Liang L, et al., 2018b. Ni-doped $ZnCo_2O_4$ atomic layers to boost the selectivity in solar-driven reduction of CO_2. Nano Research, 11(6): 2897-2908.

Low J X, Zhang L Y, Tong T, et al, 2018. TiO_2/MXene Ti_3C_2 composite with excellent photocatalytic CO_2 reduction activity. Journal of Catalysis, 361: 255-266.

Meng A Y, Wu S, Cheng B, et al., 2018. Hierarchical TiO_2/$Ni(OH)_2$ composite fibers with enhanced photocatalytic CO_2 reduction performance. Journal of Materials Chemistry A, 6(11): 4729-4736.

Naguib M, Kurtoglu M, Presser V, et al., 2011. Two-dimensional nanocrystals produced by exfoliation of Ti_3AlC_2. Advanced Materials, 23(37): 4248-4253.

Pan Z H, Cao F, Hu X, et al., 2019. A facile method for synthesizing CuS decorated Ti_3C_2 MXene with enhanced performance for asymmetric supercapacitors. Journal of Materials Chemistry A, 7(15): 8984-8992.

Peng C, Yang X F, Li Y H, et al., 2016. Hybrids of two-dimensional Ti_3C_2 and TiO_2 exposing {001} facets toward enhanced photocatalytic activity. ACS Applied Materials & Interfaces, 8(9): 6051-6060.

Peng J H, Chen X Z, Ong W J, et al., 2019. Surface and heterointerface engineering of 2D MXenes and their nanocomposites: Insights into electro- and photocatalysis. Chem, 5(1): 18-50.

Ran J R, Gao G P, Li F T, et al., 2017. Ti_3C_2 MXene co-catalyst on metal sulfide photo-absorbers for enhanced visible-light photocatalytic hydrogen production. Nature Communications, 8(1): 13907.

Ran J R, Jaroniec M, Qiao S Z, 2018. Cocatalysts in semiconductor-based photocatalytic CO_2 reduction: Achievements, challenges, and opportunities. Advanced Materials, 30(7): 1704649.

Shao M M, Shao Y F, Chai J W, et al., 2017. Synergistic effect of 2D Ti_2C and g-C_3N_4 for efficient photocatalytic hydrogen production. Journal of Materials Chemistry A, 5(32): 16748-16756.

Shi L, Chang K, Zhang H B, et al., 2016. Drastic enhancement of photocatalytic activities over phosphoric acid protonated porous g-C_3N_4 nanosheets under visible light. Small, 12(32): 4431-4439.

Shi L, Yang L Q, Zhou W, et al., 2018a. Photoassisted construction of holey defective g-C_3N_4 photocatalysts for efficient visible-light-driven H_2O_2 production. Small, 14(9): 1703142.

Shi X W, Fujitsuka M, Kim S, et al., 2018b. Faster electron injection and more active sites for efficient photocatalytic H_2 evolution in g-C_3N_4/MoS_2 hybrid. Small, 14(11): 1703277.

Sun Y L, Jin D, Sun Y, et al., 2018. g-C_3N_4/$Ti_3C_2T_x$ (MXenes) composite with oxidized surface groups for efficient photocatalytic hydrogen evolution. Journal of Materials Chemistry A, 6(19): 9124-9131.

Sun Z M, Fang W, Zhao L, et al., 2019. g-C_3N_4 foam/Cu_2O QDs with excellent CO_2 adsorption and synergistic catalytic effect for photocatalytic CO_2 reduction. Environment International, 130: 104898.

Wang H, Peng R, Hood Z D, et al., 2016. Titania composites with 2D transition metal carbides as photocatalysts for hydrogen production under visible-light irradiation. ChemSusChem, 9(12): 1490-1497.

Wang S L, Xu M, Peng T Y, et al., 2019. Porous hypercrosslinked polymer-TiO_2-graphene composite photocatalysts for visible-light-driven CO_2 conversion. Nature Communications, 10(1): 676.

Wu W, Xu J, Tang X W, et al., 2018. Two-dimensional nanosheets by rapid and efficient microwave exfoliation of layered materials. Chemistry of Materials, 30(17): 5932-5940.

Xia P F, Zhu B C, Yu J G, et al., 2017a. Ultra-thin nanosheet assemblies of graphitic carbon nitride for enhanced photocatalytic CO_2 reduction. Journal of Materials Chemistry A, 5(7): 3230-3238.

Xia Y, Cheng B, Fan J J, et al., 2019a. Unraveling photoexcited charge transfer pathway and process of CdS/graphene nanoribbon composites toward visible-light photocatalytic hydrogen evolution. Small, 15(34): 1902459.

Xia Y, Li Q, Lv K L, et al., 2017b. Superiority of graphene over carbon analogs for enhanced photocatalytic H_2-production activity of $ZnIn_2S_4$. Applied Catalysis B: Environmental, 206: 344-352.

Xia Y, Tian Z H, Heil T, et al., 2019b. Highly selective CO_2 capture and its direct photochemical conversion on ordered 2D/1D heterojunctions. Joule, 3(11): 2792-2805.

Xie Y, Fang Z B, Li L, et al., 2019. Creating chemisorption sites for enhanced CO_2 photoreduction activity through alkylamine modification of MIL-101-Cr. ACS Applied Materials & Interfaces, 11(30): 27017-27023.

Xiong T, Cen W L, Zhang Y X, et al., 2016. Bridging the g-C_3N_4 interlayers for enhanced photocatalysis. ACS Catalysis, 6(4): 2462-2472.

Xu F Y, Zhang J J, Zhu B C, et al., 2018. $CuInS_2$ sensitized TiO_2 hybrid nanofibers for improved photocatalytic CO_2 reduction. Applied Catalysis B: Environmental, 230: 194-202.

Yang C, Li Q, Xia Y, et al., 2019a. Enhanced visible-light photocatalytic CO_2 reduction performance of $ZnIn_2S_4$ microspheres by using CeO_2 as cocatalyst. Applied Surface Science, 464: 388-395.

Yang Y, Zeng Z T, Zeng G M, et al., 2019b. Ti_3C_2 Mxene/porous g-C_3N_4 interfacial Schottky junction for boosting spatial charge separation in photocatalytic H_2O_2 production. Applied Catalysis B: Environmental, 258: 117956.

Yang Y L, Zhang D N, Xiang Q J, 2019c. Plasma-modified $Ti_3C_2T_x$/CdS hybrids with oxygen-containing groups for high-efficiency photocatalytic hydrogen production. Nanoscale, 11(40): 18797-18805.

Yao C K, Yuan A L, Wang Z S, et al., 2019. Amphiphilic two-dimensional graphitic carbon nitride nanosheets for visible-light-driven phase-boundary photocatalysis. Journal of Materials Chemistry A, 7(21): 13071-13079.

Ye M H, Wang X, Liu E Z, et al., 2018. Boosting the photocatalytic activity of P25 for carbon dioxide reduction by using a surface-alkalinized titanium carbide mxene as cocatalyst. ChemSusChem, 11(10): 1606-1611.

Zhang L S, Ding N, Lou L C, et al., 2019. Localized surface plasmon resonance enhanced photocatalytic hydrogen evolution via Pt@Au NRs/C_3N_4 nanotubes under visible-light irradiation. Advanced Functional Materials, 29(3): 1806774.

Zhang Z Y, Huang J D, Fang Y R, et al., 2017. A nonmetal plasmonic Z-scheme photocatalyst with UV- to NIR-driven photocatalytic protons reduction. Advanced Materials, 29(18): 1606688.

第6章 多孔材料在 CO_2 还原中的应用

6.1 引　言

在过去的几个世纪里，化石燃料为人类社会的发展提供了稳定的动力，但是化石燃料作为不可再生资源，终将会枯竭。随着人类社会的快速发展，未来几十年全球对能源的需求量将持续增加。同时，化石能源的过度燃烧释放出大量的温室气体 CO_2，被认为是造成全球变暖的主要原因。通过固定和转化充分利用这一富含 CO_2 的天然资源，不仅可以缓解温室效应，还可以产生化学燃料用于碳资源的循环利用。CO_2 转化方法有很多，如等离子体还原、生物转化、热辅助催化、电催化还原和光催化还原。由于 CO_2 是一种惰性、热力学稳定分子，在活化和转化过程中需要大量的能量输入，因此大多数 CO_2 转化技术都具有潜在的能耗。

光催化 CO_2 还原通过半导体材料模拟自然光合作用将 CO_2 还原成有价值的太阳能燃料（如 CH_4、HCO_2H、CH_2O 和 CH_3OH），是解决温室效应和能源问题的最佳方案之一。高效光催化剂的开发是推进光催化 CO_2 还原技术应用的关键。自 Inoue 等（1979）第一次报道光催化 CO_2 还原反应以来，各种光催化剂如 TiO_2、ZnO 和 CeO_2 等广泛被应用于光催化 CO_2 还原反应。其中，TiO_2 由于良好的光稳定性、低成本和环境友好，成为最受欢迎的光催化剂之一。然而，TiO_2 由于电子与空穴的快速再结合以及相对较大的禁带，只有 5%的入射太阳光可以被光催化反应所利用，光催化 CO_2 还原活性受到显著抑制。从实践的角度来看，改进 TiO_2 的电子空穴分离效率与光利用能力具有重要意义。TiO_2 的表面改性具有增强光吸收能力、促进电子-空穴分离、调节 CO_2 还原产物的选择性以及提高 TiO_2 对光催化 CO_2 还原的 CO_2 吸附和活化能力等优势，因此受到研究者的广泛关注。

尽管如此，由于受到本身比表面积和 CO_2 吸附能力低的限制，半导体光催化剂的光催化性能仍不足以满足实际应用的要求。根据 CO_2 还原反应的特异性，理想的光催化材料应具有较大的 CO_2 吸附能力和高催化活性。多孔材料发达的孔隙结构和较高的比表面积，使其在 CO_2 的吸附和分离应用中得到广泛的研究。将多孔材料引入到光催化体系中，CO_2 分子可以吸附并富集在光催化剂的表面以进行光催化转化。因此，开发同时具有高 CO_2 吸附和光催化性能的多功能材料是光催化 CO_2 还原应用中最有希望的方向之一。

6.2 光催化还原 CO_2 原理

一般来说，半导体催化剂的光催化 CO_2 与 H_2O 的还原涉及 4 个主要步骤（图 6.1）（Low et al., 2017）：①CO_2 和 H_2O 在半导体表面上吸附；②吸收足够的入射光子能量将半导体价带（VB）中的电子激发到导带（CB），然后产生光生电子和空穴；③电子-空穴对分离并向光催化剂表面迁移；④被激发的电子可以迁移到催化剂的表面并将吸附的CO_2还原成太阳能燃料（如CO、CH_4、CH_3OH和HCOOH），同时光生空穴将水氧化成氧气（Wu et al.，2016）。因此，可以通过优化CO_2吸附、光捕获、电荷分离或它们的协同效应提高光催化CO_2还原的活性。

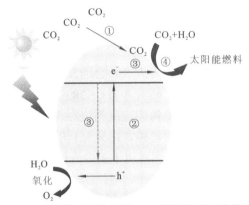

图6.1　半导体表面光催化CO_2还原机理和路径示意图
①CO_2吸附，②产生光生电子和空穴，③电子空穴分离与复合，④CO_2还原

值得注意的是，CO_2是一种热力学稳定的线性分子，C＝O的键能（750 kJ/mol）比C—C（336 kJ/mol）、C—O（327 kJ/mol）和C—H（411 kJ/mol）高得多，光催化CO_2还原通常需要输入大量能量来打破C＝O键。因此，只有具有足够还原电位的电子才能用于特定的CO_2还原反应。由于CO_2/CO_2^-（-1.90 V vs. NHE，pH=7）高的负氧化还原电位，CO_2的单电子还原在热力学上是极为不利的。考虑到相对较低的氧化还原电位，质子辅助多电子还原CO_2的步骤更为有利，如式（6.1）～式（6.5）所示（Yuan et al.，2015）。当pH=7时，导带电位为-0.5 V vs. NHE的TiO_2只能在光催化CO_2还原反应中产生CH_4和CH_3OH。值得注意的是，CH_4（-0.24 V）的形成比CO（-0.53 V）在热力学上更可行，这意味着如果提供足够的质子和电子，CH_4将优先产生。TiO_2表面对CO_2和H_2O同时吸附，H_2O的还原通常比CO_2还原容易，因此与CO_2还原形成竞争反应。为了实现将CO_2选择性地还原为CH_4，增强CO_2的吸附和活化及促进电子转移和积累过程是非常关键的。

$$CO_2+2H^++2e^- \longrightarrow HCO_2H, \quad E_0=-0.61 \text{ V vs. NHE}（pH=7） \qquad (6.1)$$

$$CO_2+2H^++2e^- \longrightarrow CO+H_2O, \quad E_0=-0.53 \text{ V vs. NHE}（pH=7） \qquad (6.2)$$

$$CO_2+4H^++4e^- \longrightarrow HCHO+H_2O, \quad E_0=-0.48 \text{ V vs. NHE}（pH=7） \qquad (6.3)$$

$$CO_2+6H^++6e^- \longrightarrow CH_3OH+H_2O, \quad E_0=-0.38 \text{ V vs. NHE}（pH=7） \qquad (6.4)$$

$$CO_2+8H^++8e^- \longrightarrow CH_4+2H_2O, \quad E_0=-0.24 \text{ V vs. NHE}（pH=7） \qquad (6.5)$$

6.2.1　CO_2吸附和活化

一般来说，光催化CO_2还原反应由CO_2吸附步骤引发（贾鑫 等，2023；Liu et al.，2015）。CO_2在光催化剂上的吸附量及其状态对CO_2还原过程有着重要的影响。一般来说，较大的比表面积使催化剂表面吸附CO_2的活性中心增多，高的吸附量将促进CO_2

在化学动力学和热力学上的还原。因此，一些具有高比表面积的多孔材料可作为光催化剂或载体用于光催化 CO_2 转化。除此之外，对催化剂表面碱改性，也是通过增加表面化学吸附 CO_2 的量来提高其吸附能力的一种可行途径。

近年来，CO_2 吸附和光催化转化的研究可以促进对 TiO_2 光催化剂上光生电荷迁移和 CO_2 转化机理的理解（桑换新 等，2023；Yin et al.，2015）。图 6.2（Mino et al.，2014）显示 TiO_2 表面所有可能的 CO_2 结构，可以分为：①线性结构（L），包括平行构型和垂直构型；②弯曲构型（B）；③单齿碳酸盐（MC），可以分为两种类型，与表面 Ti 中心配位的碳酸盐和"表面"碳酸盐；④双齿碳酸盐（BC）；⑤单齿碳酸氢盐（MB）和双齿碳酸氢盐（BB）（Mino et al.，2014）。DFT 和 FTIR 结果表明，TiO_2 表面 O 的 2 sp 态和弯曲 CO_2 的强耦合导致电子从锐钛矿型 TiO_2 转移到表面吸附的 CO_2 分子上（Mino et al.，2014）。此外，碳酸盐和碳酸氢盐物种优先在锐钛矿 TiO_2 的表面 O 的位点生成，这个位点的高反应性与它的强碱度有关（Mino et al.，2014）。

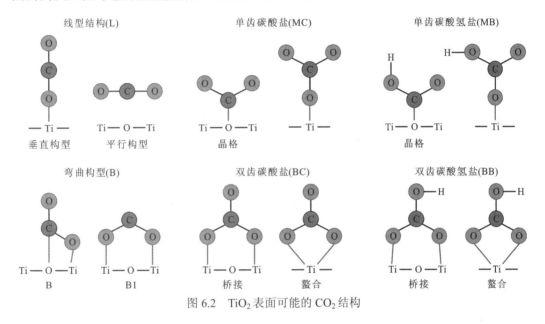

图 6.2　TiO_2 表面可能的 CO_2 结构

同样地，活化吸附的 CO_2 分子也是 CO_2 还原最具挑战性的步骤之一。CO_2 的表面化学表明，CO_2 分子在金属或氧化物表面的吸附通常伴随着活化过程（Yin et al.，2015）。与正常分子相比，处于化学吸附状态的 CO_2（主要是碳酸盐或 CO_2^-）具有弯曲的 O—C—O 键角和低的 LUMO，有利于电荷从光激发半导体转移到表面吸附的 CO_2 分子（Meng et al.，2014），因此光催化 CO_2（酸性分子）反应速率可以通过碱性金属氧化物的协同作用来增强。此外，光催化剂的晶面及其光反应系统的合理设计，可以增强 CO_2 的表面吸附和活化并调节光催化剂上相应的活性中心，有利于提高光催化 CO_2 还原的活性和产物的选择性。

6.2.2　电子和空穴的分离特性

光生载流子的有效分离是提高光催化 CO_2 还原效率的另一个重要方向。一般来说，电荷复合有以下两种方式：辐射复合和非辐射复合。在辐射复合的情况下，能量以光子的形式发射，而非辐射复合是通过多个声子的发射来实现的。对于 TiO_2 光催化剂，一般认为非辐射途径是电荷复合的主要途径，吸附物对这一过程有较大的影响。光催化剂中的电荷分离在光吸收后产生，因为电荷复合过程（约 10^{-9} s）比表面氧化还原过程（10^{-8}～10^{-1} s）快得多（Xiong et al.，2018），所以约 90%的光生电子-空穴对在电子-空穴对分离后迅速复合，只有不到 10%的电子或空穴可用于光催化剂（包括 TiO_2）的还原或氧化反应。因此光生电子-空穴对的快速分离和转移对光催化 CO_2 还原的效率至关重要。为了抑制电子和空穴的复合，可对催化剂进行适当的修饰，例如从纳米颗粒到一维纳米结构的转变，改变催化剂（TiO_2）的形貌，构建异质结、相结和肖特基结等提高电荷分离效率。

6.2.3　反应模式

固-液界面和固-气界面是光催化 CO_2 还原的两种典型反应模式，如图 6.3（Wei et al.，2018）所示。自 Fujishima 和 Honda 在固-液界面反应模式下进行光催化 CO_2 还原的开创性工作以来（Inoue et al.，1979），这种反应模式普遍被研究人员所采用。固-液界面反应模式非常简单，可以直接将催化剂分散在溶液中进行光催化反应。然而，CO_2 在水中的溶解度很低导致光催化活性并不高。为了克服这一问题，在溶液中通常使用碱性介质来增强对 CO_2 的吸附进而生成 CO_3^{2-} 和 HCO_3^-，然而与 CO_2 相比，CO_3^{2-} 和 HCO_3^- 的还原更加困难。采用固-气界面反应模式可以轻松地避免这些问题。例如，Xie 等（2014）利用 0.5% $Pt-TiO_2$ 分别在固-液界面和固-气界面反应模式下进行光催化 CO_2 还原反应。有趣的是，在固-气界面上可以生成多电子产物 CH_4，产率为 5.2 μmol/(g·h)，是固-液界面上 CH_4 产率的 3.7 倍，并且固-气界面的 H_2 生成速率明显低于固-液界面，这是因为在固-气界面上催化剂暴露在 CO_2 气氛中可以避免氢气的生成。因此，固-气界面上 CO_2 还原产物的选择性更高，更适合于 H_2O 存在下的 CO_2 的优先还原。

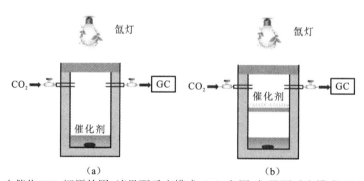

图 6.3　光催化 CO_2 还原的固-液界面反应模式（a）和固-气界面反应模式（b）示意图

6.3　高效 CO_2 吸附多孔材料

CO_2 吸附是光催化 CO_2 还原反应的第一步，对提高 CO_2 还原效率和产物选择性起到决定性的影响。TiO_2 表面上吸附的某些 CO_2 物种在 CO_2 光催化反应过程中可以转化为

CO_2^-，被认为是 CO_2 还原过程中重要的中间体，因此增强对 CO_2 的吸附是提高光催化 CO_2 还原效率的有效途径。CO_2 捕获的方法包括物理吸附、化学吸附和膜分离等。对于物理吸附，由于范德瓦耳斯力作用，催化剂表面被单层或多层的分子吸附剂所覆盖［图 6.4（a）］。化学吸附是分子吸附剂与吸附剂表面原子（分子）之间价电子交换和转移形成化学键的过程（Wang et al.，2016b）［图 6.4（b）］。图 6.4（c）为膜分离过程示意图（Wilcox et al.，2014）。一般情况下，进料流在高压侧流入，而渗透流则在低压侧流出，最后截留物吸附在膜上。此外，使用密度泛函理论（DFT）计算研究碳模型表面上 CO_2 和 CH_4 之间竞争性吸附行为的微观机理（Xu et al.,2016）。结果表明，CO_2 的吸附促进 CH_4 的脱附，进而从实质上证明了 CO2-ECBM（煤层气产出率）的有效性，有利于 CO_2 的捕获。

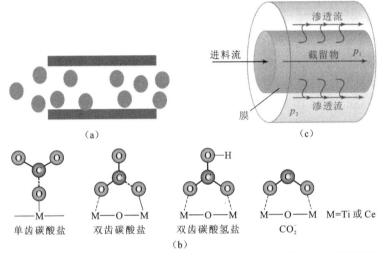

图 6.4 纳米多孔材料中的物理吸附和扩散（a）；TiO_2 或 CeO_2 表面上 CO_2 化学吸附的表面物种示意图（b）；简化的膜气体分离系统的方案（c）

p_1 为进料（或保留）压力，p_2 为渗透压力

吸附主要依靠具有高比表面积的多孔材料进行，在 CO_2 捕获领域得到广泛研究和应用。物理吸附主要利用目标吸附质分子与多孔固体吸附剂的表面活性位点之间的分子间吸引力进行 CO_2 吸附。在 CO_2 吸附和分离领域出现一系列用于物理吸附的多孔固体吸附剂，主要分为三大类：无机多孔材料、有机-无机杂化多孔材料、有机多孔材料。

6.3.1 无机多孔材料

碳材料，包括活性炭、碳纤维和碳纳米管都是较好的吸附材料。它们高的比表面积和发达的多孔结构使其可用于复杂的环境（如酸、碱和水蒸气）中并在气体吸附/分离领域起到重要的作用。迄今为止，许多类型的多孔碳材料已经在气体吸附/分离方面具有商业应用。例如，Silvestre-Albero 等（2011）报道使用 KOH 作为活化剂通过化学活化方法制备石油沥青超级活性炭（VR-5 和 VR-93）。在 25 ℃和 50 bar（1 bar=10^5 Pa，后同）下，CO_2 吸附的体积容量分别可达 380 cm^3/cm^3 和 500 cm^3/cm^3。因此，在高压条件下，这类

材料对 CO_2 吸附能力非常大。Shen 等（2011）使用碳纤维为原料，采用预氧化的化学活化方法制备一系列多孔碳纤维。CO_2 吸附测试结果显示，在 25 ℃和 1 bar 下，CO_2 的吸附量仅为 4.4 mmol/g。因此，为了提高活性炭材料的低压吸附能力和选择性，研究人员引入含氮基团来提高对 CO_2 的亲和力，从而改善低分压条件下的吸附能力和选择性。据报道，具有不同含氮官能团和丰富氮含量的聚乙烯亚胺（PEI）衍生的活性炭具有典型的高比表面积的微孔结构。在 0 ℃、1 bar 条件下，CO_2 吸附量为 4.9～5.7 mmol/g，在 25 ℃下，CO_2 吸附量可以达到 2.9～3.7 mmol/g。PEI 衍生的碳在多次循环吸-脱附测试中也表现出良好的稳定性及较高的 CO_2/N_2 选择性（Shi et al.，2015）。

天然分子筛和合成分子筛（如沸石）也是研究最广泛的 CO_2 吸附剂（Jadhav et al.，2007）。CO_2 在分子筛上的吸附为物理吸附并且吸附量随温度升高而迅速降低。另外，具有强吸水率和低气体选择性的沸石吸附剂对水蒸气特别敏感。因此，未改性的沸石仅适用于无水环境，限制了它们的工业应用。为了使材料具有更好的吸附性能，需对其进行表面改性来提高 CO_2 吸附能力。改性之后，沸石对 CO_2 的吸附从物理吸附变为化学吸附，不仅提高了 CO_2 的吸附能力，而且提高了耐水性和对 CO_2/N_2 的选择性。基于胺的化学吸附是工业上最常用的 CO_2 去除技术之一，因此可以将有机胺引入到多孔材料中提高 CO_2 吸附能力。Su 等（2010）使用四叔乙烯戊胺（TEPA）对 Si/Al（物质的量比）为 60 的 Y 型沸石（Y_{60}）进行改性。结果表明用 TEPA 接枝后，Y_{60} 的表面特性发生显著变化，尤其是在水蒸气存在的情况下，其对 CO_2 的吸附能力明显增强。

此外，介孔硅具有较大的比表面积和均匀的孔径分布，使其能够广泛地应用于吸附、分离和催化领域。目前，主要用于 CO_2 吸附的中孔硅材料是 M41S 系列（Ahmed et al.，2017）和 SBA-x 系列（Bacsik et al.，2011）。中孔二氧化硅最常见的类型是 MCM-41（Heydari-Gorji et al.，2011）和 SBA-15（Kuwahara et al.，2012）。但是，纯的二氧化硅表面无法提供强大的 CO_2 吸附位点，因为在模板去除之后，残留的羟基会附着在二氧化硅表面。因此，中孔硅不能与 CO_2 产生显著的相互作用，并且缺少特定的吸附位点。通过表面改性可以改变表面特性并进一步增强与气体的相互作用。Harlick 等（2007，2006）制备三乙胺改性的介孔二氧化硅分子筛 TRI-PE-MCM-41，并研究胺接枝和水含量对 CO_2 吸附量的影响。结果表明，TRI-PE-MCM-41 的吸附量和吸附速率是由胺接枝量和水含量决定的。在 25 ℃和 0.1 MPa 下，TRI-PE-MCM-41 对 CO_2 的吸附量达到 2.65 mmol/g。氨官能化使 CO_2 吸附能力增强依赖 CO_2 与氨基官能团之间的酸碱化学相互作用，从而导致氨基甲酸酯或碳酸氢盐物种的生成。在干燥条件下，CO_2 分子与氨基反应生成氨基甲酸酯。水蒸气的存在通常会降低其对 CO_2 分子的吸附能力，因此进一步开发具有耐水性的氨基官能化介孔硅酸盐材料是未来的发展方向。

6.3.2 有机-无机杂化多孔材料

有机-无机杂化多孔材料，如金属-有机骨架（MOFs），是一类由金属或金属团簇通过有机配体连接而成的晶体微-介孔杂化材料。它们的固有特性包括高孔隙率、均匀但可调控的孔道结构，使得它们在气体储存、化学分离、催化和药物输送等领域有着广泛的应用前景（Li et al.，2012a）。较高的比表面积以及孔道内部和外部空间使 MOFs 的 CO_2

吸附能力远远强于无机多孔材料（An et al., 2010a）。Millward 等（2005）报道了一系列 MOFs 材料对 CO_2 的吸附能力。MOF-177 在 25 ℃和 35 bar 下对 CO_2 吸附的体积容量为 320 cm³(STP)/cm³，质量容量为 33.5 mmol/g，分别是商业分子筛 13X 的 2.17 倍和 4.53 倍以及活性炭 Maxsorb 的 1.97 倍和 1.34 倍。Llewellyn 等（2008）制备的 MIL-101(Cr) 在 31 ℃和 50 bar 下对 CO_2 吸附的体积容量和质量容量分别为 390 cm³(STP)/cm³ 和 40 mmol/g（Llewellyn et al., 2008）。Furukawa 等（2010）制备了具有超高孔隙率的 MOF-210，对 CO_2 吸附量可以达到 54.5 mmol/g。

当前的吸附和分离技术通常要求在温和条件下进行，因此 MOFs 在室温和大气压（1 atm=1.013 25×10⁵ Pa）下的 CO_2 吸附能力具有实际意义。根据文献结果，由于 MOFs 可以与 CO_2 气体之间具有强的相互作用，CO_2 的吸附能力与不饱和金属和—NH_2 的含量密切相关。Saha 等（2022）报道富含不饱和镁原子的 Mg-MOF-74 在 1 bar 时的 CO_2 吸附量高达 8.48 mmol/g。因此，Mg-MOF-74 被认为是理想的 CO_2 捕获材料。除此之外，氨基改性通常被认为是提高材料的 CO_2 吸附选择性的有效方法。An 等（2010b）通过将有机胺接枝在 Co 基 MOFs 上制备了 Bio-Mg-11。在 0 ℃和一个大气压下，CO_2 的饱和吸附量为 6.0 mmol/g，CO_2/N_2 的选择性达到 75%。Boutin 等（2011）利用有机胺对 MIL-53(Al) 进行改性，使其对 CO_2 吸附量提高到 6.7 mmol/g 并且具有较好的 CO_2/CH_4 选择性。此外，MOFs 对水蒸气和杂质非常敏感，因此研究人员通过改性提高其耐水性来克服这些问题。例如，Nguyen 等（2010）将长链烷基接枝到 IRMOF-3 上以诱导疏水性。Yuan 等（2012）制备了微孔胺改性并同时具有抗水蒸气性能的 MOFs。在 25 ℃和 1 bar 下，材料对 CO_2 的吸附量达到 2.45 mmol/g，而 CH_4 的吸附量仅有 2.68×10⁻⁵ mmol/g。这项工作中较大的分离系数（约 9.1×10⁴）代表合成 MOFs 的重要一步。

6.3.3　有机多孔材料

与有机-无机杂化多孔材料和无机多孔材料相比，有机多孔材料可以通过改变构体分子的官能团和链长来调节气体的吸附性能。根据不同的制备和结构特点，微孔有机聚合物（microporous organic polymers，MOPs）可分为不同类型，如本征微孔聚合物（polymers of intrinsic-microporosity，PIMs）、超交联聚合物（hypercrosslinked porous organic polymers，HCPs）、共轭微孔聚合物（conjugated microporous polymers，CMPs）、共价有机骨架（COFs）、共价三嗪骨架（covalent triazine framework，CTF）及多孔芳香骨架（porous aromatic frameworks，PAFs）。与氢键键合的有机骨架和通过弱相互作用连接的多孔配位聚合物不同，MOPs 具有良好的稳定性、高孔隙度及可设计的骨架等优势，因此在气体存储、吸附、分离和非均相催化方面具有潜在的应用。

例如，在潮湿条件下，一些共价有机骨架（COFs）可以重复使用并保持良好的 CO_2 吸附性能（Tan et al., 2017）。自 2009 年首次发表关于 COFs 吸附 CO_2 的报告以来，研究者为提高其 CO_2 捕获性能做出巨大的努力。图 6.5（Zeng et al., 2016）为所选 COFs 在 0 ℃和 1 bar 条件下 CO_2 吸附量与孔径的关系图，结果表明低压条件下 CO_2 的吸附能力与 COFs 的孔径密切相关。微孔直径小于 1 nm 的 COFs 通常具有较大的 CO_2 吸附量，其中超微孔尺寸为 0.46 nm 的 FCTF-1-600 具有最大的 CO_2 吸附量，高达 5.58 mmol/g。

因此，具有均匀微孔或超微孔的 COFs 有利于低压下 CO_2 吸附能力的增强。另外，孔壁上带有极性基团的 COFs 比没有极性基团的 COFs 具有更高的 CO_2 捕获能力，这可能归因于极性基团与 CO_2 分子之间强的相互作用（Zeng et al.，2016）。在较大湿度的混合气体中，对 CO_2 的吸附能力是评估多孔材料性能的另一个标准。Zhao 等（2013）在 25 ℃和 1 bar 条件下，在潮湿 CO_2/N_2（10∶90）混合气体中对 FCTF-1 进行突破性实验。与干燥气氛相比，被水蒸气饱和的 FCTF-1 对 CO_2 的吸附量仅减少 12%，而 CO_2/N_2 的选择性从 77% 降至 66%。因此，COFs 的疏水性超微孔有助于在潮湿条件下保持 CO_2 的吸附性能。

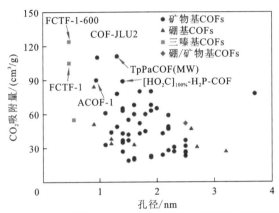

图 6.5　0 ℃和 1 bar 条件下 COFs 的低压 CO_2 吸附量与孔径的关系图

除了晶体 COFs，还有一些非晶有机骨架的 MOPs 被广泛研究。与结晶聚合物相比，无定形 MOPs 的制备过程相对容易，并且可以轻松地扩大规模。由于存在交联的孔道，无定形 MOPs 具有超高的比表面积，具有广阔的应用前景。许多研究小组为无定形多孔聚合物在 CO_2 吸附和分离的领域做出贡献。Ben 等（2009）用一个（P1）、两个（P2）或三个苯基（P3）取代金刚石结构中 C—C 键，制备多孔聚合物 PAF-1（图 6.6）。这些聚合物的比表面积最高达到 5 600 m^2/g，在 25 ℃和 40 bar 下的 CO_2 吸附量达到 29.5 mmol/g，这一结果对 MOPs 材料在制备和气体存储方面具有里程碑式的意义。随后，Lu 等（2010）采用相同的策略来制备多孔聚合物 PPN-4，比表面积可达到 6 461 m^2/g，在 22 ℃和 50 bar 下的 CO_2 吸附量为 48.2 mmol/g。这种具有超高比表面积的聚合物具有出色的高压吸附性能，但对低压吸附的选择性较低。CO_2 分子与聚合物骨架之间强的相互作用可提高聚合物的低压吸附能力和选择性。例如，Lu 等（2011）将磺酸基和硫化锂接枝到多孔聚合物的表面。磺化接枝的 PPN-6-SO_3Li 在 22 ℃时的 CO_2 吸附量为 3.7 mmol/g，CO_2/N_2 选择性高达 155/1，远高于原始 PPN-6（1.2 mmol/g）。

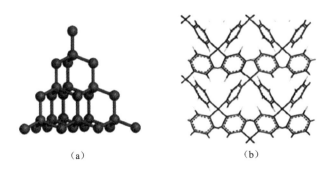

（a）　　　　　　　　　　（b）

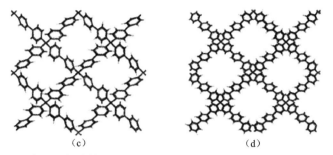

（c）   （d）

图 6.6　金刚石的结构（a）、P1（b）、P2（c）和 P3（d）的结构模型

6.4　光催化 CO_2 还原研究进展

6.4.1　无机半导体催化剂

1. 二氧化钛

近几十年来，人们研究大量半导体材料如金属氧化物和混合氧化物对光催化 CO_2 还原反应的催化作用。TiO_2 因其稳定性好、对环境友好、丰度高、成本低，是目前研究最多的人工光催化剂之一。TiO_2 具有较宽的带隙，其中价带由氧原子 2p 轨道重叠形成，导带由 Ti^{4+} 的 3d 态形成。TiO_2 的导带水平大于 CO_2 还原为甲酸、甲醇和甲烷的电位，而其价带中的空穴具有极深正电位+2.94 V（vs. NHE）。因此，TiO_2 可以参与 CO_2 的还原及各种有机物质的氧化反应。纯 TiO_2 有 4 种不同的晶型，包括金红石型（正方）、锐钛矿型（正方）、brookite 型（斜方）和 $TiO_2(B)$（单斜）。其中，前两种晶型在光催化研究中比较常见，锐钛矿和金红石 TiO_2 的带隙分别为 3.2 eV 和 3.0 eV。值得注意的是，由于带隙的不同，将锐钛矿相和金红石结合在一起可以改善电荷分离和转移效率，具有优异的光催化活性。

2. 其他无机半导体

除了 TiO_2，其他基于金属氧化物和混合氧化物的半导体也被广泛开发并用于光催化 CO_2 还原的研究。这些光催化剂可以分为两类：第一类包括具有 d^0 电子构型的金属阳离子，如 Zr^{4+}、Nb^{5+}、Ta^{5+}、V^{5+} 和 W^{6+}。这些基团的主要成员包括二元氧化物（ZrO_2、Nb_2O_5 和 Ta_2O_5）以及许多钛酸盐、铌酸盐和具有钙钛矿结构的混合氧化物（$SrTiO_3$、$NaNbO_3$、$KTaO_3$ 和 $Sr_2Ta_2O_7$）。第二类包括具有 d^{10} 电子构型的金属氧化物和混合氧化物，如 Zn_2GeO_4、Ga_2O_3 和 $In_2Ge_2O_7$。在这两类催化剂中，钙钛矿结构的光催化剂由于高稳定性、结晶度和良好的电荷分离，是光催化 CO_2 还原的理想材料。层状钙钛矿材料，如 $Sr_2Ta_2O_7$ 和 $HCa_2Nb_3O_{10}$，因具有良好的电荷分离和转移效率、助催化剂沉积等优点而被认为是较好的光催化 CO_2 还原催化剂。

硫化物不仅在 CO_2 光还原中是重要的半导体材料，在整个光催化领域也如此。硫化物半导体的导带由过渡金属的 d 轨道组成，而过渡金属的 d 轨道与金属氧化物的 d 轨道一样具有很强的还原性。然而，它们的价带是由硫原子的 3p 轨道构成，其正电荷比氧原子少，因此硫化物半导体的带隙比金属氧化物和混合氧化物要窄，可以吸收可见光。CdS 是研究最多的用于光催化 CO_2 还原的硫化物。由于带隙为 2.4 eV，CdS 的光吸收区域可扩展至 520 nm。此外，CdS 的导带电位约为-0.9 eV（pH=7，NHE），因而具有较强的还原能力，非常适合用于 CO_2 还原反应。具有 1.28 eV 窄带隙的 Bi_2S_3 是另一种硫化物半导体，但是在光催化 CO_2 还原反应中较少被使用（Guo et al.，2019）。ZnS 是一种特殊的硫化物，具有 3.66 eV 的宽带隙，因此它只吸收紫外光。然而，它具有-1.85 eV（pH=7，NHE）的强负导带，因而具有较强的还原能力。因此，ZnS 是除 CdS 之外，在光催化 CO_2 还原方向研究得最多的硫化物。除了单一硫化物半导体，还发现由 2 种或更多单一硫化物组合而成的复合硫化物半导体，可以在可见光下进行 CO_2 还原反应，例如 $Cu_xAg_yIn_zZn_kS_m$、Cu_2ZnSnS_4 和 $ZnIn_2S_4$。复合硫化物最重要的优点是可以通过控制各硫化物组分来调节其带隙。尽管硫化物半导体具有良好的可见光吸收和光催化活性，但其主要缺点是在光催化过程中缺乏稳定性，晶格中 S^{2-} 可被空穴氧化而导致结构破坏。到目前为止，尽管在光催化反应过程中使用了各种空穴捕获剂，如亚硫酸盐（SO_3^{2-}）、硫代硫酸盐（$S_2O_3^{2-}$）和叔胺（如三乙胺和三乙醇胺），但它们的稳定性一直是一个很大的挑战。

6.4.2　MOFs 基光催化剂

近年来，MOFs 在太阳能捕获中的应用得到证实，并逐渐成为一种新型的光催化剂应用于各种光催化反应中。由于 MOFs 的骨架结构可调，便于设计和功能化，用于光催化 CO_2 还原的 MOFs 基光催化剂主要包括以下 4 种：未修饰的 MOFs、配体功能化的 MOFs、金属交换修饰的 MOFs、贵金属纳米粒子掺杂的 MOFs。

1. 未修饰的 MOFs

近年来，MOFs 直接作为催化剂在光催化 CO_2 还原方面具有广泛的应用。例如，在可见光照射下，使用未改性的 Zr 基 MOFs（NNU-28）并以 TEOA 作为牺牲剂用于 CO_2 还原反应，成功地将 CO_2 还原成 $HCOO^-$（Chen et al.，2016）。光催化 CO_2 还原的可能机理如图 6.7（Chen et al.，2016）所示，NNU-28 具有双重催化途径：配体的直接激发和配体向金属团簇的电荷转移。在可见光照射下，NNU-28 中的蒽（$C_{14}H_{10}$）配体向金属团簇的电荷转移，同时通过自由基的形成产生光诱导电荷。这两条光催化路径共同促进 CO_2 光还原，从而导致更高的光催化 CO_2 还原活性。Xu 等（2015）制备一种 Zr 基卟啉 MOFs

图 6.7　CO_2 还原催化路线示意图

（PCN-222），研究其电荷转移特性以及在光催化 CO_2 还原反应中的应用。结果表明，PCN-222 的深捕获电子状态成功地抑制了电荷载流子的快速结合，因此大大提高了光催化 CO_2 还原的效率。

除此之外，也可选择一种钛基 MOFs 材料 MIL-125(Ti)作为光催化 CO_2 还原的光催化剂。MIL-125(Ti)是由 $TiO_5(OH)$ 八面体和 1,4-苯二甲酸（BDC）组成的三维网状结构的聚合物（Dan-Hardi et al.，2009）。用 2-氨基对苯二甲酸（H_2ATA）取代 H_2BDC，成功地制备氨基官能化的 MIL-125(Ti)（NH_2-MIL-125(Ti)）（Fu et al.，2012），氨基在 NH_2-MIL-125(Ti)中的存在促进了对可见光区域的吸收并且提高了 CO_2 的吸附能力[图 6.8（a）和（b）]。研究结果表明，在可见光照射下，以 TEOA 为牺牲剂，NH_2-MIL-125(Ti)可以将 CO_2 还原成 $HCOO^-$，反应 10 h 后的产量为 8.14 μmol[图 6.8（c）]。同位素 $^{13}CO_2$ 反应和一系列控制实验证实产生的 $HCOO^-$ 来源于 NH_2-MIL-125(Ti)上的可见光辅助 CO_2 还原反应[图 6.8（d）]。

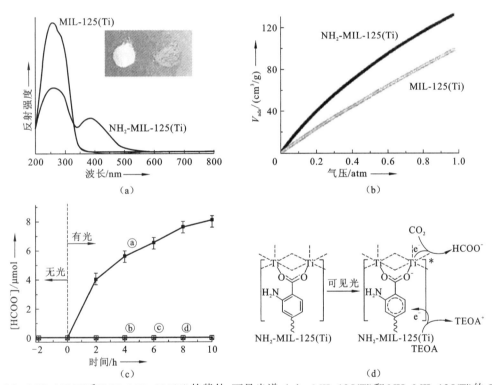

图 6.8　MIL-125(Ti)和 NH_2-MIL-125(Ti)的紫外-可见光谱（a）；MIL-125(Ti)和 NH_2-MIL-125(Ti)的 CO_2 吸附等温线（1 atm，273 K）（b）；NH_2-MIL-125(Ti)、MIL-125(Ti)、TiO_2（19 mg）和 H_2ATA（32 mg）的混合物和无样品的可见光照射下产生的 $HCOO^-$ 量随着时间的变化（c）；可见光下 NH_2-MIL-125(Ti)光催化还原 CO_2 的机理（d）
（c）中ⓐ为 NH_2-MIL-125(Ti)，ⓑ为 MIL-125(Ti)，ⓒ为 TiO_2（19 mg）和 H_2ATA（32 mg）混合物，ⓓ为无样品的可见光辐照；（d）引自 Fu 等（2012）

在 NH_2-MIL-125(Ti)上的 Ti^{3+} 光催化 CO_2 还原反应表明，金属中心具有氧化还原活性的 MOFs，也可作为 CO_2 还原的光催化剂。NH_2-UiO-66(Zr)是由 2-氨基对苯二甲酸（ATA）连接的六聚体 Zr_6O_{32} 单元组成的 Zr 基 MOFs，能在水中进行 CO_2 还原并且具有很高的稳定性（Cavka et al.，2008）。由于水的给电子能力较弱，在 NH$_2$-UiO-66(Zr)上并没有观察到光催化 CO$_2$ 还原的产物。然而，当 TEOA 用作牺牲剂时，NH$_2$-UiO-66(Zr)在乙腈中具有明显的光催化 CO$_2$ 还原活性，在光照 10 h 后产生 13.2 μmol 的 HCOO$^-$（Sun et al.，2013）。该值高于 NH$_2$-MIL-125(Ti)，这可能是归因于 Zr^{4+}/Zr^{3+} 的负氧化还原电位大于 Ti^{4+}/Ti^{3+}（Horiuchi et al.，2012）。直接激发 MOFs 的金属中心更有利于光催化反应，因此选择含铁的 MOFs，包括 MIL-101(Fe)、MIL-53(Fe) 和 MIL-88B(Fe)进行光催化 CO$_2$ 还原反应。由于存在大量的铁氧团簇，这使得在可见光照射下直接激发铁氧团簇成为可能（Laurier et al.，2013；Bordiga et al.，1996）。结果表明，在可见光照射下，这三种铁基 MOFs 光催化还原 CO$_2$ 的产物均为 HCOO$^-$，其中 MIL-101(Fe)的活性最高，反应 8 h 后的产量约为 59.0 μmol。由于 MIL-101(Fe)中存在配位不饱和的铁金属位点（coordinatively unsaturated sites，CUSs），CO$_2$ 直接吸附于 Fe 中心，有利于 CO$_2$ 的还原。这三种铁基 MOFs 具有相似的组分，独特的结构使其在光催化 CO$_2$ 还原为 HCOO$^-$的过程中具有不同的催化性能。

2. 配体功能化的 MOFs

Sun 等（2013）用 2,5-二氨基苯酞酸（H$_2$DTA）部分取代 NH$_2$-UiO-66(Zr)中的 ATA，得到 ATA 和 2,5-对苯二甲酸二氨基酯（DTA）混合连接的 NH$_2$-UiO-66(Zr)，用于光催化 CO$_2$ 还原反应。相比于 NH$_2$-UiO-66(Zr)，混合的 NH$_2$-UiO-66(Zr)具有较强的可见光吸收能力[图 6.9（a）]，并且在反应 10 h 后 HCOO$^-$生成量（20.7 μmol）可提高 50% 以上[图 6.9（b）]。当光照波长大于 515 nm 时，混合 NH$_2$-UiO-66(Zr)上 HCOO$^-$的生成量为 7.28 μmol，而在 NH$_2$-UiO-66(Zr)上未生成 HCOO$^-$，表明混合 NH$_2$-UiO-66(Zr)中第二氨基诱导的光吸收是生成 HCOO$^-$的原因。在 MOFs 有机配体中加入氨基能促进与酸性 CO$_2$ 分子的相互作用，进而促进光催化 CO$_2$ 还原反应。例如，铁基 MOFs（即 MIL-101(Fe)、MIL-53(Fe) 和 MIL-88B(Fe)催化剂）在可见光照下，以 TEOA 为牺牲剂进行光催化 CO$_2$ 还原反应（Wang et al.，2014a）。在三种不同的铁基 MOFs 中，MIL-101(Fe)光催化剂由于存在配位不饱和 Fe 位点而表现出最高的光催化性能。对于未改性的铁基 MOFs，在可见光照射下，电子从 Fe-O 团簇中的 O 转移到 Fe^{3+}，由此产生电荷分离。然后，Fe^{3+} 被还原为 Fe^{2+}，Fe^{2+} 具有很强的还原 CO$_2$ 的能力，同时 TEOA 作为氢供体和电子供体完成光催化循环。但是对于氨基功能化的 MOFs，除 Fe-O 团簇路径外，还有第二条路径。氨基

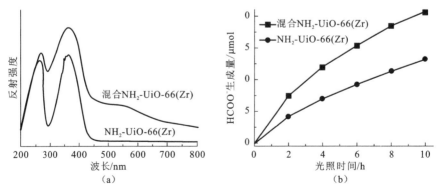

图 6.9　NH$_2$-UiO-66(Zr)和混合 NH$_2$-UiO-66(Zr)的紫外-可见光谱（a）；NH$_2$-UiO-66(Zr)和混合 NH$_2$-UiO-66(Zr)上的 HCOO$^-$生成量随光照时间的变化（b）

官能团的激发电子从有机连接体转移到金属中心，可以产生 Fe^{2+}。这两条途径在氨基功能化的铁基 MOFs 光催化 CO_2 还原反应中起着重要作用。因此，氨基功能化铁基 MOFs 在 CO_2 还原方面表现出优异的光催化性能。

3. 金属交换修饰的 MOFs

除氨功能化外，另一种改善 MOFs 的光催化性能的方法是添加金属离子。这些添加的金属离子可以连接到 MOFs 的有机配体上促进电荷分离，同时还可以提高分子催化剂的光稳定性。据报道，MOF-253-Ru 羰基复合物（MOF-253-Ru(CO)$_2$Cl$_2$）是一种可用于光催化 CO_2 还原的催化剂（Chen et al.，2018）。当 Ru(II)与 MOF-253 结合时，可将催化剂的吸收带边扩展到 470 nm，然后 Ru(bpy)$_2$Cl$_2$ 光敏剂将带边进一步扩展到 630 nm。因此，MOF-253 的表面用 Ru(CO)$_2$Cl$_2$ 修饰之后在可见光照射下具有较好的光催化 CO_2 还原性能。

除此之外，卟啉 MOFs 也可用于光催化 CO_2 还原反应（Chen et al.，2018）。由于卟啉基团易于金属化，可在 MOFs 的晶格中配位不饱和单原子对 MOFs 进行优化，有助于光催化活性的提高（Zhang et al.，2016）。图 6.10（Zhang et al.，2016）显示使用 MOF-525/Co、MOF-525/Zn 和 MOF-525 光催化材料进行光催化 CO_2 还原，其中 MOF-525/Co 复合催化剂的最大 CO 产率为 200.6 μmol/(g·h)，CH$_4$ 产率为 36.76 μmol/(g·h)，远高于 MOF-525/Zn

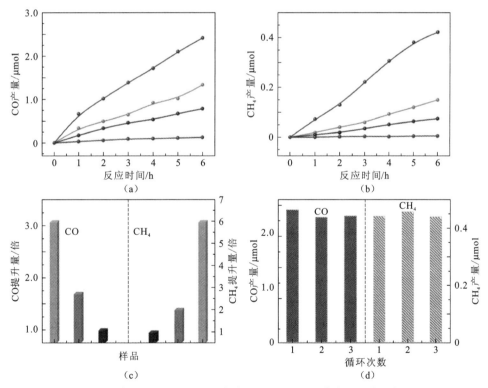

图 6.10　MOF-525-Co（绿色）、MOF-525-Zn（橙色）、MOF-525（紫色）光催化剂和 H$_6$TCPP 配体（粉红色）上 CO（a）和 CH$_4$（b）的产量随时间的变化；MOF-525/Co（绿色）、MOF-525/Zn（橙色）、MOF-525（紫色）催化材料上活性的提高（c）；用循环法测定 MOF-525-Co 光催化剂上 CO（绿色）和 CH$_4$（橙色）的产率重复性（d）

扫封底二维码见彩图

（CO：111.7 μmol/(g·h)；CH₄：11.635 μmol/(g·h)）和 MOF-525（CO：64.02 μmol/(g·h)；CH₄：6.2 μmol/(g·h)）。与其他催化剂相比，MOF-525/Co 由于独特的结构特征、较大的比表面积，光生载流子可以被有效地转移到催化活性中心实现电荷的有效分离，以及单原子可提供活性电子以还原吸附在 MOFs 表面的气体分子，因此具有最高的光催化 CO_2 吸附能力和良好的光稳定性。

4. 贵金属粒子掺杂的 MOFs

在半导体材料上掺杂 Pt、Pd 和 Au 等贵金属是一种广泛采用的促进光生电子和空穴分离的策略（Ikuma et al.，2007），为了阐明贵金属对 MOFs 基催化剂光催化性能的影响，制备掺杂贵金属的 NH_2-MIL-125(Ti)（M/NH_2-MIL-125(Ti)，M=Pt 或 Au）并研究其光催化性能（Sun et al.，2014）。采用湿浸渍法制备金属掺杂的 NH_2-MIL-125(Ti)（M=Pt 和 Au）并进行 H_2 处理，在饱和 CO_2 的 MeCN/TEOA 溶液中进行光催化 CO_2 还原反应。结果表明，与在纯 NH_2-MIL-125(Ti) 上只生成 HCOO⁻ 不同，在 Pt 和 Au 负载的 NH_2-MIL-125(Ti) 上同时生成 H_2 和 HCOO⁻，这表明在 NH_2-MIL-125(Ti) 上掺杂贵金属可以促进光催化析氢反应[图 6.11（a）和（b）；Sun et al.，2014]。然而，Pt 和 Au 对光催化剂上生成 HCOO⁻ 有不同的影响。与纯 NH_2-MIL-125(Ti)（10.75 μmol）相比，Pt/NH_2-MIL-125(Ti) 对光催化生成 HCOO⁻（12.96 μmol）有促进作用，而 Au 对该反应有负面影响（9.06 μmol）[图 6.11（b）]。ESR 分析和 DFT 计算表明，Pt/NH_2-MIL-125(Ti) 上生成的氢可以从贵金属向 MOFs 的金属中心溢出促进 Ti^{3+} 的形成，进而有利于光催化 CO_2 还原生成 HCOO⁻[图 6.11（c）]。这项工作首次阐明了在 MOFs 上光催化 CO_2 还原的溢出机理，并证明贵金属掺杂 MOFs 在以氢为反应物的光催化反应（如加氢反应）中具有较大的潜力。

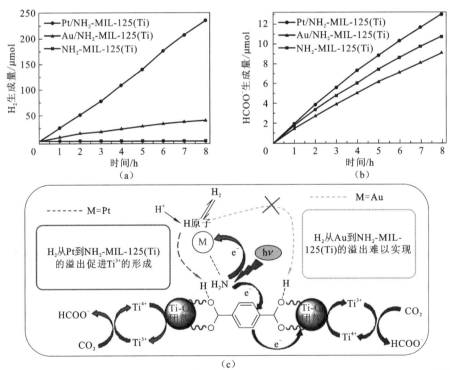

图 6.11　样品上产物生成量随光照时间的变化：H_2（a）、HCOO⁻（b）；M/NH_2-MIL-125(Ti)上的光催化反应机理（c）

6.4.3 MOPs 基光催化剂

MOPs 具有较大的比表面积、规则排列的结构单元（尤其是 COFs）和相对均匀的孔径，使得气体分子在催化过程中不费吹灰之力地在 MOPs 的孔道中穿行和相互作用。与金属分子催化剂相比，含有单核金属中心的 MOPs 具有更高的效率。MOPs 不仅可以作为分子催化剂的多相载体，而且能够获得单位质量或比表面积的高催化效率。在多相催化中，通过共价键合或金属-配体配位，可以将催化活性物质结合到 MOPs 中，通过调节单体的电子性质和固体的孔结构，可以对 MOPs 的催化能力进行微调，使 MOPs 基多相光催化剂具有特殊的用途。MOPs 以其优异的可重复使用性而区别于其他均相类似物，因此它们的催化效率也可以大大提高。

1. MOPs 的光催化原理

当用能量等于或超过带隙的光照射本征半导体 MOPs 时，聚合物将被激发，分别在导带和价带中产生光激发电荷载流子，即光生电子和空穴（Wang et al.，2020）。通过有效的电荷分离/迁移和适当的带电位排列，MOPs 与基底之间发生表面氧化还原反应。同时，大多数光生电子和空穴可能重新结合，从而降低光催化效率。为了防止电子和空穴的复合，人们研究了几种 MOPs 的结构设计策略，如电子供体-受体体系、不对称结构、高结晶聚合物、引入贵金属等（Byun et al.，2020）。例如，含铼的吡啶基 CTF 可以作为光催化剂进行光催化 CO_2 还原反应，表现出较强的催化活性和电子-空穴对的分离效率（Xu et al.，2018）。然而，负载贵金属的多孔有机聚合物在催化过程中不可避免地会发生光漂白。无金属多孔有机聚合物具有优良的光稳定性，可在长期反应中保持较高的活性。虽然不使用金属可降低材料的成本，避免金属污染的危害，但结构和反应条件的设计和优化使研究任务复杂化。

2. 金属化 MOPs

铼-有机配合物[(bpy)Re(CO)$_3$-Cl]是近年来发掘用于光催化 CO_2 还原和电还原制 CO 的均相催化剂（Hawecker et al.，1984，1983）。D'Alessandro 等（2015）采用 1,3,5-三(4-乙炔基苯基)苯和 5,5′-二溴-2,2′-联吡啶结构单元制备 Re(I)配位的多孔聚合物。所制备的含 1 mol Re(I)的[(bpy)Re(CO)$_3$-Cl]在 20 h 内产生 5 mol CO（转化数 TON=5）和 8.9 mol H_2（TON=8.8）。Yang 等（2018）以 TEOA 为牺牲剂，将 Re(I)锚定到含联吡啶单元的 COFs 中用于光催化 CO_2 还原反应。光照大于 20 h 时，CO 产量高达 15 mmol/g，是其同源类似物的 22 倍。Xu 等（2018）报道由 2,6-双氰基吡啶合成富氮的 CTFs。在全光驱动的气-固体系中，连续光照 10 h 后，Re-CTF-py 的 CO 产率为 353.05 μmol/(g·h)，TON 为 4.8。Liang 等（2019）设计了包含联吡啶（CPOP-30）或菲咯啉（CPOP-31）单元的多孔聚卡唑聚合物，该聚合物可以固定 Re(I)络合物。具有 7.6%～9.4% CO_2 吸附量的 CPOP-30-Re 和 CPOP-31-Re 使用 TEOA 作为牺牲剂可以实现 CO_2 到 CO 的转化，CPOP-30-Re 的 CO 产率达到 623 μmol/(g·h)，并且具有很高的可重复性（4 个周期后保持 83%左右的活性和 97.8%的选择性）。

Zhong 等（2019）在联吡啶基 COF(TpBpy)上螯合单个 Ni 催化位点制备金属化 Ni-TpBpy

催化剂，用于光催化 CO_2 还原反应。与 TpBpy 相比，由于 Ni 离子与 CO_2 分子之间的路易斯酸碱相互作用，新型金属化 Ni-TpBpy 的 CO_2 捕获能力略有提高。Ni-TpBpy 在以 TEOA 为电子供体和 [Ru(bpy)₃]Cl₂ 为光敏剂的水溶液中将 CO_2 还原为 CO（图 6.12）（Zhong et al.，2019）。在可见光照射下，CO_2 光还原成 CO 的过程中，电子从光敏剂转移到 Ni 位点进行 CO_2 还原。在 5 h 内，CO 的产率达到 4 057 μmol/g。Lu 等（2019）设计了一种基于蒽醌的 COF(DQTP-COF)，与用 2,6-二氨基蒽构建的 DATP-COF 相比，DQTP-COF 对丰富的碱土金属具有更强的亲和力。DQTP-COF-Co 表现出较高的 CO 产率，即 1 020 μmol/(g·h)，而 DQTP-COF-Zn 则能选择性地生成 HCOOH（152.5 μmol/(g·h)）。Liu 等（2019）报道通过亚胺交换法制备了一类 COF 纳米片（NSs）。在聚合过程中，加入的 2,4,6-三甲基苯甲醛（TBA）占据纳米片的边缘并扩大相邻纳米片之间的距离，导致 COFs 沿平面方向的各向异性生长。以 TBA、5,10,15,20 四(对氨基苯基)卟啉(Co)和 4,4′-二醛联苯为原料构建 COF-367-Co-NSs，在光催化 CO_2 还原过程中表现出良好的 CO 产率（10 162 μmol/(g·h)）。COF-367-Co-NSs 的二维形貌使其具有丰富的活性位点，进而提高光还原效率。

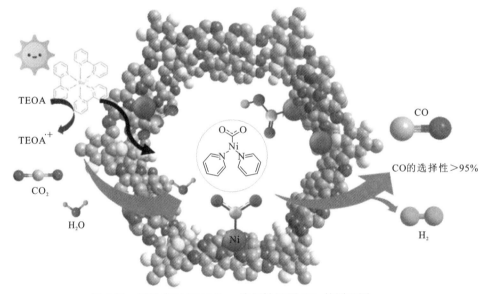

图 6.12　可见光下 Ni-TpBpy 选择性还原 CO_2 的原理图
扫封底二维码见彩图

3. 无金属 MOPs

催化剂的无金属特性极具吸引力，在没有贵金属参与的情况下可以降低催化剂的成本。基于 MOPs 的无金属催化剂主要由超轻元素（B、C、N、O 等）组成，较低的密度有利于提高产物生成率。多孔有机聚合物是通过共价键来构建的，其众多结构单元和功能化策略使其易于进行光催化性能的优化。Chen 等（2017）将芘基 CMPs 和离子液体 [p₄₄₄][p-2-O] 组成催化体系，在环境条件下通过氢键有效吸附 H_2O 并捕获 CO_2。在可见光照射下，由 1,3,6,8-四溴吡喃和 2,8-二溴二苯并噻吩组成的 CP5 光催化体系将大气中的 CO_2 还原成 CO，产率高达 47.37 μmol/(g·h)，选择性为 98.3%。Lei 等（2020）设计并构建了一种含 1,3,5-三(4-氨基苯基)三嗪和 9-乙基咔唑-2,7-二甲醛的 D-A-COF(CT-COF)。CT-COF 的导带最小值（-0.88 V vs. NHE）为负值，足以将 CO_2 还原为 CO（CO_2/CO，-0.53 V vs. NHE），同时平带最大值（1.16 V vs. NHE）比 H_2O 氧化为 O_2 的氧化还原电位（0.82 V vs. NHE）更正。理论上，无金属的 CT-COF 可以催化 CO_2 与 H_2O 进行还原反应，在具有气态 H_2O 的光催化体系中，CO 作为主要含碳产物，产率为 102.7 μmol/(g·h)，并且选择性高达 98%。

Yu 等（2019）通过偶联反应制备 Eosin Y-功能化的共轭有机聚合物（PEosinY-*N*，*N*=1～3），该聚合物具有良好的孔隙率（S_{BET} 为 445 m^2/g、131 m^2/g 和 610 m^2/g）、CO_2 吸附能力（273 K 和 1 bar 下为 39 mg/g、24 mg/g 和 62 mg/g）、可见光吸收（250～750 nm）及高效的光生电荷分离和转移效率。每个 PEosinY-*N* 的导带和价带位置跨越 CO_2 还原成 CO 和 H_2O 氧化成 O_2 的电势，因此在有气态 H_2O 存在时可以进行光催化 CO_2 还原。以曙红 Y 和 1,4-二乙基苯为原料制备的 PEosinY-1 的光催化性能最好，产物 CO 的产率高达 33 μmol/(g·h)，且获得 92%的选择性。另外 Guo 等（2018）研究了一种由六氯环三磷腈和巴比妥酸组成的含 N、O、P 的共价有机聚合物（NOP-COP）光还原 CO_2 生成多电子产物 CH_4 的能力。NOP-COP 和无磷聚合物 NO-COP 的 CO_2 吸附量（质量分数）在 273 K 和 1 bar 条件下分别为 7.21%和 5.06%。与 CO_2 还原 CH_4 的电势相比（-0.46 V vs. Ag/AgCl），NOP-COP 的导带更负（-0.81 V），因此可以将 CO_2 还原为 CH_4。结果表明，CH_4 是唯一的含碳产物，产率高达 22.5 μmol/(g·h)，比 NO-COP 有明显的提高。Fu 等（2018）在没有使用牺牲剂的情况下，使用叠氮连接的 COFs 在可见光的照射下将 CO_2 还原为 CH_3OH。由水合肼和 2,4,6-三(4-甲酰苯基)-1, 3, 5-三嗪构建的 N_3-COF 在 24 h 内的 CH_3OH 生成率达到 13.7 μmol/g。

6.4.4 多孔材料复合光催化剂

虽然多孔材料的改性提高了 CO_2 的吸附能力，但吸附分离技术不能实现 CO_2 资源的循环利用。CO_2 回收应包括吸附和转化，吸附是转化的基础，而 CO_2 的转化可以从根本上缓解 CO_2 排放带来的能源和环境问题。CO_2 转化效率主要取决于两个过程：CO_2 在光催化剂表面活性位点上的吸附和有效的电子转移。将具有高 CO_2 吸附量的多孔材料引入光催化体系中，可以使 CO_2 分子在光催化剂表面吸附并富集，从而显著提高 CO_2 还原效率。因此，在光催化剂表面进行微孔设计是促进 CO_2 吸附与光催化转化的重要课题。

1. 无机多孔材料复合光催化剂

多孔碳材料与光催化剂的结合通过提高 CO_2 的吸附量和光热协同效应来提高光催化 CO_2 还原活性。Wang 等（2017）使用碳纳米空心球作为模板制备 C@TiO_2 的复合材料。优化的 C@TiO_2 与商业 TiO_2(P25)相比，光催化生成 CH_4 的产率（4.2 μmol/(g·h)）是 TiO_2 的 2 倍，同时还生成大量的 CH_3OH（9.1 μmol/(g·h)）。光催化活性的显著提高归因于比表面积（110 m^2/g）和 CO_2 吸附量（0.64 mmol/g）的增加，以及光催化剂周围 C 材料的光吸收和局部光热效应的增强。

当使用水作为还原剂时，质子还原生成 H_2 是 CO_2 还原的主要竞争反应（Li et al.，

2015a）。为了提高有水环境下光催化 CO_2 还原反应的产物选择性，在光催化剂外包裹一层碳层使水裂解产生的更多质子参与 CO_2 还原反应，从而促进 CO_2 光催化还原为 CO 和 CH_4。Pan 等（2017）报道使用涂有 5 nm 碳层的 In_2O_3 纳米带（$C-In_2O_3$）可提高光催化 CO_2 还原效率，CO 和 CH_4 的产率分别为 126.6 μmol/h 和 27.9 μmol/h。$C-In_2O_3$ 催化剂对 CO_2 的吸附量达到 2.2 mmol/g，大于 In_2O_3 和纯 C 的吸附量，同时改性可以提高对 CO_2 的化学吸附增加 CO_2^- 对质子的捕获概率，进而促进 CO_2 光催化还原为 CO 和 CH_4。

此外，碳基二维层状材料，即石墨相氮化物（$g-C_3N_4$）和石墨烯，具有优异的电子和物理化学性质，可大大提高光催化 CO_2 还原性能（Low et al.，2016）。Li 等（2015a）制备了一种 $g-C_3N_4$ 负载 Bi_2WO_6 的复合光催化剂，其 CO 产率分别比纯 $g-C_3N_4$ 和 Bi_2WO_6 高 22 倍和 6.4 倍。Yu 等（2014）报道石墨烯/CdS 纳米棒复合材料的 CH_4 产率为 2.51 μmol/(g·h)，是纯 CdS 的 10 倍。由于二维材料中 π 共轭结构与含有离域 π 共轭电子的 CO_2 分子具有 π-π 相互作用，这样可以提高光催化剂对 CO_2 的吸附能力，从而促进光催化 CO_2 还原性能的提高。

分子筛如沸石可以在微孔内提供反应位点，从而对挥发性有机化合物具有很高的去除率（Zhang et al.，2016），并且对反应物具有一定的选择性。孔径效应是决定分子筛基催化剂光催化性能的一个重要因素。Anpo 等（1998）通过水热法将 TiO_2 负载到多孔沸石上制备了 Ti-MCM-41 和 Ti-MCM-48。在 55 ℃的气相条件下将 CO_2 和 H_2O 进行光催化反应，Ti-MCM-48 由于较大的孔径和三维孔道结构，表现出较高的催化活性和对 CH_3OH 的选择性。分子筛载体的引入对 TiO_2 的晶体结构有重要影响，因此可以改变产物的选择性。Anpo 等（1997）通过离子交换和浸渍的方法制备 $ex-TiO_2$/Y-沸石、$imp-TiO_2$/Y-沸石和纯 TiO_2 催化剂，其中 $ex-TiO_2$/Y-沸石催化剂对 CH_3OH 具有较高的选择性。前者 TiO_2 具有四面体结构，后两种催化剂中的 TiO_2 具有八面体结构，具有四面体结构的 $TiO_2(Ti^{3+}-O^-)$ 更倾向于生成 CH_3OH。

沸石催化剂的反应活性和选择性也可以由沸石的亲水性和疏水性来决定。Ikeue 等（2001）使用两种不同的结构导向剂（SDAs）Ti-Beta(OH) 和 Ti-Beta(F) 制备催化剂。Ti-Beta(OH) 表现出比 Ti-Beta(F) 更高的反应活性，而在 Ti-Beta(F) 上生成 CH_3OH 的选择性高于 Ti-Beta(OH)，亲水的 Ti-Beta(OH) 沸石的配位数比疏水的 Ti-Beta(F) 沸石有更显著地增加。这些结果表明，CO_2 和 H_2O 分子可以有效地直接吸附在高度分散的四面体配位 TiO_2 上。

另外，将 TiO_2 负载在 SiO_2 及其衍生物（如 SiO_2、MCM-41、MCM-48 和 SBA-15）上也具有较高的光催化 CO_2 还原活性。Lin 等（2012）制备 $DCQ-TiO_2$/SBA-15，并在可见光下进行光催化 CO_2 还原性能测试。$DCQ-TiO_2$/SBA-15 的 CH_3OH 产率为 0.44 μmol/(g_{cat}·h），远高于 DCQ-P25（0.16 μmol/(g_{cat}·h）），光催化活性的提高主要归因于有序纳米孔道对 DCQ 具有较大的吸附量。同样，介孔二氧化硅负载型催化剂也适用于气-固相反应。Ying 等（2010）采用一锅溶胶-凝胶法合成 Cu/TiO_2-SiO_2 光催化剂，在气-固界面进行光催化 CO_2 还原反应。纯 TiO_2 上 CO 的产率最低，仅为 8.1 μmol/(g_{TiO_2}·h），引入介孔 SiO_2 载体后，CO 的产率升高到 22.7 μmol/(g_{TiO_2}·h）。这可能是由 TiO_2 纳米颗粒分散度的提高及大比表面积的 SiO_2 对 CO_2 和 H_2O 的吸附增强所致。介孔 SiO_2 与层状半导体材料复合并且在 SiO$_2$ 与半导体的界面处暴露出更活跃的位点，有利于光催化 CO$_2$ 还原活性的提高。Li 等（2012b）制备层状 HNb$_3$O$_8$ 与 TiO$_2$ 复合，在紫外光照射下进行有水参与的光催化 CO$_2$ 还原反应（图 6.13）。SiO$_2$-HNb$_3$O$_8$ 的 CH$_4$ 的产率达到 2.9 μmol/(g$_{cat}$·h)，是 HNb$_3$O$_8$（0.47 μmol/(g$_{cat}$·h)）的 6.2 倍。SiO$_2$-HNb$_3$O$_8$ 样品层间距离明显扩大，表面积也比 HNb$_3$O$_8$ 大得多，使 SiO$_2$-HNb$_3$O$_8$ 层间的反应活性位点更容易接近底物，有助于活性的增强。

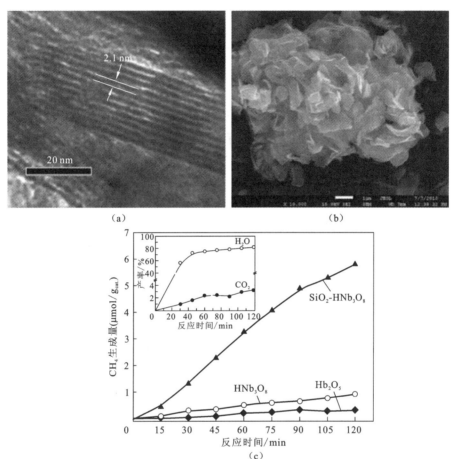

图 6.13　SiO$_2$-HNb$_3$O$_8$ 的 TEM（a）和 SEM（b）图；SiO$_2$-HNb$_3$O$_8$、HNb$_3$O$_8$ 和 Nb$_2$O$_5$ 上的 CO$_2$ 光还原结果（c）

2. MOFs 复合光催化剂

除了直接用作光催化剂，MOFs 纳米材料还可以用作光催化 CO$_2$ 还原的助催化剂，其中 MOFs 可以促进催化反应的动力学过程或增强 CO$_2$ 吸附，而纳米复合材料中的其他组分（如染料、半导体等）则可以作为光吸收部分形成光生载流子。此外，MOFs 复合材料可通过形成异质结构提高电荷分离效率来改善其光催化性能。

Co-ZIF-9 是一种多孔晶体结构，由 Co(II)离子与苯并咪唑酸盐配体连接而成，可同时结合 Co 和咪唑酸盐的催化功能。Wang 等（2014b）首次报道以 Co-ZIF-9 为助剂、[Ru(bpy)$_3$]Cl$_2$·6H$_2$O 为光敏剂、TEOA 为牺牲电子供体，在可见光照射下进行光催化 CO$_2$ 还原反应。与其他 MOFs 催化剂的光催化过程不同，CO 取代 HCOO$^-$ 成为光催化的主要产物。用 Co-MOF-74、Mn-MOF-74、NH$_2$-UiO-66(Zr)和 Zn-ZIF-8 代替 Co-ZIF-9 进行对照实验,发现 Co-ZIF-9 中 Co 与苯并咪唑类物质的协同作用有利于 CO_2 还原反应的进行。尽管在该光催化体系中获得了较高的催化效率,但对 CO 的选择性很低(CO/H_2 物质的量之比为 1.4)。为了获得更高的光催化性能及产物选择性,Wang 等(2015,2014b)通过将 Co-ZIF-9 与几种半导体光催化剂(如 g-C_3N_4,CdS)复合,扩展 Co-ZIF-9 用作 CO_2 还原反应助催化剂的用途。CdS/Co-ZIF-9 复合体系利用 CdS 在可见光下高的催化活性,在 420 nm 单色光照下获得了 1.93% 的表观量子产率。

利用 MOFs 对 CO_2 的高吸附能力和 TiO_2 的高稳定性和良好的光催化性能,MOF/TiO_2 复合体系在光催化 CO_2 还原方面也得到了广泛的研究。例如,Li 等(2014)通过在 $Cu_3(BTC)_2$ 核上涂覆纳米 TiO_2 壳,合成 $Cu_3(BTC)_2$@TiO_2 核壳结构($Cu_3(BTC)_2$ 命名为 HKUST-1,BTC 为苯-1,3,5-三羧酸盐)。所得的 $Cu_3(BTC)_2$@TiO_2 复合材料对 CO_2 还原制备 CH_4 的产率相比于 TiO_2 提高了 5 倍,而且对 CH_4 的选择性也有显著提高。超快光谱表征表明,TiO_2 外壳光激发产生的电子能有效地转移到 $Cu_3(BTC)_2$ 核上,改善 TiO_2 上光生电子-空穴对的分离(He et al.,2017),并提供高能电子对吸附在 $Cu_3(BTC)_2$ 助催化剂上的 CO_2 分子进行还原。Wang 等(2016a)研究表明 CPO-27-Mg 在众多 MOFs 材料中表现出较高的 CO_2 吸附性能,与 TiO_2 结合形成 CPO-27-Mg/TiO_2 纳米复合材料用于光催化 CO_2 还原具有明显的优势。由于 CPO-27-Mg 对 CO_2 的吸附能力高且存在开放的碱金属中心,制备的 CPO-27-Mg/TiO_2 纳米复合材料对 CO_2 光催化还原生成 CO 和 CH_4 具有较好的产率,并且对 H_2O 竞争还原生成 H_2 具有完全抑制作用。

除 TiO_2 外,MOFs 还与 Zn_2GeO_4 复合用于光催化 CO_2 还原反应。Liu 等(2013)报道在 Zn_2GeO_4 纳米棒上生长 ZIF-8 纳米颗粒用于光催化 CO_2 还原反应。研究发现,制备的 ZIF-8/Zn_2GeO_4 纳米复合材料在水溶液中将 CO_2 还原成 CH_3OH,与纯 Zn_2GeO_4 纳米棒相比具有更高的光催化活性,并将 ZIF-8/Zn_2GeO_4 光催化性能的提高归因于 ZIF-8 对 CO_2 的强吸附能力。此外,NH_2-UiO-66 等具有光催化活性的 MOFs 还可以与无机半导体结合形成具有异质结构的纳米复合材料。复合材料中 NH_2-UiO-66(Zr) 的存在不仅可以增强对 CO_2 的吸附,而且通过形成半导体-MOFs 异质结促进光生载流子的分离。例如,Crake 等(2017)制备了 NH_2-UiO-66(Zr)/TiO_2 纳米复合材料,与单一组分相比,光催化还原 CO_2 生成 CO 的产率明显提高。复合材料具有较大的比表面积,可以抑制 TiO_2 的积累,因此暴露出更多的活性位点用于光催化反应,同时 MOFs 表面对 CO_2 的吸附也明显增强。另外,复合材料的光学性质和瞬态吸收光谱表明,复合材料的光吸收向可见光区域移动,有效电荷运动得到改善,从而提供额外的光生电子。此外,NH_2-UiO-66 还可与 $Cd_{0.2}Zn_{0.8}S$ 固溶体结合增强光催化 CO_2 还原生成 CH_3OH 的能力(Su et al.,2017)。

尽管 MOFs 基材料在 CO_2 还原领域具有广阔的应用前景,但是现在的应用还存在一些缺陷。首先,已经报道的 MOFs 基材料上 CO_2 还原性能仍然非常有限,可能是由 MOFs 的导电性差及催化活性中心都不易接近反应物所致。其次,大多数 MOFs 的稳定性不如半导体光催化剂,特别是在水中或紫外光照射下。最后,大多数光催化 CO_2 还原反应是在有机溶剂中进行的,由于使用 TEOA 和 TEA 等作为牺牲剂,这种方式不经济且对环境不友好。

3. MOPs 复合光催化剂

大多数光催化剂用于光催化 CO_2 还原反应要求使用特定的牺牲剂作为电子供体，因此避免在催化反应中使用牺牲剂是光催化 CO_2 还原研究的热点。Wang 等（2019）通过原位编织策略制备了超薄 HCP-TiO$_2$-FG 复合材料（图 6.14）。HCP-TiO$_2$-FG 具有较大的比表面积（988 m^2/g）及高的 CO_2 吸附能力（12.87%），并且在不需要牺牲剂和贵金属助催化剂的温和气-固相反应体系中进行光催化 CO_2 还原测试，HCP-TiO$_2$-FG 催化剂具有相对较高的平均转化率，其中 CH_4 的产率为 27.62 μmol/(g·h)，CO 的产率为 21.63 μmol/(g·h)，电子消耗总数（Re）为 264 μmol/(g·h)。与以往相关的文献对比可知，制备的 HCP-TiO$_2$-FG 催化剂在光还原 CO_2 方面具有明显优势。

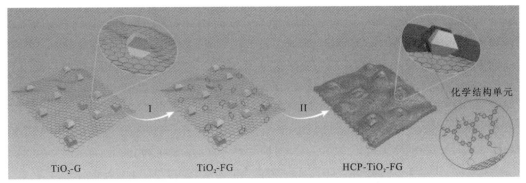

图 6.14　HCP-TiO$_2$-FG 多孔复合材料的结构示意图
扫封底二维码见彩图

参 考 文 献

贾鑫，李晋宇，丁世豪，等，2023. Pd 纳米颗粒协同氧空位增强 TiO$_2$ 光催化 CO_2 还原性能. 无机材料学报，38(11): 1301-1308.

桑换新，王晓宁，刘秀丽，2023. ZnS/TiO$_2$ 催化剂光催化 CO_2 的还原性能. 环境化学，42(9): 3043-3050.

Ahmed S, Anita R, Yusup S, et al., 2017. Adsorption behavior of tetraethylenepentamine-functionalized Si-MCM-41 for CO_2 adsorption. Chemical Engineering Research & Design, 122: 33-42.

An J, Geib S J, Rosi N L, 2010a. High and selective CO_2 uptake in a cobalt adeninate metal-organic framework exhibiting pyrimidine- and amino-decorated pores. Journal of the American Chemical Society, 132(1): 38-39.

An J, Rosi N L, 2010b. Tuning MOF CO_2 adsorption properties via cation exchange. Journal of the American Chemical Society, 132(16): 5578-5579.

Anpo M, YamashitaH, Ichihashi Y, et al., 1997. Photocatalytic reduction of CO_2 with H_2O on titanium oxides anchored within micropores of zeolites: Effects of the structure of the active sites and the addition of Pt.Silvia Galli, 25: 1389-1390.

Anpo M,Yamashita H, Ikeue K, et al., 1998. Photocatalytic reduction of CO_2 with H_2O on Ti-MCM-41 and Ti-MCM-48 mesoporous zeolite catalysts. Catalysis Today, 44(1-4): 327-332.

Bacsik Z, Ahlsten N, Ziadi A, et al., 2011. Mechanisms and kinetics for sorption of CO_2 on bicontinuous mesoporous silica modified with n-propylamine. Langmuir, 27(17): 11118-11128.

Ben T, Ren H, Ma S, et al., 2009. Targeted synthesis of a porous aromatic framework with high stability and exceptionally high surface area. Angewandte Chemie International Edition, 48(50): 9457-9460.

Bordiga S, Buzzoni R, Geobaldo F, et al., 1996. Structure and reactivity of framework and extraframework Iron in Fe-silicalite as investigated by spectroscopic and physicochemical methods. Journal of Catalysis, 158(2): 486-501.

Boutin A, Couck S, Coudert F O X, et al., 2011. Thermodynamic analysis of the breathing of amino-functionalized MIL-53(Al) upon CO_2 adsorption. Microporous & Mesoporous Materials, 140(1-3): 108-113.

Byun J, Zhang K A I, 2020. Designing conjugated porous polymers for visible light-driven photocatalytic chemical transformations. Materials Horizons, 7(1): 15-31.

Cavka J H, Jakobsen S R, Olsbye U, et al., 2008. A new zirconium inorganic building brick forming metal organic frameworks with exceptional stability. Journal of the American Chemical Society, 130(42): 13850-13851.

Chen D, Xing H, Wang C, et al., 2016. Highly efficient visible-light-driven CO_2 reduction to formate by a new anthracene-based zirconium MOF via dual catalytic routes. Journal of Materials Chemistry A, 4(7): 2657-2662.

Chen E X, Qiu M, Zhang Y F, et al., 2018. Acid and base resistant zirconium polyphenolate-metalloporphyrin scaffolds for efficient CO_2 photoreduction. Advanced Materials, 30(2): 1704381-1704388.

Chen Y, Ji G P, Guo S E, et al., 2017. Visible-light-driven conversion of CO_2 from air to CO using an ionic liquid and conjugated polymer. Green Chemistry, 19(24): 5777-5781.

Crake A, Christoforidis K C, Kafizas A, et al., 2017. CO_2 capture and photocatalytic reduction using bifunctional TiO_2/MOF nanocomposites under UV-vis irradiation. Applied Catalysis B: Environmental, 210: 131-140.

D'Alessandro W L, Church T L, Zheng S, et al., 2015. Site isolation leads to stable photocatalytic reduction of CO_2 over a Rhenium-based catalyst. Chemistry: A European Journal, 21(51): 18576-18579.

Dan-Hardi M, Serre C, Frot T, et al., 2009. A new photoactive crystalline highly porous titanium(IV) dicarboxylate. Journal of the American Chemical Society, 131(31): 10857-10859.

Fu Y, Sun D, Chen Y, et al., 2012. An amine-functionalized titanium metal-organic framework photocatalyst with visible-light-induced activity for CO_2 reduction. Angewandte Chemie, 51(14): 3364-3367.

Fu Y, Zhu X, Huang L, et al., 2018. Azine-based covalent organic frameworks as metal-free visible light photocatalysts for CO_2 reduction with H_2O. Applied Catalysis B: Environmental, 239: 46-51.

Furukawa H, Ko N, Go Y B, et al., 2010. Ultrahigh Porosity in Metal-Organic Frameworks. Science, 329(5990): 424-428.

Guo R T, Liu X Y, Qin H, et al., 2019. Photocatalytic reduction of CO_2 into CO over nanostructure Bi_2S_3 quantum dots/g-C_3N_4 composites with Z-scheme mechanism. Applied Surface Scince, 500: 144059.

Guo S, Zhang H, Chen Y, et al., 2018. Visible-light-driven photoreduction of CO_2 to CH_4 over N,O,P-containing covalent organic polymer submicrospheres. ACS Catalysis, 8: 4576-4581.

Harlick P J E, Sayari A, 2006. Applications of pore-expanded mesoporous silicas: 3. Triamine silane grafting for enhanced CO_2 adsorption. Industrial & Engineering Chemistry Research, 45(9): 3248-3255.

Harlick P J E, Sayari A, 2007. Applications of pore-expanded mesoporous silica: 5. Triamine grafted material with exceptional CO_2 dynamic and equilibrium adsorption performance. Industrial & Engineering Chemistry Research, 46(2): 446-458.

Hawecker J, Lehn J M, Ziessel R, 1983. Efficient photochemical reduction of CO_2 to CO by visible light irradiation of systems containing $Re(bipy)(CO)_3X$ or $Ru(bipy)_3^{2+}$-Co^{2+} combinations as homogeneous catalysts. Journal of the Chemical Society Chemical Communications, 9: 536-538.

Hawecker J, Lehn J M, Ziessel R, 1984. Electrocatalytic reduction of carbon dioxide mediated by $Re(bipy)(CO)_3Cl$ (bipy=2,2'-bipyridine). Journal of the Chemical Society Chemical Communications, 6: 328-330.

He X, Gan Z, Fisenko S, et al., 2017. Rapid formation of metal-organic frameworks (MOFs) based nanocomposites in microdroplets and their applications for CO_2 photoreduction. Acs Applied Materials & Interfaces, 9(11): 9688-9698.

Heydari-Gorji A, Belmabkhout Y, Sayari A, 2011. Polyethylenimine-impregnated mesoporous silica: Effect of amine loading and surface alkyl chains on CO_2 adsorption. Langmuir: The ACS Journal of Surfaces and Colloids, 27(20): 12411-12416.

Horiuchi Y, Toyao T, Saito M, et al., 2012. Visible-light-promoted photocatalytic hydrogen production by using an amino-functionalized Ti(IV) metal-organic framework. Journal of Physical Chemistry C, 116(39): 20848-20853.

Ikeue K, Yamashita H, Anpo M, et al., 2001. Photocatalytic reduction of CO_2 with H_2O on Ti-β zeolite photocatalysts: Effect of the hydrophobic and hydrophilic properties. The Journal of Physical Chemistry B, 105(35): 8350-8355.

Ikuma Y, Bessho H, 2007. Effect of Pt concentration on the production of hydrogen by a TiO_2 photocatalyst. International Journal of Hydrogen Energy, 32(14): 2689-2692.

Inoue T, Fujishima A, Konishi S, et al., 1979. Photoelectrocatalytic reduction of carbon dioxide in aqueous suspensions of semiconductor powders. Nature, 277(5698): 637-638.

Jadhav P D, Chatti R V, Biniwale R B, et al., 2007. Monoethanol amine modified zeolite 13X for CO_2 adsorption at different tempera. Energy & Fuels, 21(6): 3555-3559.

Kuwahara Y, Kang D Y, Copeland J R, et al., 2012. Enhanced CO_2 adsorption over polymeric amines supported on heteroatom-incorporated SBA-15 silica: Impact of heteroatom type and loading on sorbent structure and adsorption performance. Chemistry, 18(52): 16649-16664.

Laurier K G M, Vermoortele F, Ameloot R, et al., 2013. Iron(III)-based metal-organic frameworks as visible light photocatalysts. Journal of the American Chemical Society, 135(39): 14488-14491.

Lei K, Wang D, Ye L, et al., 2020. A metal-free donor-acceptor covalent organic framework photocatalyst for visible-light-driven reduction of CO_2 with H_2O. ChemSusChem, 13(7): 1725-1729.

Li J R, Sculley J, Zhou H C, 2012a. Metal-organic frameworks for separations. Chemical Reviews, 112(2): 869-932.

Li M, Zhang L, Fan X, et al., 2015a. Highly selective CO_2 photoreduction to CO over g-C_3N_4/Bi_2WO_6 composites under visible light. Journal of Materials Chemistry A, 3(9): 5189-5196.

Li P, Zhou Y, Zhao Z, et al., 2015b. Hexahedron prism-anchored octahedronal CeO_2: Crystal facet-based homojunction promoting efficient solar fuel synthesis. Journal of the American Chemical Society, 137(30): 9547-9550.

Li R, Hu J, Deng M, et al., 2014. Integration of an inorganic semiconductor with a metal-organic framework: A platform for enhanced gaseous photocatalytic reactions. Advanced Materials, 26(28): 4783-4788.

Li X, Li W, Zhuang Z, et al., 2012b. Photocatalytic reduction of carbon dioxide to Methane over SiO_2-pillared HNb_3O_8. Journal of Physical Chemistry C, 116(30): 16047-16053.

Liang H P, Acharjya A, Anito D A, et al., 2019. Rhenium-metalated polypyridine-based porous polycarbazoles for visible-light CO_2 photoreduction. ACS Catalysis, 9(5): 3959-3968.

Lin C J, Liou Y H, Chen S Y et al., 2012. Visible-light photocatalytic conversion of CO_2 to methanol using dye-sensitized mesoporous photocatalysts. Sustainable Environment Research, 22(3): 167-172.

Liu M, Guo L, Jin S, et al., 2019. Covalent triazine frameworks: Synthesis and applications. Journal of Materials Chemistry A, 7(10): 5153-5172.

Liu Q, Low Z X, Li L, et al., 2013. ZIF-8/Zn_2GeO_4 nanorods with an enhanced CO_2 adsorption property in an aqueous medium for photocatalytic synthesis of liquid fuel. Journal of Materials Chemistry A, 1(38): 11563-11569.

Liu S, Tang Z R, Sun Y, et al., 2015. One-dimension-based spatially ordered architectures for solar energy conversion. Chemical Society Reviews, 44(15): 5053-5075.

Liu W, Li X, Wang C, et al., 2019. A scalable general synthetic approach toward ultrathin imine-linked two-dimensional covalent organic framework nanosheets for photocatalytic CO_2 reduction. Journal of the American Chemical Society, 141(43): 17431-17440.

Llewellyn P L, Bourrelly S, Serre C, et al., 2008. High uptakes of CO_2 and CH_4 in mesoporous metal-organic frameworks MIL-100 and MIL-101. Langmuir, 24(14): 7245-7250.

Low J X, Cheng B, Yu J G, et al., 2016. Carbon-based two-dimensional layered materials for photocatalytic CO_2 reduction to solar fuels. Energy Storage Materials, 3: 24-35.

Low J, Cheng B, Yu J, 2017. Surface modification and enhanced photocatalytic CO_2 reduction performance of TiO_2: A review. Applied Surface Science, 392: 658-686.

Lu M, Li Q, Liu J, et al., 2019. Installing earth-abundant metal active centers to covalent organic frameworks for efficient heterogeneous photocatalytic CO_2 reduction. Applied Catalysis B: Environmental, 254: 624-633.

Lu W G, Yuan D Q, Sculley J, et al., 2011. Sulfonate-grafted porous polymer networks for preferential CO_2 adsorption at low pressure. Journal of the American Chemical Society, 133(45): 18126-18129.

Lu W G, Yuan D Q, Zhao D, et al., 2010. Porous polymer networks: Synthesis, porosity, and applications in gas storage/separation. Chemistry of Materials, 22(21): 5964-5972.

Meng X, Ouyang S, Kako T, et al., 2014. Photocatalytic CO_2 conversion over alkali modified TiO_2 without loading noble metal cocatalyst. Chemical Communications, 50(78): 11517-11519.

Millward A R, Yaghi O M, 2005. Metal-organic frameworks with exceptionally high capacity for storage of carbon dioxide at room temperature. Journal of the American Chemical Society, 127(51): 17998-17999.

Mino L, Spoto G, Ferrari A M, 2014. CO_2 capture by TiO_2 anatase surfaces: A combined DFT and FTIR study. The Journal of Physical Chemistry C, 118(43): 25016-25026.

Morris R V, Ruff S W, Gellert R, et al., 2010. Ultrahigh porosity in metal-organic frameworks. Science, 329(5990): 424-428.

Nguyen J G, Cohen S M, 2010. Moisture-resistant and superhydrophobic metal-organic frameworks obtained via postsynthetic modification. Journal of the American Chemical Society, 132(13): 4560-4561.

Pan Y X, You Y, Xin S, et al., 2017. Photocatalytic CO_2 reduction by carbon-coated indium-oxide nanobelts. Journal of the American Chemical Society, 139(11): 4123-4129.

Sohail A, Anita R, Suzana Y, et al., 2017. Adsorption behavior of tetraethylenepentamine-functionalized Si-MCM-41 for CO_2 adsorption. Chemical Engineering Research & Design Transactions of the Institution of Chemical Engineers, 122: 33-44.

Saha P, Amanullah S, Dey A, 2022. Selectivity in electrochemical CO_2 reduction. Accounts of Chemical Research, 55(2): 134-144.

Shen W Z, Zhang S C, He Y, et al., 2011. Hierarchical porous polyacrylonitrile-based activated carbon fibers for CO_2 capture. Journal of Materials Chemistry, 21(36): 14036.

Shi J, Jiang Y J, Jiang Z Y, et al., 2015. Enzymatic conversion of carbon dioxide. Chemical Society Reviews, 44(17): 5981-6000.

Silvestre-Albero J, Wahby A, Sepulveda-Escribano A, et al., 2011. Ultrahigh CO_2 adsorption capacity on carbon molecular sieves at room temperature. Chemical Communications, 47(24): 6840-6842.

Su F S, Lu C Y, Kuo S C, et al., 2010. Adsorption of CO_2 on amine-functionalized Y-type zeolites. Energy & Fuels, 24: 1441-1448.

Su Y, Zhang Z, Liu H, et al., 2017. $Cd_{0.2}Zn_{0.8}S$@UiO-66-NH_2 nanocomposites as efficient and stable visible-light-driven photocatalyst for H_2 evolution and CO_2 reduction. Applied Catalysis B: Environmental, 200: 448-457.

Sun D R, Fu Y H, Liu W J, et al., 2013. Studies on photocatalytic CO_2 reduction over NH_2-UiO-66(Zr) and its derivatives: Towards a better understanding of photocatalysis on metal-organic frameworks. Chemistry-A European Journal, 19(42): 14279-14285.

Sun D R, Liu W J, Fu Y X, et al., 2014. Noble metals can have different effects on photocatalysis over metal-organic frameworks (MOFs): A case study on M/NH_2-MIL-125(Ti) (M=Pt and Au). Chemistry, 20(16): 4780-4788.

Tan L X, Tan B, 2017. Hypercrosslinked porous polymer materials: Design, synthesis, and applications. Chemical Society Reviews, 46: 3322-3356.

Wang D K, Huang R K, Liu W J, et al., 2014a. Fe-based MOFs for photocatalytic CO_2 reduction: Role of coordination unsaturated sites and dual excitation pathways. Acs Catalysis, 4(12): 4254-4260.

Wang L, Jin P X, Duan S H, et al., 2019a. In-situ incorporation of copper(II) porphyrin functionalized zirconium MOF and TiO_2 for efficient photocatalytic CO_2 reduction. Science Bulletin, 64(13): 926-933.

Wang M, Shen M, Jin X X, et al., 2019b. Oxygen vacancy generation and stabilization in CeO_2-x by Cu-introduction with improved CO_2 photocatalytic reduction activity. ACS Catalysis, 5: 4573-4581.

Wang M T, Wang D K, Li Z H, 2016a. Self-assembly of CPO-27-Mg/TiO_2 nanocomposite with enhanced performance for photocatalytic CO_2 reduction. Applied Catalysis B: Environmental, 183: 47-52.

Wang S, Lin J, Wang X, 2014b. Semiconductor-redox catalysis promoted by meal-organic frameworks for

CO$_2$ reduction. Physical Chemistry Chemical Physics, 16(28): 14646-14660.

Wang S, Wang X, 2015. Photocatalytic CO$_2$ reduction by CdS promoted with a zeolitic imidazolate framework. Applied Catalysis B: Environmental, 162(162): 494-500.

Wang S, Xu M, Peng T, et al., 2019c. Porous hypercrosslinked polymer-TiO$_2$-graphene composite photocatalysts for visible-light-driven CO$_2$ conversion. Nature Communications, 10: 626.

Wang S, Yao W, Lin J, et al., 2014c. Cobalt imidazolate metal-organic frameworks photosplit CO$_2$ under mild reaction conditions. Angewandte Chemie International Edition, 53(4): 1034-1038.

Wang T X, Liang H P, Anito D A, et al., 2020. Emerging applications of porous organic polymers in visible-light photocatalysis. Journal of Materials Chemistry A, 8: 7003.

Wang W, Xu D, Cheng B, et al., 2017. Hybrid carbon@TiO$_2$ hollow spheres with enhanced photocatalytic CO$_2$ reduction activity. Journal of Materials Chemistry A, 5(10): 5020-5029.

Wang Y, Zhao J, Wang T, et al., 2016b. CO$_2$ photoreduction with H$_2$O vapor on highly dispersed CeO$_2$/TiO$_2$ catalysts: Surface species and their reactivity. Journal of Catalysis, 337: 293-302.

Wei L, Yu C, Zhang Q, et al., 2018. TiO$_2$-based heterojunction photocatalysts for photocatalytic reduction of CO$_2$ into solar fuels. Journal of Materials Chemistry A, 6(45): 22411-22436.

Wilcox J, Haghpanah R, Rupp E C, et al., 2014. Advancing adsorption and membrane separation processes for the gigaton carbon capture challenge. Annual Review of Chemical & Biomolecular Engineering, 5(1): 479-505.

Wu J, Lu H, Zhang X, et al., 2016. Enhanced charge separation of rutile TiO$_2$ nanorods by trapping holes and transferring electrons for efficient cocatalyst-free photocatalytic conversion of CO$_2$ to fuels. Chemical Communications, 52(28): 5027-5029.

Xie S, Yu W, Zhang Q, et al., 2014. MgO- and Pt-promoted TiO$_2$ as an efficient photocatalyst for the preferential reduction of carbon dioxide in the presence of water. ACS Catalysis, 4(10): 3644-3653.

Xiong Z, Lei Z, Li Y, et al., 2018. A review on modification of facet-engineered TiO$_2$ for photocatalytic CO$_2$ reduction. Journal of Photochemistry and Photobiology C: Photochemistry Reviews, 36: 24-47.

Xu H, Chu W, Huang X, et al., 2016. CO$_2$ adsorption-assisted CH$_4$ desorption on carbon models of coal surface: A DFT study. Applied Surface Science, 375: 196-206.

Xu H Q, Hu J, Wang D, et al., 2015. Visible-light photoreduction of CO$_2$ in a metal-organic framework: Boosting electron-hole separation via electron trap states. Journal of the American Chemical Society, 137(42): 13440-13443.

Xu R, Wang X S, Zhao H, et al., 2018. Rhenium-modified porous covalent triazine framework for highly efficient photocatalytic carbon dioxide reduction in solid-gas system. Catalysis Science & Technology, 8(8): 2224-2230.

Yang S J, Ding X, Han B H, 2018. Conjugated microporous polymers with extended π-structures for organic vapor adsorption. Macromolecules, 51(3): 947-953.

Yang S Z, Hu W H, Zhang X, et al., 2018. 2D covalent organic frameworks as intrinsic photocatalysts for visible light-driven CO$_2$ reduction. Journal of the American Chemical Society, 140(44): 14614-14618.

Yin W J, Krack M, Wen B, et al., 2015. CO$_2$ capture and conversion on rutile TiO$_2$(110) in the water environment: Insight by first-principles calculations. Journal of Physical Chemistry Letters, 6(13):

2538-2545.

Ying Li, Wang W N, Zhan Z L, et al., 2010. Photocatalytic reduction of CO_2 with H_2O on mesoporous silica supported Cu/TiO_2 catalysts. Applied Catalysis B: Environmental, 100: 386-392.

Yu J, Jin J, Cheng B, et al., 2014. A noble metal-free reduced graphene oxide-CdS nanorod composite for the enhanced visible-light photocatalytic reduction of CO_2 to solar fuel. Journal of Materials Chemistry A, 2(10): 3407-3416.

Yu X, Yang Z, Qiu B, et al., 2019. Eosin Y-functionalized conjugated organic polymers for visible-light-driven CO_2 reduction with H_2O to CO with high efficiency. Angewandte Chemie International Edition in English, 58(2): 632-636.

Yuan B, Ma D, Wang X, et al., 2012. A microporous, moisture-stable, and amine-functionalized metal-organic framework for highly selective separation of CO_2 from CH_4. Chemical Communications, 48(8): 1135-1137.

Yuan L, Xu Y J, 2015. Photocatalytic conversion of CO_2 into value-added and renewable fuels. Applied Surface Science, 342: 154-167.

Zeng Y F, Zou R Q, Zhao Y L, 2016. Covalent organic frameworks for CO_2 capture. Advanced Materials, 28(15): 2855-2873.

Zhang H, Wei J, Dong J, et al., 2016. Efficient visible-light-driven carbon dioxide reduction by a single-atom implanted metal-organic framework. Angewandte Chemie International Edition in English, 55(46): 14310-14314.

Zhang L, Peng Y, Zhang J, et al., 2016. Adsorptive and catalytic properties in the removal of volatile organic compounds over zeolite-based materials. Chinese Journal of Catalysis, 37(6): 800-809.

Zhao Y, Ke X Y, Teng B, et al., 2013. A perfluorinated covalent triazine-based framework for highly selective and water-tolerant CO_2 capture. Energy & Environmental Science, 6(12): 3684-3692.

Zhong W, Sa R, Li L, et al., 2019. A covalent organic framework bearing single Ni sites as a synergistic photocatalyst for selective photoreduction of CO_2 to CO. Journal of the American Chemical Society, 141(18): 7615-7621.

第 7 章　微孔聚合物修饰 TiO_2 空心微球还原空气中的 CO_2

7.1　引　　言

尽管人们在开发各种半导体光催化剂用于减少 CO_2 排放方面进行了大量的研究，但大多数催化剂只能在高浓度且无氧的 CO_2 中发挥作用。实际上，空气中排放的 CO_2 主要来自化石燃料燃烧产生的烟气（由 72%～77% N_2、12%～14% CO_2、8%～10% H_2O、3%～5% O_2 和其他微量污染物组成）（郑国宏 等，2023；Kajiwara et al.，2016；Markewitz et al.，2012；Kang et al.，2000）。在这样复杂的环境中，CO_2 在光催化剂表面的吸附和活化由于 O_2 分子的压倒性竞争吸附而大大减弱（Dilla et al.，2019，2017；Yu et al.，2019）。研究发现，由于 O_2 的还原在热力学上比 CO_2 的还原更有利，5% O_2 存在条件下可以完全抑制 CO_2 在催化剂表面的还原（Lu et al.，2019）。因此在控制废气中 CO_2 排放和降低空气中 CO_2 浓度方面，设计在有氧环境中选择性吸附 CO_2 的高效光催化剂势在必行，但这方面的研究却鲜有报道。

微孔材料，如微孔有机聚合物，具有较大的比表面积、丰富的微孔、可调的骨架结构及较好的化学和热稳定性，其在 CO_2 气体分子的捕获与分离方面极具优势（Ma et al.，2020；Wang et al.，2019b；Das et al.，2018；杨珍珍 等，2016）。将 CO_2 吸附材料引入光催化体系已被证明可以改善 CO_2 吸附行为，从而将低浓度的 CO_2 进行富集及光催化还原为 CH_4、CO 等（Zhong et al.，2019；Han et al.，2018；Wang et al.，2018）。据报道，微孔有机聚合物中杂环微环境可促进 CO_2 的吸附，同时也可调控金属中心的电子性质有利于 CO_2 活化（Zhong et al.，2019）。然而在液-固体系中，含 Ru 光敏剂与有机牺牲剂和溶剂的需求带来了不可持续的环境问题，这限制了 CO_2 光还原的实际应用。此外，在以往的研究中利用微孔配位聚合物只实现了稀有平衡气体中低浓度 CO_2 的转化，生成 CH_4 等多电子产物相当困难。

受微孔有机聚合物在 CO_2 分离中的应用启发，推测它们优越的吸附能力和选择性可以为直接利用烟气或者空气中低浓度 CO_2 带来新的机遇（Alahmed et al.，2019；Saleh et al.，2014）。在此，通过在 TiO_2 表面原位交联卟啉基聚合物，并与 Pd(II)位点配位制备多孔复合光催化剂 TiO_2/HUST-1-Pd。富含杂原子的微孔骨架不仅提高了 CO_2 的吸附量和选择性，而且通过配位作用稳定了 TiO_2 光催化剂周围的 Pd 位点。在光照 1 h 后，空气中 7.2% 的 CO_2 还原为 CH_4，产率为 11.7 $\mu mol/(g \cdot h)$，是 Pd/TiO_2 催化剂的 4.3 倍。其优异的催化性能可归因于微孔有机聚合物提高了 CO_2 吸附量和 CO_2/O_2 的吸附选择性，以及电子可以快速地从 TiO_2 转移到配位 Pd 中心，进而与吸附的 CO_2 分子反应。研究结果为进一步确定 CO_2 还原活性位点和阐明光催化反应途径提供依据。

7.2 实 验 部 分

7.2.1 SiO₂ 球及 SiO₂@TiO₂ 核壳结构制备

1. SiO₂ 球的制备

采用 Stöber 方法制备 SiO_2 微球。在 40 mL 95%乙醇中加入 2 mL 氨水，充分混匀之后，加入 0.75 mL 的正硅酸四乙酯（TEOS）。在 40 ℃下持续反应 12 h，得到白色胶体。所得产物经离心并用乙醇和去离子水分别洗涤数次。最后，在 60 ℃下真空干燥 12 h。

2. SiO₂@TiO₂-1 核壳结构和 TiO₂ 空心球的制备（方法一）

首先，将 0.2 g SiO_2 粉末加入 30 mL 异丙醇中超声 1 h 制备分散均匀的悬浮液（Ullah et al.，2015）。然后将该 SiO_2 悬浮液转移至聚四氟乙烯反应器再加入 50 mL 异丙醇，持续搅拌 5 min 之后加入不同量的钛酸四异丙酯（TTIP）（根据样品中所含的 TiO_2 快速添加）并密闭反应器盖子，再搅拌 19 h。缓慢加入 9 mL 水–醇混合物（3 mL H_2O 和 6 mL 异丙醇），继续搅拌 1 h。反应结束后，将胶体悬浮液在 3 500 r/min 下离心 10 min 并将沉淀用异丙醇洗涤一次，去离子水洗涤两次。将得到的湿固体重新分散在 50 mL H_2O 中，并在 105 ℃下水热处理 24 h。离心洗涤之后的固体在 100 ℃的空气中干燥，将所得样品标记为 SiO_2@TiO_2-1-X（X 为加入的 TTIP 的量）。为了获得 TiO_2 空心球，取一定量的 SiO_2@TiO_2 固体粉末，在 10 mL 2.5 mol/L 的 NaOH 溶液中，室温条件下刻蚀 2 天，然后将固体用去离子水离心洗涤至中性，在 60 ℃下过夜真空干燥，即可获得 TiO_2 空心球，标记为 TiO_2-1-X。

3. SiO₂@TiO₂-2 核壳结构和 TiO₂ 空心球的制备（方法二）

在 250 mL 的圆底烧瓶中，将含有 79 mL 乙醇、3.9 mL 氨水和 1.4 mL 水的混合溶液与 1.0 g 的 SiO_2 纳米颗粒混合，超声 30 min 得到均一的 SiO_2 胶体溶液（Son et al.，2013）。然后，在 4 ℃的冰浴下向上述溶液中加入 28 mL 乙腈，混合均匀之后，将包含 36 mL 乙醇、12 mL 乙腈和 1 mL TTIP 的混合溶液滴加到上述胶体溶液中，剧烈搅拌 12 h。反应结束后将溶液进行离心洗涤，所得的白色固体在真空烘箱中 80 ℃过夜干燥。最后，在 600 ℃下煅烧 6 h 后获得高度结晶的白色粉末，标记为 SiO_2@TiO_2-2。TiO_2 空心球的制备方法与上述过程相同，标记为 TiO_2-2。

7.2.2 TiO₂/卟啉基 MOP（HUST-1）制备

采用以上制备的两种 SiO_2@TiO_2 核壳结构分别作为硬模板，以 5,10,15,20-四苯基卟啉（TPP）为构建单体，二氯甲烷（DCM，8 mL）为溶剂和交联剂，利用溶剂编织法进行材料的制备（Wang et al.，2017）。具体步骤如下：将一定量的 SiO_2@TiO_2 和四苯基卟啉均匀分散在二氯甲烷溶剂中，超声 5 min 之后，在 0 ℃恒温搅拌下迅速加入一定量的无水 $AlCl_3$ 催化剂。在 N_2 保护下，反应体系在 0 ℃下搅拌 4 h，30 ℃下搅拌 8 h，40 ℃下搅拌 12 h，60 ℃下搅拌 12 h，80 ℃下搅拌 24 h。反应结束后，采用 HCl 的水溶液进行反应猝灭，2 h 之后对样品进行抽滤，水洗涤 3 次，乙醇洗涤 2 次，最后在乙醇中索提 2 天进一步纯化，将所得固体在真空干燥箱中 60℃ 干燥 24 h。所得样品在 2.5 mol/L NaOH 溶液中刻蚀 2 天，离心洗涤至中性并且在 60℃ 过夜干燥。为了进行对比，在不加入 $SiO_2@TiO_2$ 的情况下按照以上步骤制备纯微孔有机聚合物，得到的产物命名为 HUST-1。

7.2.3 TiO_2/HUST-1-Pd 和 HUST-1-Pd 制备

将 40 mg TiO_2/HUST-1 或 HUST-1 粉末分散于 4 mL 乙腈溶液中，超声 5 min 获得分散均匀的溶液（Wang et al., 2017）。加入一定量的金属前驱体（H_2PdCl_4）在 40℃ 下反应 12 h，待反应停止后，对样品进行离心洗涤，用去离子水和乙醇各洗涤两次并且采用无水乙醇索氏抽提 2 天将多余未配位的金属离子完全去除。最后，将样品进行冷冻干燥 1 天，所得的固体分别标记为 TiO_2/HUST-1-Pd 和 HUST-1-Pd。

7.2.4 Pd/TiO_2 制备

采用光还原的方法进行材料的合成，作为对比样品（Wang et al., 2018）。具体方法如下：将上述条件下制备的 TiO_2 空心球粉末 100 mg 分散于 90 mL 去离子水中，超声 20 min 后加入 10 mL 甲醇和一定量的 H_2PdCl_4 溶液。在溶液中持续通入 N_2 20 min 以去除溶液的 O_2，然后在长弧汞灯下光照 3.5 h。反应结束后对样品进行离心洗涤并用乙醇和去离子水各洗两遍，最后在 60℃ 下真空干燥过夜即可得灰色的粉末样品，标记为 Pd/TiO_2。

7.2.5 光催化 CO_2 还原测试

在气-固相体系中，以水为电子供体的常压条件下进行光催化 CO_2 还原性能的测试。将 30 mg 催化剂粉末样品分散在培养器皿中并置于定制的密封玻璃容器中（距离光源 10 cm 处），在密封后进行排空。然后，将不同浓度的 CO_2（纯 CO_2，新鲜空气，0.15%CO_2/N_2）通入反应器使其保持常压。以 300 W 氙灯为光源，光照 1 h 后，用气相色谱仪的 FID 进行分析。保证反应器内是常压的前提下，在 N_2 气氛中加入不同体积的 CO_2 调节 CO_2 的分压。同样地，不同的 O_2 分压是通过在 CO_2 下加入不同体积的高纯 O_2 进行调节。另外，用 GC-MS 对同位素标记的 $^{13}CO_2$ 实验产物进行分析来追踪 CO_2 还原产物的来源。最后，通过循环实验来评价光催化剂的稳定性。

7.2.6 样品表征

X 射线吸收精细结构（X-ray absorption fine structure，XAFS）：X 射线吸收光谱采用国家同步辐射研究中心（National Synchrotron Radiation Research Center，NSRRC）的光束 BL01C1 作为光源。用 Si(111) 双晶体单色仪对辐射进行单色化。采用 Athena 软件对 X 射线吸收近边结构（X-ray absorption near edge structure，XANES）和扩展 X 射线吸收精细结构（extended X-ray absorption fine structure，EXAFS）数据进行压缩和分析。

核磁共振（nuclear magnetic resonance，NMR）：固体核磁共振（solid state nuclear magnetic resonance，SSNMR）技术是以固态样品为研究对象的分析技术。固态 ^{13}C CP/MAS NMR 波谱在 WB 400 MHz Bruker Avance II 光谱仪上进行测试。^{13}C CP/MAS NMR 谱是在旋转速率为 10 kHz 的 4 mm 双共振 MAS 探针上进行收集。

O$_2$ 吸附：样品的 CO$_2$ 吸附量采用 ASAP 2460 吸附分析仪进行测试。为了排除样品在空气中吸附的其他气体对测试结果的干扰，测试前样品在真空环境中加热到 100 ℃并脱气 12 h，采用 O$_2$ 探针分子进行 O$_2$ 吸附−脱附等温线的测试。

7.3 结果与讨论

7.3.1 TiO$_2$/HUST-1-Pd 的优化

1. SiO$_2$@TiO$_2$-1 及 TiO$_2$-1

采用方法一进行 SiO$_2$@TiO$_2$ 核壳结构及 TiO$_2$ 空心球的制备，在确定 SiO$_2$ 量的前提下加入不同 TTIP 的量来调节 TiO$_2$ 在 SiO$_2$@TiO$_2$ 中的含量。通过对材料进行光催化 CO$_2$ 还原性能测试发现，SiO$_2$@TiO$_2$-1-X 的光催化产物为 CH$_4$ 和 CO，并且随着 TTIP 量的增加，CH$_4$ 产率呈现先升高后降低的趋势。当 TTIP 的量为 0.6 mL 时，催化剂的 CH$_4$ 产率最高，即 6.2 μmol/(g·h)。SiO$_2$@TiO$_2$-1-0.6 刻蚀之后制备 TiO$_2$-1-0.6 空心球的活性与刻蚀前基本保持一致（图 7.1）。

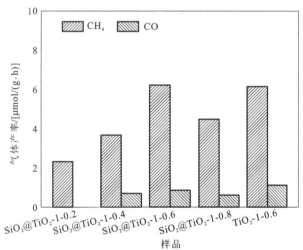

图 7.1 SiO$_2$@TiO$_2$-1-X 催化剂及 TiO$_2$-1-0.6 催化剂的光催化 CO$_2$ 还原性能比较

对 SiO$_2$@TiO$_2$-1-0.6 及 TiO$_2$-1-0.6 进行微观形貌的表征，结果如图 7.2 所示。SiO$_2$@TiO$_2$-1-0.6 呈现出球状结构，而且 SiO$_2$ 球的表面比较粗糙，表明该方法能够将 TiO$_2$ 包裹在 SiO$_2$ 的表面，制备 SiO$_2$@TiO$_2$ 核壳结构。通过放大的 SEM 图［图 7.2（b）］发现，SiO$_2$ 表面的 TiO$_2$ 壳层是由 TiO$_2$ 小球堆积而成。当 SiO$_2$ 在完全去除之后，TiO$_2$ 呈现半球或者堆积结构，这可能是在制备 SiO$_2$@TiO$_2$ 时，TiO$_2$ 的水解速度过快使其在 SiO$_2$ 球上的堆积比较严重（图 7.3）。

（a）　　　　　　　　　　　　　　　（b）

图 7.2　$SiO_2@TiO_2$-1-0.6 的扫描电镜图

图 7.3　TiO_2-1-0.6 的扫描电镜图

2. TiO_2-1/HUST-1-Pd

在确定 $SiO_2@TiO_2$ 及 TiO_2 的制备条件之后，通过调节 $SiO_2@TiO_2$ 及 TPP 的量进行交联聚合最后配位 Pd 进行复合材料 TiO_2-1/HUST-1-Pd 的制备。在确定 $SiO_2@TiO_2$-1-0.6 量（120 mg）的前提下，改变 TPP 的量（分别是 10 mg、20 mg、30 mg）对复合材料的比例进行调节。在全光条件下对材料的光催化 CO_2 还原性能进行评价，结果如图 7.4 所示。在光照条件下，复合材料的催化产物为 CH_4 和 CO。当 $SiO_2@TiO_2$-1-0.6 量为 120 mg，TPP 的量为 20 mg 时活性最优，CH_4 的产率可达到 31.7 $\mu mol/(g \cdot h)$，是 TiO_2-1-0.6 的 5.2 倍。这可能一方面归因于聚合物的引入，增大了催化剂的比表面积进而提高 CO_2 的吸附量；另一方面 Pd 的协同效应促进 CO_2 还原活性升高。

3. $SiO_2@TiO_2$-2

采用方法二对 $SiO_2@TiO_2$ 进行制备，样品形貌如图 7.5 所示。从图 7.5（a）可以明显看出，SiO_2 球表面光滑并且分散比较均一。SiO_2 球在包裹 TiO_2 之后，表面明显变得粗糙但依然可以保留球状结构，并且没有出现明显的 TiO_2 堆积[图 7.5（b）]。$SiO_2@TiO_2$ 的颗粒比较均一，尺寸在 100 nm 左右。当 $SiO_2@TiO_2$ 中的 SiO_2 完全被刻蚀去除之后（图 7.6），TiO_2 主要呈现半球结构，相比于 $SiO_2@TiO_2$ 的均一分散，TiO_2 空心球有部分堆积。

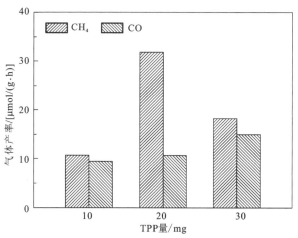

图 7.4　TiO_2-1/HUST-1-Pd 的光催化 CO_2 还原性能测试

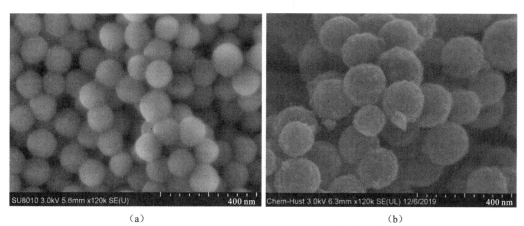

（a）　　　　　　　　　　　　　　　　　（b）

图 7.5　SiO_2（a）及 SiO_2@TiO_2-2（b）的扫描电镜图

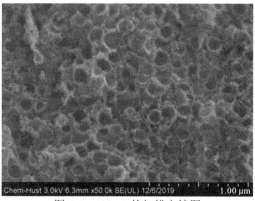

图 7.6　TiO_2-2 的扫描电镜图

4. TiO_2-2/HUST-1-Pd

在确定 TPP 量（30 mg）的前提下，改变 SiO_2@TiO_2-2 的量（分别是 90 mg、120 mg、150 mg；调节 SiO_2@TiO_2 与 TPP 的比例），对复合材料的比例进行调节配位 Pd 之后进行光催化 CO_2 还原反应的性能测试，结果如图 7.7 所示。在光照条件下，复合材料的催化

产物为 CH_4 和 CO。当确定 TPP 量为 30 mg，加入 $SiO_2@TiO_2$-2 的量为 120 mg 时活性最佳，CH_4 的产率可达到 48.0 μmol/(g·h)，是 TiO_2-2 的 11.4 倍。由于制备方法不同，方法二中制备的 $SiO_2@TiO_2$ 结构比较均一，分散度较高，在后续原位生长聚合物以及刻蚀步骤，仍然能够保持其结构稳定性，保证更多的活性位点暴露，使得复合材料的光催化 CO_2 还原活性更好。

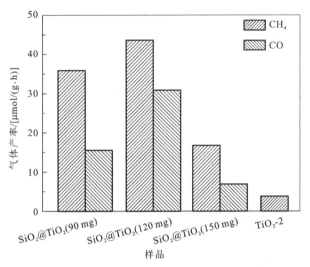

图 7.7　TiO_2-2/HUST-1-Pd 样品的光催化 CO_2 还原性能测试

7.3.2　刻蚀条件优化

鉴于 $SiO_2@TiO_2$ 刻蚀的环境可能对后续步骤中制备的材料的活性造成影响，因此对制备的 $SiO_2@TiO_2$-2/HUST-1 分别在 NaOH 及 HF 条件下进行刻蚀。通过 CO_2 还原测试结果发现，采用 NaOH 刻蚀的样品的活性明显高于用 HF 刻蚀的样品（图 7.8）。因此采用相对比较温和的碱性条件进行 SiO_2 刻蚀，有利于活性的提高。

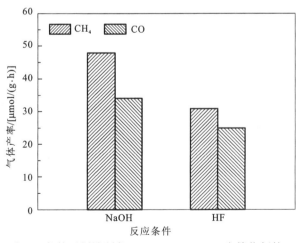

图 7.8　在 NaOH 和 HF 条件下刻蚀制备 TiO_2-2/HUST-1-Pd 光催化剂的 CO_2 还原性能测试

7.3.3 形貌与结构

对方法二制备的样品进行进一步表征，样品统一采用 TiO₂/HUST-1-Pd 来命名。考虑到在 TiO₂ 表面原位交联的聚合物为无定形的，较小尺寸的 TiO₂ 会被聚合物掩盖，因此制备较大尺寸的 TiO₂ 空心球与聚合物复合，这样一方面防止由于 TiO₂ 的颗粒太小被无定形的聚合物所掩蔽；另一方面采用空心球使 TiO₂ 暴露的表面更大，有利于更多活性位点的利用。复合材料是通过三步法进行制备，制备流程如图 7.9 所示。首先，采用 SiO₂@TiO₂ 核壳结构为硬模板，以 5,10,15,20-四苯基卟啉（TPP）为结构单元，以二氯甲烷为溶剂和交联剂，采用溶剂编织法在 SiO₂@TiO₂ 球上原位生长微孔卟啉基聚合物；然后，将制备的 SiO₂@TiO₂/HUST-1 在 2.5 mol/L NaOH 溶液中刻蚀两天以去除 SiO₂ 获得 TiO₂/HUST-1 复合材料。最后，在卟啉聚合物的框架中配位 Pd(Ⅱ)位点制备 TiO₂/HUST-1-Pd。

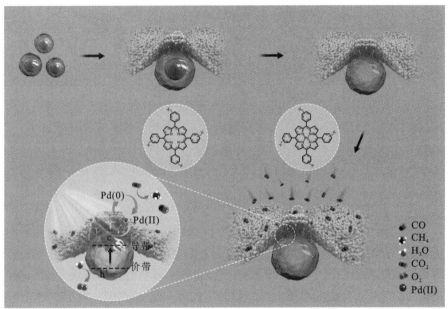

图 7.9   TiO₂/HUST-1-Pd 光催化剂制备流程示意图
扫封底二维码见彩图

对制备的样品进行 XRD 的测试，以研究聚合物和金属的引入对催化剂相结构和表面状态的影响[图 7.10（a）]。对于 HUST-1-Pd，由于聚合物是非晶态的，图谱中只发现一个宽的衍射峰。而对于所有与 TiO₂ 有关的样品，仅发现 TiO₂ 的特征峰，对比标准卡片（21-1272）可知，归属于锐钛矿型 TiO₂ 的衍射峰（Wang et al., 2019a）。相比于纯 TiO₂ 及 Pd/TiO₂，由于复合材料 TiO₂/HUST-1-Pd 中 TiO₂ 的含量较低，TiO₂ 衍射峰的强度有所降低。值得注意的是，样品中并没有发现金属纳米粒子的特征衍射峰。因此，为了定量分析样品中金属的含量，采用 ICP-MS 进行测试。数据显示 TiO₂/HUST-1-Pd 和 Pd/TiO₂ 中对应的金属质量分数分别为 2.72%和 2.68%（表 7.1），表明样品的金属含量处于同一水平，因此可以排除金属含量对活性的影响。

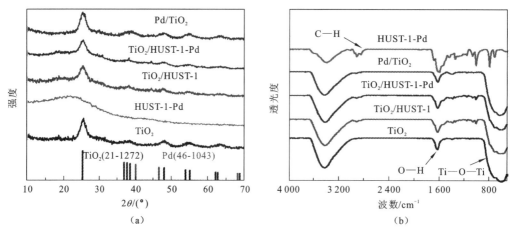

图 7.10 所制备样品的 XRD（a）和 FTIR（b）谱图

扫封底二维码见彩图

表 7.1 样品中 Pd 和 TiO₂ 含量的测定（ICP-MS 法）

样品	Pd 质量分数/%	TiO₂ 质量分数/%
TiO₂/HUST-1-Pd	2.72	34.43
Pd/TiO₂	2.68	97.32

通过固态 ^{13}C CP/MAS NMR 证实 TiO₂/HUST-1-Pd 中聚合物的聚合结构和聚合过程（图 7.11）。从 ^{13}C CP/MAS NMR 的谱图可以看出，共振峰主要集中在 128 ppm[①]、137 ppm 和 146 ppm，分别归属于苯环和卟啉环中的碳原子。同时 37 ppm 的化学位移证实在 Friedel-Crafts 反应过程中亚甲基碳的存在。基于上述特征，证实卟啉聚合物的骨架是通过溶剂编织法形成的（Li et al., 2011）。如图 7.10（b）所示，复合材料和 HUST-1-Pd 中芳香环的 C—H 伸缩带消失，以及亚甲基在 2 920～2 960 cm^{-1} 处出现强烈的 C—H 拉伸振动，表明 HUST-1 的成功生成并且在配位过程中对聚合物骨架结构并不产生影响（Wang et al., 2017）。同时，TiO₂/HUST-1-Pd 及 TiO₂/HUST-1 均在 400～1 000 cm^{-1} 处显示出宽吸收带，该吸收带归属于 TiO₂ 的 Ti—O—Ti 拉伸振动（Zhang et al., 2018）。通过热重分析研究 Pd 卟啉聚合物的热稳定性，如图 7.12 所示。加热后，在 150 ℃ 以下约 5.1%

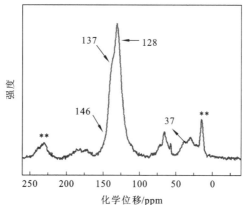

图 7.11 TiO₂/HUST-1-Pd 的 ^{13}C CP/MAS 核磁共振谱图

10 kHz；星号代表旋转边带

---

① 1 ppm=10^{-6}

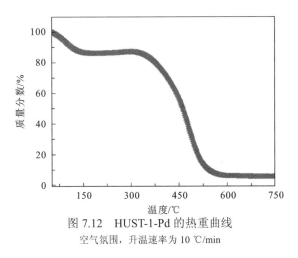

图 7.12　HUST-1-Pd 的热重曲线

空气氛围，升温速率为 10 ℃/min

的失重来自吸附的水蒸气和其他气体分子的损失。当样品加热到高达 350 ℃时，观察到聚合物框架的分解，说明聚合物表现出相当优异的热稳定性，其耐降解温度高达 350 ℃。

通过 XPS 研究制备样品的元素组成和原子价态信息，如图 7.13 所示。光谱显示了相应样品中 C、N、Ti、O 和 Pd 的存在，以及它们在 TiO$_2$/HUST-1-Pd 中的光谱变化。如图 7.13（d）所示，对于 TiO$_2$/HUST-1-Pd，Pd 3d 光谱在 338.1 eV 和 343.3 eV 处显示出明显的双峰，归属于配位状态的 Pd^{2+} 的 3d$_{5/2}$ 和 3d$_{3/2}$ 特征峰（He et al., 2020）。然而，对于 Pd/TiO$_2$，以 334.9 eV 和 340.2 eV 为中心的 Pd 3d$_{5/2}$ 和 Pd 3d$_{3/2}$ 表明 Pd(0)是其主要存在价态（Selishchev et al., 2018）。位于 341.3 eV 和 336.1 eV 的弱双肩峰归属于未被完全还原的 Pd^{2+}。如图 7.13（e）所示，N 1s 的曲线在 400.3 eV 和 398.9 eV 处出现 2 个峰，分别归属于吡咯氮和 Pd—N（Lu et al., 2019）。TiO$_2$/HUST-1-Pd 中 Pd—N 键的存在证明 Pd(II)已成功地配位到卟啉聚合物的框架中。对于 TiO$_2$/HUST-1-Pd，在 459.3 eV 和 465.0 eV 处出现的两个峰值归属于 Ti 2p$_{3/2}$ 和 Ti 2p$_{1/2}$，相对于纯 TiO$_2$，明显向更高的结合能偏移 0.7 eV［图 7.13（f）］，表明电子容易从 TiO$_2$ 向 HUST-1-Pd 处转移，也证明 TiO$_2$ 和 HUST-1-Pd 之间存在较强的相互作用，从而为界面的光催化反应提供更多的催化位点（Ma et al., 2020），也说明 TiO$_2$ 与 HUST-1-Pd 之间可以形成具有足够接触界面的异质结，有利于电荷在 TiO$_2$ 与 HUST-1-Pd 之间的有效转移。

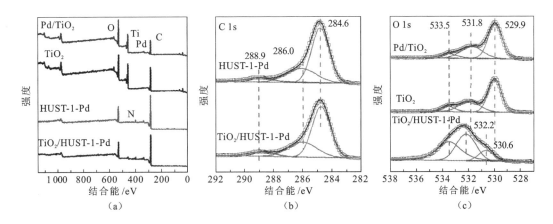

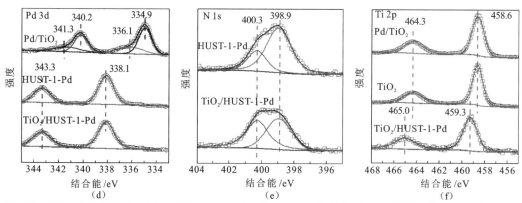

图 7.13　样品 TiO₂/HUST-1-Pd、HUST-1-Pd、TiO₂ 和 Pd/TiO₂ 的高分辨 XPS 图谱全谱（a），以及 C 1s（b）O 1s（c）Pd 3d（d）N 1s（e）Ti 2p（f）分析

扫封底二维码见彩图

　　为了详细研究 TiO₂/HUST-1-Pd 中 Pd 物种的局域环境，对其进行 Pd 的 K 边 X 射线吸收光谱（X-ray absorption spectrum，XAS）测试。XAS 的 X 射线吸收近边结构（XANES）区域提供了 Pd 氧化态的信息[图 7.14（a）]。TiO₂/HUST-1-Pd 中 Pd 的 K 边吸收带边位置与 PdO 相近，两者的光子能量均高于 Pd 箔，说明 TiO₂/HUST-1-Pd 中 Pd 物种处于 Pd^{2+}价态（Zhou et al., 2019）。进一步的结构信息可以从 Pd 的 K 边扩展 X 射线吸收精细结构（EXAFS）谱中获得。Pd 的 EXAFS 光谱的傅里叶变换 R 空间曲线清楚地揭示了 TiO₂/HUST-1-Pd 中 Pd^{2+} 的键合环境。如图 7.14（b）所示，金属 Pd 箔在 2.5 Å 左右表现出强烈的 Pd—Pd 特征峰，而在 TiO₂/HUST-1-Pd 的 R 空间光谱中没有观察到此峰，数据表明 TiO₂/HUST-1-Pd 中没有 Pd—Pd 键，结果证明 TiO₂/HUST-1-Pd 中没有形成 Pd 纳米颗粒，所有的 Pd 位点都是原子孤立的，这也与 XRD、XPS 的结果是一致的。TiO₂/HUST-1-Pd 在 1.5 Å 处出现一个很强的主峰，数据表明在 Pd 位点上涉及 N 与 Pd^{2+}配位（He et al., 2020）。此外，通过 EXAFS 拟合曲线进一步探究 Pd 位点的配位环境。如图 7.14（c）所示，拟合的 EXAFS 光谱与 TiO₂/HUST-1-Pd 的实验光谱非常吻合。由此可见，TiO₂/HUST-1-Pd 中的 Pd^{2+} 是 Pd-N₄ 配位，同时也表明 Pd 卟啉结构的存在（表 7.2）。

表 7.2　样品 Pd K 边的 EXAFS 拟合参数（$S_0^2 = 0.829$）

样品	参数				
壳	N	R/Å	σ^2/Å^2	ΔE_0/eV	R 因子
Pd-N	3.9	2.03	0.004 3	2.6	0.000 1

注：N 为配位数；R 为键距；σ^2 为德拜-沃勒因子；ΔE_0 为内电位校正；R 因子表征拟合度。将 CN 固定为已知晶体学值，根据 Pd 箔基准的实验 EXAFS 拟合，将 S_0^2 设为 0.829

　　利用 TEM 对 TiO₂ 空心球和 TiO₂/HUST-1-Pd 的形貌和微观结构进行表征。TiO₂ 空心球的粒径约为 100 nm，在原位聚合和刻蚀之后，TiO₂ 球仍然分散在聚合物表面或嵌入聚合物中[图 7.15（a）]，从以上结果可以看出，TiO₂ 空心球与聚合物之间可以形成异质结。如 TiO₂/HUST-1-Pd 的高分辨 TEM 图像[图 7.15（b）]所示，TiO₂ 的主要暴露晶面是(101)面，且未检测到 Pd 纳米粒子的晶格条纹，这与 XRD 谱图的结果是一致的。相应的 EDX 映射图像[图 7.15（d）～（g）]表明，Pd、N 和 Ti 原子均匀分布在整个体系结构中。可以推断，聚合物可以在 TiO₂ 球体存在下原位均匀生长，从而确保配位金属的均匀分散。

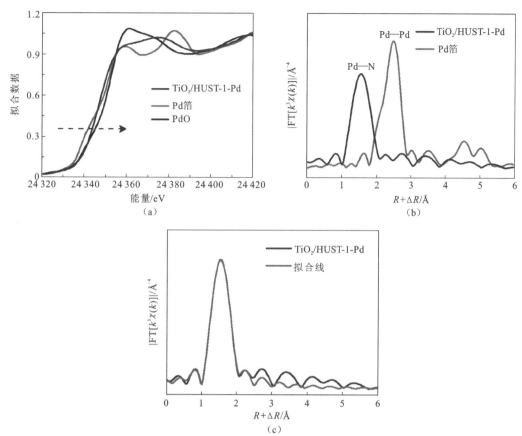

图 7.14　TiO₂/HUST-1-Pd、PdO 和 Pd 箔的归一化 Pd K 边 XANES 光谱（a）；TiO₂/HUST-1-Pd 和 Pd 箔的傅里叶变换 EXAFS 光谱（b）；TiO₂/HUST-1-Pd 的 EXAFS 拟合曲线（c）

扫封底二维码见彩图

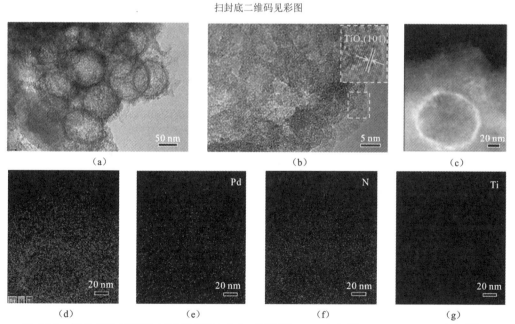

图 7.15　样品 TiO₂/HUST-1-Pd 的 TEM（a），高分辨 TEM（b）及 HADDF-STEM（c）图，以及元素分布图（d～g）

扫封底二维码见彩图

7.3.4 孔隙结构与 CO_2 吸附性能

对于多相催化，反应速率通常与反应物在催化位点上的表面覆盖率成正比，因此 CO_2 还原效率特别依赖于光催化剂对 CO_2 的吸附行为。通过对催化剂进行 N_2 和 CO_2 吸附-脱附测试考察制备样品的表面性质，包括孔隙率、CO_2 吸附量和选择性，结果如图 7.16 和表 7.3 所示。TiO_2/HUST-1-Pd 和 HUST-1-Pd 在较低的相对压力下表现出一个陡峭的氮气吸附曲线（$P/P_0<0.001$），反映出样品具有丰富的微孔结构，并且在中高压下同时存在明显的回滞环，表明样品中同时存在中孔和大孔结构。在 TiO_2 上聚合物的原位生长保证 TiO_2/HUST-1-Pd 的比表面积（323 m^2/g）比纯 TiO_2 高 4.3 倍。由于复合物中以微孔卟啉聚合物为主，孔径分布曲线显示 TiO_2/HUST-1-Pd 的主要孔径集中在 0.7 nm 和 1.3 nm[图 7.16（b）]。多孔材料的高比表面积和丰富的超微孔特性表明其气体吸附能力较强。得益于聚合物的高吸附容量（96 cm^3/g），在 1.0 bar（1 bar=10^5 Pa）和 273 K 下，复合材料的 CO_2 吸附量可达到 54 cm^3/g，是 TiO_2 的 4.9 倍[图 7.16（c）]。这可能一方面是因为复合物中聚合物具有较高的孔隙率，另一方面聚合物骨架中丰富的氮原子可稳定单个金属原子，有利于 CO_2 的吸附和富集（Lin et al.，2017）。

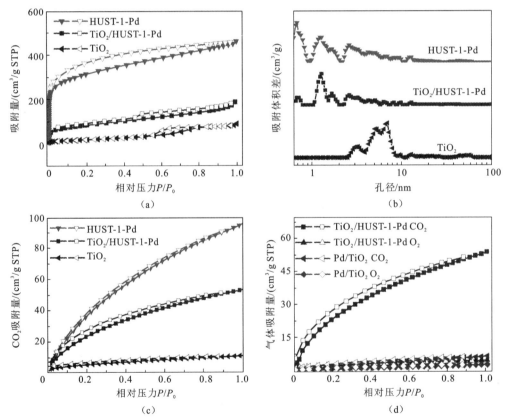

图 7.16　TiO_2、HUST-1-Pd 和 TiO_2/HUST-1-Pd 的 N_2 吸附-脱附等温线（a）和孔径分布图（b），273 K 下的 CO_2 吸附比较（c），以及 273 K 下 TiO_2/HUST-1-Pd 和 Pd/TiO_2 的 CO_2 和 O_2 吸附比较（d）
扫封底二维码见彩图

表 7.3　样品的孔隙率及气体吸附结果汇总

样品	比表面积/ (m^2/g)	孔隙体积/ (cm^3/g)	微孔体积/ (cm^3/g)	CO_2 吸附量/ (cm^3/g)	O_2 吸附量/ (cm^3/g)	CO_2/O_2 选择性/%
HUST-1-Pd	1 252	0.71	0.61	96		
TiO_2	75	0.13	—	11		
TiO_2/HUST-1-Pd	323	0.29	0.22	54	4.3	23.9
Pd/TiO_2	61	0.10	—	6.5	2.8	3.1

注：比表面积根据 77.3 K 时 N_2 吸附-脱附等温线计算所得；孔隙体积是根据 P/P_0=0.995、77.3 K 时的 N_2 等温线计算所得；微孔体积由 P/P_0=0.050 时的 N_2 等温线计算所得；CO_2 吸附量根据 1 bar 和 273 K 下的 CO_2 吸附-脱附等温线计算得出；O_2 吸附量根据 1 bar 和 273 K 下的 O_2 等温线计算得出

从复合材料 CO_2 吸附等温线的结果可以看出，在低压区 CO_2 吸附量的急剧增加表明多孔有机聚合物固体吸附剂中存在强极化中心（Queen et al.，2014）。基于此，对 TiO_2/HUST-1-Pd 和 Pd/TiO_2 进行 CO_2/O_2 选择性吸附的研究，为吸附材料在气体分离应用中的效率提供有用的信息。如图 7.16（d）所示，在 1.0 bar 和 273 K 下，TiO_2/HUST-1-Pd 和 Pd/TiO_2 的 O_2 吸附量分别为 4.3 cm^3/g 和 2.8 cm^3/g。从 273 K 纯气体的物理吸附等温线可以看出，TiO_2/HUST-1-Pd 的 CO_2 吸附量明显高于 O_2，但是 Pd/TiO_2 对 CO_2 和 O_2 的吸附量差别不大。根据相对低压力下吸附等温线的初始斜率计算（图 7.17）（Das et al.，2018），Pd/TiO_2 对 CO_2/O_2 的选择性仅为 3.1%，表明样品对 O_2 具有较高的亲和力（Lv et al.，2019）；同时，由于 TiO_2/HUST-1-Pd 高的 CO_2 吸附量（54 cm^3/g），其 CO_2/O_2 的选择性可高达 23.9%，是 Pd/TiO_2 的 7.7 倍，这意味着在 CO_2 气氛中存在 O_2 时，含有微孔卟啉基聚合物的 TiO_2/HUST-1-Pd 可以优先吸附 CO_2。由于高比表面积和微孔率的含 N 聚合物的引入，TiO_2/HUST-1-Pd 同时获得高的 CO_2 吸附量和良好的 CO_2/O_2 选择性。这表明所制备的复合材料是一种很有前途的吸附剂，可以在富氧环境或空气条件下选择性地捕获 CO_2，表现出良好的吸附性能，进而有利于有氧环境下 CO_2 的光催化转化（Wu et al.，2019）。

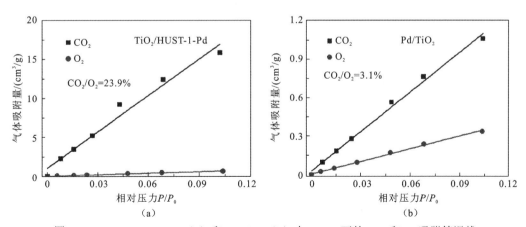

图 7.17　TiO_2/HUST-1-Pd（a）和 Pd/TiO_2（b）在 273 K 下的 CO_2 和 O_2 吸附等温线
根据吸附等温线的初始斜率计算 CO_2/O_2 的选择性

7.3.5 光催化 CO_2 还原活性与稳定性

在不使用任何有机牺牲试剂的密闭气-固相反应体系中,对催化剂在光照条件下进行 CO_2 还原性能评价。在常压下以纯 CO_2 为碳源,进一步阐明多孔复合材料的优越性,材料活性的比较如图 7.18(a)所示。在不添加光催化剂或光照的情况下,未发现 CH_4 和 CO 等产物。在光照条件下,产物主要为 CH_4 和 CO,未检测到氢气信号。对于 HUST-1-Pd,产物以 CO 为主,CH_4 和 CO 的产率分别是 0.4 μmol/(g·h)和 12.8 μmol/(g·h),表明 HUST-1-Pd 仅具有将 CO_2 转化为 CO 的能力。纯 TiO_2 的 CH_4 和 CO 产率分别为 4.2 μmol/(g·h)和 1.6 μmol/(g·h)。当在引入聚合物之后,TiO_2/HUST-1 的活性有一定的提高,CH_4 的产率(6.2 μmol/(g·h))是 TiO_2 的 1.5 倍。在配位 Pd 之后,样品的 CH_4 和 CO 的产率可达到 48 μmol/(g·h)和 34 μmol/(g·h),是 TiO_2 的 11.4 倍和 21.25 倍。从这个角度来看,多孔材料的高 CO_2 吸附量及配位金属的协同作用共同促进 CO_2 条件下光催化性能的提高。

为了证实产物 CO 和 CH_4 确实来源于光催化 CO_2 还原反应而不是其他途径,进行两个对照实验:①在光照下用 N_2 代替 CO_2;②在纯 CO_2 条件下,采用同位素标记的 $^{13}CO_2$

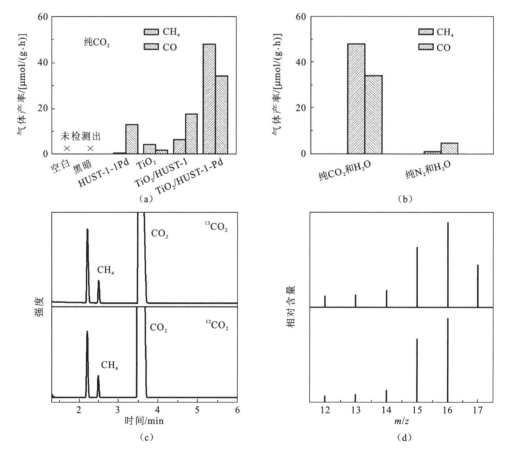

图 7.18 纯 CO_2 条件及 N_2 条件(a,b)下 TiO_2、HUST-1-Pd、TiO_2/HUST-1 和 TiO_2/HUST-1-Pd 上气体的产率,以及 TiO_2/HUST-1-Pd 光催化反应后气体产物的 GC-MS 分析(c,d)
同位素标记的 $^{13}CO_2$ 和 $^{12}CO_2$ 在实验条件下被用作底物

作为反应物。在 N_2 条件下，只生成微量的 CH_4，CO 产率为 4.74 μmol/(g·h)，是纯 CO_2 条件下 CO 产率的 13.9%，可能是由 CO_2 在聚合物表面的预吸附所致 [图 7.18（b）]。在使用 $^{13}CO_2$ 和 $^{12}CO_2$ 气体作为碳源的同位素实验中，当 $^{13}CO_2$ 气体用作反应物时，质谱中出现了一个归属于 $^{13}CH_4$ 产物的 $m/z=17$ 的新信号 [图 7.18（c）和（d）]，这证实 CH_4 产物确实来自 CO_2 气体的光催化还原（Wang et al.，2019b）。

完整的光催化反应涉及还原和氧化循环，但文献中很少同时测量 O_2 产物。复合材料的光催化效率大大增强，可以足够快地检测出 O_2 的产生。因此，对光催化反应过程中的 O_2 释放进行了现场监测，以进一步验证 H_2O 对 CO_2 的还原作用（图 7.19）。在反应前，当吸附−脱附达到平衡后，O_2 浓度在黑暗中保持恒定。在光照 1 h 后，O_2 的释放速率达到 127.3 μmol/(g·h)，由于氧气是从水中通过四电子传递过程产生的，水氧化产生的电子与包括 CH_4 和 CO 在内的还原产物的总消耗电子相当。更重要的是，关灯之后 O_2 的浓度保持不变，这表明在光催化剂上发生的逆反应被抑制。

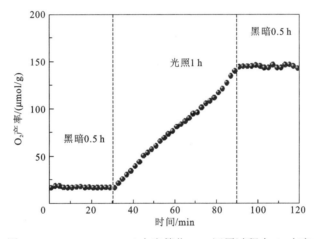

图 7.19 TiO$_2$/HUST-1-Pd 上光催化 CO_2 还原过程中 O_2 产率

7.3.6 光电化学与电化学性质

对于光催化 CO_2 还原，反应主要包括三个步骤：吸收光产生电荷载流子、电荷转移到催化位点、电荷与吸附的 CO_2 和 H_2O 分子反应。用电化学、光化学和光电化学测试研究电荷分离和转移效率。空心 TiO$_2$ 球在电化学阻抗谱（EIS）的高频下显示出一个大的半圆弧，表明电子导电性差，电子转移电阻（R_{ct}）大 [图 7.20（b）]。TiO$_2$/HUST-1-Pd 复合材料的 R_{ct} 值最小说明通过在 TiO$_2$ 表面编织卟啉聚合物并与 Pd 配位改善界面电荷转移。TiO$_2$/HUST-1-Pd 复合材料较低强度的荧光光谱表明 TiO$_2$ 和 HUST-1-Pd 之间的电荷分离得到了改善，从而大大降低光生电子和空穴的复合损失（图 7.21）。由于 Pd 的功函数比 TiO$_2$ 高，光生电子更容易从 TiO$_2$ 有效转移到邻近的 Pd 位点，导致电子和空穴的分离。图 7.20（b）和图 7.21 中 Pd/TiO$_2$ 的类似结果也解释了 Pd 在提高电荷分离和转移效率方面的主要作用（Wang et al.，2019a）。瞬态电流信号可以为光照下的电子转移特性提供进一步的证据。即使 HUST-1-Pd 比 TiO$_2$ 具有更好的电子导电性，但是 HUST-1-Pd 在样品中表现出最弱的光电流[图 7.20（a）]。一般来说，聚合物材料具有很强的激子结合能，阻碍光诱导电荷分离，从而降低其作为光催化剂的催化能力。结合上述讨论，TiO_2/HUST-1-Pd 复合材料的最大光电流强度归因于光生电子从 TiO_2 向 HUST-1-Pd 的转移。图 7.20（a）中的光电流强度与图 7.18（a）中的光催化结果呈现相同的趋势，这意味着电子转移对光催化 CO_2 还原的活性有重要影响。

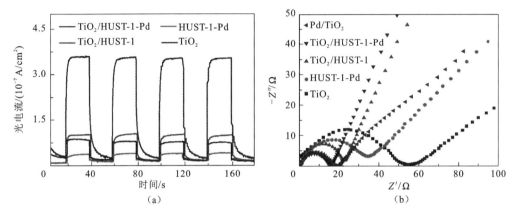

图 7.20　样品的瞬态光电流响应（a）和电化学阻抗谱（b）
扫封底二维码见彩图

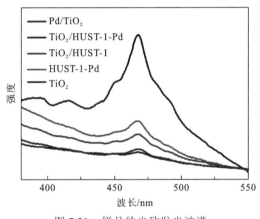

图 7.21　样品的光致发光波谱
扫封底二维码见彩图

7.3.7　光催化 CO_2 还原反应的路径

为了进一步阐明 TiO_2/HUST-1-Pd 作为多孔复合材料的优越性，在纯 CO_2 和空气条件下对 TiO_2/HUST-1-Pd 和 Pd/TiO_2 的光催化 CO_2 还原性能进行评价，结果如图 7.22（a）所示。在纯 CO_2 中，Pd/TiO_2 光催化剂的 CH_4 产率为 103.7 μmol/(g·h)，比 TiO_2/HUST-1-Pd 还高。在 Pd 含量相似的情况下，Pd/TiO_2 催化性能的提高可归因于 Pd 和 TiO_2 之间的紧密接触，有利于电子直接转移到 Pd 位点以进行 CO_2 还原。虽然 Pd 在提高电荷分离效率方面起着主导作用，但在好氧环境下仅仅依靠负载 Pd 是不够的。在空气条件下，

TiO$_2$/HUST-1-Pd 的 CH$_4$ 产率仍然高达 11.7 μmol/(g·h)，比 Pd/TiO$_2$（2.7 μmol/(g·h)）高 3.3 倍。对 TiO$_2$/HUST-1-Pd 而言，对 CO$_2$ 的强亲和力与高的 CO$_2$/O$_2$ 选择性使其具有很高的 CO$_2$ 吸附量，从而促进 CO$_2$ 向 CH$_4$ 转化。因此，可以推断，得益于聚合物对 CO$_2$/O$_2$ 的高选择性吸附，TiO$_2$/HUST-1-Pd 在富氧条件下表现出较高的 CH$_4$ 产率。

由于多孔材料的引入，需要考虑相关气体吸附对提高光催化效率的影响。首先，通过调节 CO$_2$/N$_2$ 混合气的比例改变反应器内 CO$_2$ 分压，研究 CO$_2$ 吸附对 CH$_4$ 产率的影响 [图 7.22（b）]。有趣的是，当 Pd/TiO$_2$ 的 CO$_2$ 体积分数低于 0.5%时，CH$_4$ 的产率随着 CO$_2$ 的体积分数的升高而显著升高。当 CO$_2$ 体积分数高于 0.5%时，CO$_2$ 分子在活性中心上达到饱和吸附，继续增大 CO$_2$ 分压时 CH$_4$ 的产率没有继续升高，且与纯 CO$_2$ 气氛下的 CH$_4$ 产率基本保持一致。不同之处在于，TiO$_2$/HUST-1-Pd 复合光催化剂在 CO$_2$ 分压为 1.0% 时基本达到饱和吸附，这是因为 TiO$_2$/HUST-1-Pd 复合材料中微孔聚合物材料的引入使其对 CO$_2$ 的吸附能力高于 Pd/TiO$_2$。因此可以推断，在 CO$_2$ 体积分数小于 0.5%的空气条件下，大比表面积的光催化剂具有使 CO$_2$ 在催化剂表面富集的能力。因此，TiO$_2$/HUST-1-Pd 的高 CO$_2$ 吸附能力使其在空气条件下对 CO$_2$ 的吸附更有效。

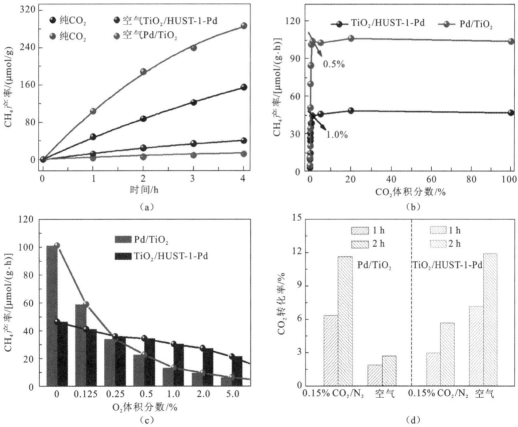

图 7.22　纯 CO$_2$ 及空气条件下 TiO$_2$/HUST-1-Pd 和 Pd/TiO$_2$ 上 CH$_4$ 的产率（a）；CO$_2$ 分压对 CH$_4$ 产率的影响（b）；O$_2$ 分压对 CH$_4$ 产率的影响（c）；在 0.15% CO$_2$ 和空气条件下，TiO$_2$/HUST-1-Pd 和 Pd/TiO$_2$ 的 CO$_2$ 转化率（d）

（b）中通过改变 CO$_2$ 与 N$_2$ 的体积比，将 CO$_2$ 体积分数从 0 调节到 100%；（c）中通过改变 CO$_2$ 与氧气的体积比，将氧气体积分数从 0 调整到 20%；扫封底二维码见彩图

研究 CO_2 气氛中 O_2 浓度对光催化 CO_2 还原反应中 CH_4 产率的影响具有现实意义[图 7.22（c）]。实验中在 CO_2 还原的初始阶段，向反应器中加入不同浓度的 O_2，使反应器中的 CO_2、H_2O 和 O_2 同时存在。对于 Pd/TiO_2 样品，在加入 0.1% O_2 的情况下 CH_4 的产率急剧降低，这归因于 O_2 在 Pd/TiO_2 上的吸附比 CO_2 的吸附在能量上更有利。因此，在 O_2 存在的条件下可能会阻碍 CO_2 在 Pd/TiO_2 表面的吸附。当 O_2 体积分数高于 0.25% 时，CH_4 的产率明显低于 $TiO_2/HUST-1-Pd$。在 5% O_2 环境下 CH_4 产率急剧下降，仅为纯 CO_2 气氛下的 6%。对于 $TiO_2/HUST-1-Pd$，即使在 O_2 的体积分数达到 5% 时，CH_4 产率为纯 CO_2 气氛下的 46%，仍然可以保持在较高的水平。$TiO_2/HUST-1-Pd$ 对有 O_2 存在下的 CO_2 具有较高的吸附选择性和吸附量，使其直接在空气中进行光催化 CO_2 还原成为可能。

为了定量研究 CO_2 在 $TiO_2/HUST-1-Pd$ 和 Pd/TiO_2 光催化剂上的转化率，进行两个控制实验：①0.15%CO_2/N_2 条件下 CO_2 转化率；②空气条件下 CO_2 转化率。在 0.15% CO_2/N_2 中，光照 2 h 后，Pd/TiO_2 的 CO_2 转化率分别为 11.6%[图 7.22（d）和表 7.4]。相反，对于 $TiO_2/HUST-1-Pd$，光照 2 h 的 CO_2 转化率仅为 5.7%，远低于 Pd/TiO_2。然而，在空气条件下，两个样品呈现的趋势明显不同。在 2 h 内，$TiO_2/HUST-1-Pd$ 的 CO_2 转化率为 11.9%，是 Pd/TiO_2（2.7%）的 4.4 倍。

表 7.4　$TiO_2/HUST-1-Pd$ 和 Pd/TiO_2 在 0.15% CO_2/N_2 和空气条件下的 CO_2 转化率

样品	气氛	反应器内 CO_2 浓度/（μL/L）		
		反应前	光照 1 h	光照 2 h
Pd/TiO_2	0.15% CO_2/N_2（CO_2 转化率）	1 384.4（0）	1 297.1（6.3%）	1 223.7（11.6%）
	空气（CO_2 转化率）	332.0（0）	325.7（1.9%）	322.9（2.7%）
$TiO_2/HUST-1-Pd$	0.15% CO_2/N_2（CO_2 转化率）	1 362.3（0）	1 321.6（3.0%）	1284.7（5.7%）
	空气（CO_2 转化率）	319.5（0）	296.6（7.2%）	281.5（11.9%）

表 7.5 总结了近年来文献报道的空气环境中 CO_2 光催化转化的活性。相比之下，本章将金属卟啉基聚合物与稳定半导体 TiO_2 复合，能够在空气条件下促进 CH_4 的产生。本章在气-固相体系下利用多孔催化剂将空气中的 CO_2 还原为多电子产物 CH_4 并且能够保持较高的产率，是最近报道的在空气条件下 CO_2 光催化转化的最好结果。由于复合材料中配位金属的存在，稳定性也是评价样品活性的重要标准，对样品 $TiO_2/HUST-1-Pd$ 进行光催化 CO_2 还原稳定性测试[图 7.23（a）]。由于卟啉聚合物中的 N 原子与配位金属之间较强的相互作用，$TiO_2/HUST-1-Pd$ 在经过 5 个周期的 5 h 测试后仍能保持良好的活性。收集使用过的光催化剂与新鲜光催化剂进行 XRD 和 FTIR 测试，分析其结构变化。通过对比反应前后的 FTIR 谱图，催化剂并没有发生明显变化，说明催化剂在反应前后化学结构具有稳定性[图 7.23（c）]。对比反应前后的 XRD 谱图发现，反应之后在 40.1° 处出现了一个归属于 Pd^0 的新衍射峰，说明聚合物中有一部分配位的 Pd^{2+} 被还原成 Pd^0，这可能是稳定循环实验中催化剂活性损失的原因[图 7.23（b）]（Ma et al.，2019）。即使如此，

由于体相中的大部分 Pd^{2+} 仍然能够被卟啉环的 N 原子所稳定，所以 $TiO_2/HUST-1-Pd$ 仍然能保持良好的性能。

表 7.5　文献数据总结：氧（空气氛围）中 CO_2 光催化转化的活性比较

样品	条件	S_{BET} /(m²/g)	CO_2 吸附量 /(cm³/g)	产物 /(μmol/(g·h))	参考文献
[P4444][p-2-O]-CP5	$\lambda>420$ nm，TEOA，空气	23.9	—	CO：47.37	Chen 等（2017）
$Rb_{0.33}WO_3$	紫外-可见光，H_2O，空气	5.0	—	CH_3OH：3.73；CO：0.07；CH_4：0.02；HCHO：1.05	Wu 等（2019）
$TiO_2/HUST-1-Pd$	紫外-可见光，H_2O，空气	323.0	54（273 K）	CH_4:11.7；CO: 4.9	本章

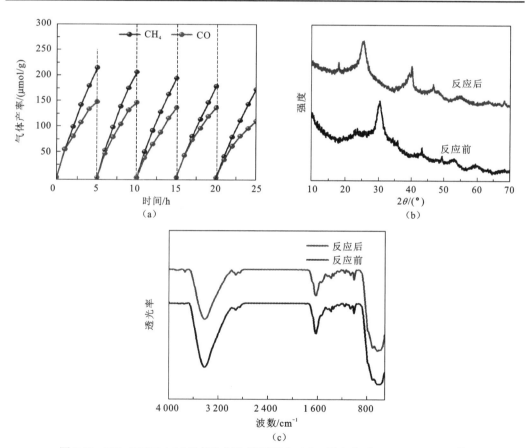

图 7.23　$TiO_2/HUST-1-Pd$ 光催化剂的循环测试（a），反应前后 $TiO_2/HUST-1-Pd$ 的 XRD（b）和 FTIR（c）谱图

扫封底二维码见彩图

为了进一步阐明光催化 CO_2 还原反应的具体过程，对反应之后的样品进行 XPS 表征。如图 7.24 和表 7.6 所示，通过对比反应前后样品的 XPS 光谱发现，只有 Pd 元素的价态

发生明显变化。根据表 7.6 中的数据，在光照 5 h 后，催化剂表面上有 21.2% 的 Pd^{2+} 被还原成 Pd^0。因此可以推断，在全光照射下，聚合物中配位的 Pd^{2+} 接受 TiO$_2$ 上转移的光激发电子，然后在界面处被还原为 Pd^0。基于以上结果，提出 TiO$_2$/HUST-1-Pd 光催化剂上 CO$_2$ 还原反应的可能路径。由于卟啉聚合物具有优越的 CO$_2$ 吸附能力和选择性，CO$_2$ 分子可以选择性地富集在表面的微孔结构中。同时由于 HUST-1-Pd 与 TiO$_2$ 之间形成有效异质结，在光照条件下，光生电子通过电子相互作用从 TiO$_2$ 导带转移到聚合物中配位的 Pd(II) 位点上，空穴停留在 TiO$_2$ 表面，导致光生载流子的空间分离。因此，电子在 Pd(II) 位点上聚集，与表面吸附的 CO$_2$ 反应生成 CH$_4$ 和 CO。吸附的水被空穴氧化，在 TiO$_2$ 表面释放出 O$_2$。同时监测到 CO$_2$ 浓度的降低、CH$_4$ 和 CO 的生成及 O$_2$ 的析出，揭示了 TiO$_2$/HUST-1-Pd 光催化剂适用于有氧环境，特别是含 3%～5% O$_2$ 的烟气或空气下的 CO$_2$ 还原。

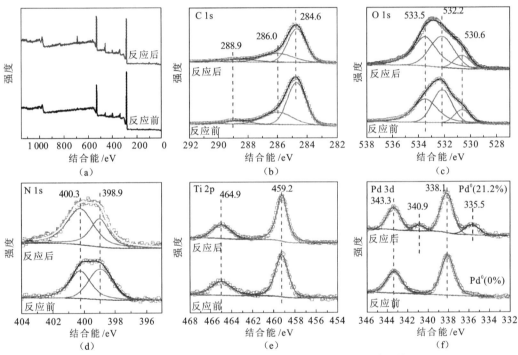

图 7.24　反应前后 TiO$_2$/HUST-1-Pd 的 XPS 光谱比较

扫封底二维码见彩图

表 7.6　样品 TiO$_2$/HUST-1-Pd 在反应前后 Pd^{2+} 和 Pd^0 价态的峰面积

样品	峰面积（Pd^{2+}）		峰面积（Pd^0）		Pd^0 质量分数/%
	Pd 3d$_{5/2}$	Pd 3d$_{3/2}$	Pd 3d$_{5/2}$	Pd 3d$_{3/2}$	
TiO$_2$/HUST-1-Pd-fresh	2 982.4	1 662.9	—	—	0
TiO$_2$/HUST-1-Pd-5 h	2 676.5	1 420.5	854.4	246.3	21.2

7.4　小　结

首先采用不同方法制备 $SiO_2@TiO_2$ 核壳结构，通过 SEM 及活性结果筛选出最优的 $SiO_2@TiO_2$ 制备条件。紧接着采用三步法策略进行 $TiO_2/HUST-1-Pd$ 异质结构的制备。卟啉基聚合物原位生长在空心球上，保证 TiO_2 空心球能够比较均匀地分散在聚合物表面或嵌入聚合物中。XRD、XPS、XAFS 及 STEM 分析表明，金属 Pd 与卟啉聚合物中的 N 原子配位并且比较均匀地分散在聚合物上。富 N 的微孔骨架使 $TiO_2/HUST-1-Pd$ 的 CO_2/O_2 选择性高达 23.9%，为对比样品 Pd/TiO_2（3.1%）的 7.7 倍，保证其在空气条件下仍然具有较高的 CO_2 吸附能力。在以水为电子供体的气-固相反应体系中，在纯 CO_2 条件下，$TiO_2/HUST-1-Pd$ 的 CH_4 产率可以达到 48.0 $\mu mol/(g \cdot h)$，是 TiO_2 的 11.4 倍。在有氧的环境下，$TiO_2/HUST-1-Pd$ 仍然具有较高的 CH_4 产率，特别是空气条件下 CH_4 产率高达 11.7 $\mu mol/(g \cdot h)$。光照 2 h 后，$TiO_2/HUST-1-Pd$ 可将空气中约 11.9% 的 CO_2 还原为 CH_4 和 CO，而 Pd/TiO_2 仅为 2.7%。结果表明，在空气条件下，卟啉基聚合物高选择性的 CO_2/O_2 吸附能力及金属配位对有氧条件下光催化 CO_2 还原的优良性能起着重要作用。设计的 $TiO_2/HUST-1-Pd$ 复合材料在循环实验中表现出良好的稳定性。

参 考 文 献

杨珍珍, 刘志敏, 2016. 功能型微孔有机聚合物吸附及催化转化 CO_2 研究进展. 中国科学: 化学, 46(10): 973-993.

郑国宏, 张春雷, 陈旻澍, 等, 2023. $CoP/g-C_3N_4$ 复合材料的制备及其光催化还原 CO_2 性能. 化工环保, 43(6): 821-828.

Alahmed A H, Briggs M E, Cooper A I, et al., 2019. Post-synthetic fluorination of Scholl-coupled microporous polymers for increased CO_2 uptake and selectivity. Journal of Materials Chemistry A, 7(2): 549-557.

Chen Y, Ji G P, Guo S E, et al., 2017. Visible-light-driven conversion of CO_2 from air to CO using an ionic liquid and conjugated polymer. Green Chemistry, 19(24): 5777-5781.

Coy E B, Siuzdak K, Pavlenko M, et al., 2020. Enhancing photocatalytic performance and solar absorption by schottky nanodiodes heterojunctions in mechanically resilient palladium coated TiO_2/Si nanopillars by atomic layer deposition. Chemical Engineering Journal, 392: 123702.

Das S K, Bhanja P, Kundu S K, et al., 2018. Role of surface phenolic-OH groups in N-rich porous organic polymers for enhancing the CO_2 uptake and CO_2/N_2 selectivity: Experimental and computational studies. ACS Applied Materials & Interfaces, 10(28): 23813-23824.

Dilla M, Jakubowski A, Ristig S, et al., 2019. The fate of O_2 in photocatalytic CO_2 reduction on TiO_2 under conditions of highest purity. Physical Chemistry Chemical Physics, 21(29): 15949-15957.

Dilla M, Schlögl R, Strunk J, 2017. Photocatalytic CO_2 reduction under continuous flow high-purity conditions: Quantitative evaluation of CH_4 formation in the steady-state. ChemCatChem, 9(4): 696-704.

Han B, Ou X, Deng Z, et al., 2018. Nickel metal-organic framework monolayers for photoreduction of diluted

CO_2: Metal-node-dependent activity and selectivity. Angewandte Chemie International Edition, 57(51): 16811-16815.

He Q, Lee J H, Liu D B, et al., 2020. Accelerating CO_2 electroreduction to CO over Pd single‐atom catalyst. Advanced Functional Materials, 30(17): 2000407.

Kajiwara T, Fujii M, Tsujimoto M, et al., 2016. Photochemical reduction of low concentrations of CO_2 in a porous coordination polymer with a ruthenium(II)-CO complex. Angewandte Chemie International Edition, 55(8): 2697-2700.

Kang S P, Lee H, 2000. Recovery of CO_2 from flue gas using gas hydrate: Thermodynamic verification through phase equilibrium measurements. Environmental Science & Technology, 34(20): 4397-4400.

Li B Y, Gong R N, Wang W, et al., 2011. A new strategy to microporous polymers: Knitting rigid aromatic building blocks by external cross-linker. Macromolecules, 44(8): 2410-2414.

Lin L Y, Nie Y, Kavadiya S, et al., 2017. N-doped reduced graphene oxide promoted nano TiO_2 as a bifunctional adsorbent/photocatalyst for CO_2 photoreduction: Effect of N species. Chemical Engineering Journal, 316: 449-460.

Lu C B, Yang J, Wei S, et al., 2019. Atomic Ni anchored covalent triazine framework as high efficient electrocatalyst for carbon dioxide conversion. Advanced Functional Materials, 29(10): 1806884.

Lu X, Jiang Z, Yuan X L, et al., 2019. A bio-inspired O_2-tolerant catalytic CO_2 reduction electrode. Science Bulletin, 64(24): 1890-1895.

Lv D F, Chen J Y, Yang K X, et al., 2019. Ultrahigh CO_2/CH_4 and CO_2/N_2 adsorption selectivities on a cost-effectively L-aspartic acid based metal-organic framework. Chemical Engineering Journal, 375: 122074.

Ma X R, Dang R, Liu Z P, et al, 2019. Facile synthesis of heterogeneous recyclable $Pd/CeO_2/TiO_2$ nanostructured catalyst for the one pot hydroxylation of benzene to phenol. Chemical Engineering Science, 211: 115274.

Ma Y J, Tang Q, Sun W Y, et al., 2020. Assembling ultrafine TiO_2 nanoparticles on UiO-66 octahedrons to promote selective photocatalytic conversion of CO_2 to CH_4 at a low concentration. Applied Catalysis B: Environmental, 270: 118856.

Markewitz P, Kuckshinrichs W, Leitner W, et al., 2012. Worldwide innovations in the development of carbon capture technologies and the utilization of CO_2. Energy & Environmental Science, 5(8): 7281-7305.

Queen W L, Hudson M R, Bloch E D, et al., 2014. Comprehensive study of carbon dioxide adsorption in the metal-organic frameworks M_2(dobdc) (M = Mg, Mn, Fe, Co, Ni, Cu, Zn). Chemical Science, 5(12): 4569-4581.

Saleh M, Lee H M, Kemp K C, et al., 2014. Highly stable CO_2/N_2 and CO_2/CH_4 selectivity in hyper-cross-linked heterocyclic porous polymers. ACS Applied Materials & Interfaces, 6(10): 7325-7333.

Selishchev D S, Kolobov N S, Bukhtiyarov A V, et al., 2018. Deposition of Pd nanoparticles on TiO_2 using a Pd(acac)$_2$ precursor for photocatalytic oxidation of CO under UV-LED irradiation. Applied Catalysis B Environmental, 235: 214-224.

Son S, Hwang S H, Kim C, et al., 2013. Designed synthesis of SiO_2/TiO_2 core/shell structure as light scattering material for highly efficient dye-sensitized solar cells. ACS Applied Materials & Interfaces, 5(11): 4815-4820.

Ullah S, Ferreira-Neto E P, Pasa A A, et al., 2015. Enhanced photocatalytic properties of core@shell SiO_2@TiO_2 nanoparticles. Applied Catalysis B: Environmental, 179: 333-343.

Wang J Y, Xu M, Zhao J Q, et al., 2018. Anchoring ultrafine Pt electrocatalysts on TiO_2-C via photochemical strategy to enhance the stability and efficiency for oxygen reduction reaction. Applied Catalysis B: environmental, 237: 228-236.

Wang K F, Shu S, Chen M, et al., 2019a. Pd-TiO_2 Schottky heterojunction catalyst boost the electrocatalytic hydrodechlorination reaction. Chemical Engineering Journal, 381: 122673.

Wang S L, Song K P, Zhang C X, et al., 2017. A novel metalporphyrin-based microporous organic polymer with high CO_2 uptake and efficient chemical conversion of CO_2 under ambient conditions. Journal of Materials Chemistry A, 5(4): 1509-1515.

Wang S L, Xu M, Peng T Y, et al., 2019b. Porous hypercrosslinked polymer-TiO_2-graphene composite photocatalysts for visible-light-driven CO_2 conversion. Nature Communications, 10: 676.

Wang Y, Huang N Y, Shen J Q, et al., 2018. Hydroxide ligands cooperate with catalytic centers in metal-organic frameworks for efficient photocatalytic CO_2 reduction. Journal of the American Chemical Society, 140(1): 38-41.

Wu X Y, Li Y, Zhang G K, et al., 2019. Photocatalytic CO_2 conversion of $M_{0.33}WO_3$ directly from the air with high selectivity: Insight into full spectrum-induced reaction mechanism. Journal of the American Chemical Society, 141(13): 5267-5274.

Yu X X, Yang Z, Qiu B, et al., 2019. Eosin Y-functionalized conjugated organic polymers for visible-light-driven CO_2 reduction with H_2O to CO with high efficiency. Angewandte Chemie International Edition , 58(2): 632-636.

Zhang Y, Cui W Q, An W J, et al., 2018. Combination of photoelectrocatalysis and adsorption for removal of bisphenol A over TiO_2-graphene hydrogel with 3D network structure. Applied Catalysis B: Environmental, 221: 36-46.

Zhong W F, Sa R J, Li L Y, et al., 2019. A covalent organic framework bearing single Ni sites as a synergistic photocatalyst for selective photoreduction of CO_2 to CO. Journal of the American Chemical Society, 141(18): 7615-7621.

Zhou S Q, Shang L, Zhao Y X, et al., 2019. Pd single-atom catalysts on nitrogen-doped graphene for the highly selective photothermal hydrogenation of acetylene to ethylene. Advanced Materials, 31(18): 1900509.

第8章 氰基缺陷协同 CaCO₃ 增强氮化碳纳米片光催化去除氮氧化物

8.1 引　言

氮氧化物（NO_x）的过度积累是空气污染的主要原因之一，会导致包括光化学烟雾、雾霾和酸雨在内的多种大气环境问题（Dedoussi et al.，2020；Wang et al.，2020）。降低大气中的氮氧化物浓度是实现人类命运共同体的一个重要课题（Hwang et al.，2021）。在目前研究的氮氧化物去除技术中，以太阳能为驱动力的半导体光催化技术被认为是最绿色、环保的解决方案（Shang et al.，2019）。石墨相氮化碳（$g-C_3N_4$）是一种不含金属的聚合物半导体光催化剂，由于其适宜的能带结构、优良的化学稳定性、良好的生物相容性和制备简单等优点，在光催化去除 NO_x 领域极具吸引力（Yang et al.，2021；Liu et al.，2020）。然而，因为电荷动力学过程缓慢、可见光吸收不足等本征缺点，纯 $g-C_3N_4$ 光催化性能并不理想，实际应用受限（马润东 等，2023；Chen et al.，2021b；Huang et al.，2021）。

缺陷工程，即引入碳空位（Li et al.，2020b；Yang et al.，2019）、氮空位（Cao et al.，2019）、氰基（—C≡N）（Chen et al.，2021b；卢鹏 等，2020；Zhao et al.，2019）或—NH 基团（Song et al.，2017）等缺陷，是提升 $g-C_3N_4$ 活性和选择性的有效策略。近期，关于氰基对 $g-C_3N_4$ 光电性能影响的研究受到了广泛关注。氰基的功能主要为：①调控 $g-C_3N_4$ 的能带结构，拓展其可见光响应性（Zhao et al.，2019；Niu et al.，2018）；②由于氰基 sp 杂化结构与 C—N 环 sp2 杂化轨道结构的电负性差异，氰基表现出强"拉电子效应"，促进了光催化过程中 $g-C_3N_4$ 的空间电荷分离（Tan et al.，2021；Tan et al.，2019）。目前，引入氰基缺陷对提升 $g-C_3N_4$ 催化性能的积极作用已得到许多研究验证。例如，Chen 等（2021b）报道了一种含有氰基和钠掺杂的多孔 $g-C_3N_4$ 催化剂，该材料具有优异的光催化产 H_2O_2 活性（在可见光下为 7.01 mmol/h）和氧还原选择性（93%）。此外，Wang 等（2019b）通过 KOH 辅助煅烧法获得了一种氰基修饰的 $g-C_3N_4$ 光催化剂。该材料表现出优越的光还原固氮性能，在可见光照射下，NH_3 的产生速率高达 3.42 mmol/(g·h)；其高活性源于合适的带结构和快速光生载流子分离效率。这些工作表明，将具有强吸电子特性的氰基缺陷引入 $g-C_3N_4$ 结构，可以显著提高其光活性。

在光氧化 NO_x 净化过程中，抑制毒副产物 NO_2 的产生和释放是最重要的问题之一。近来，一些储量大、成本低的绝缘体（如 $CaCO_3$）受到了光催化领域学者的关注（Li et al.，2021b；Cui et al.，2020）。得益于 $CaCO_3$ 的碱特性，它可以通过化学吸附作用有效吸附 NO_2，进一步促进 NO_x 光氧化进程（Lu et al.，2021）。据报道，$CaCO_3$ 对 $TiO_2/g-C_3N_4$ 体系光催化去除 NO 及抑制 NO_2 释放有积极作用。此外，最近的一项研究表明 $CaCO_3$ 可以作为一个"中转站"，使 $g-C_3N_4$ 的 π 键偏离平面，诱导载流子的定向分布，进而激发活性氧物种（ROS）的产生，最终，增强 NO 去除活性，抑制 NO₂ 生成（Cui et al.，2021）。以上结果证实了 CaCO₃ 在控制 NO₂ 排放中的重要作用，但关于这一问题的相关研究仍十分有限。因此，考虑到 CaCO₃ 和氰基缺陷的上述优点，将两者结合，应用于 g-C₃N₄ 改性，有望实现安全、高效的 NO 光催化深度净化。

本章介绍一种具有氰基缺陷和 CaCO₃ 共修饰的多孔 g-C₃N₄ 纳米片光催化剂（xCa-CN）。该材料具有出色的光催化去除 NO 的性能。另外，缺陷（氰基）改性及绝缘体（CaCO₃）修饰对 g-C₃N₄ 的光电性能增强的协同效应也被系统地探究。最后，结合散射反射傅里叶变换红外光谱（diffuse reflaxions infrared Fourier transformations spectroscopy，DRIFTS）阐明光催化去除 NO 的机理。这项工作为开发高 NO$_x$ 去除活性的 g-C₃N₄ 基光催化材料提供一种新的策略。

8.2 实 验 部 分

8.2.1 氰基与 CaCO₃ 共修饰 g-C₃N₄ 纳米片（xCa-CN）的制备

双氰胺（DCDA）购于国药集团化学试剂有限公司，氯化钙购于天津科密欧化学试剂有限公司。所有化学品均为分析纯，使用前未经进一步处理。

如图 8.1 所示，xCa-CN 样品可通过简单的 CaCl₂ 辅助煅烧方法制得。首先，将 10 g DCDA 溶解于 150 mL 去离子水中。随后，在 DCDA 溶液中加入 0.5 g CaCl₂，并以 550 r/min 的转速搅拌 30 min。接着，将悬浮液转移到 200 mL 高压反应釜中，160 ℃水热处理 12 h。待其自然冷却后，通过蒸发去除混合物的水分，收集产物。最后，将烘干的白色前驱体置于马弗炉中，在 550 ℃下（升温速率 10 ℃/min）煅烧 2 h。为了消除残余 CaCl₂ 的干扰，用去离子水冲洗几次，并在 60 ℃下干燥过夜。合成的样品被标记为 0.5Ca-CN。类似地，在不改变其他条件的情况下，通过改变 CaCl₂ 的加入量，合成了一系列催化剂（表 8.1）。获得的样品记为 xCa-CN（x = 0.1，0.2，0.5，1.0，2.0），x 表示氯化钙的用量（单位：g）。xCa-CN 中 CaCO₃ 的理论/实际含量见表 8.1，其中实际含量通过电感耦合等离子体发射光谱仪（ICP-OES）测定。由表 8.1 可知，0.5Ca-CN 样品中 CaCO₃ 的实际质量比为 9.58%，约占理论值（21.99%）的一半。

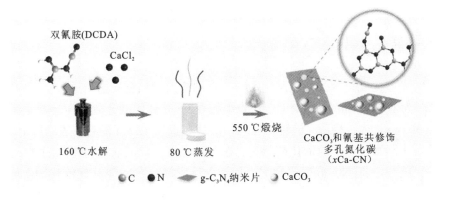

双氰胺(DCDA)
CaCl₂
160 ℃水解   80 ℃蒸发   550 ℃煅烧   CaCO₃和氰基共修饰多孔氮化碳（xCa-CN）

● C ● N ◆ g-C₃N₄纳米片 ◇ CaCO₃

160 ℃水解　　　　80 ℃蒸发　　550 ℃煅烧　　g-C₃N₄纳米片
（CN）

☐ g-C₃N₄纳米片（CN）与xCa-CN相同条件下合成,
　但是没有加CaCl₂

550 ℃煅烧　　体相g-C₃N₄（BCN）

☐ 体相g-C₃N₄（BCN）通过直接煅烧获得

图 8.1　xCa-CN、CN 和 BCN 的合成过程示意图

扫封底二维码见彩图

表 8.1　xCa-CN 中 CaCO₃ 的理论/实际含量

样品	CaCl₂ 加入量/g	CaCO₃ 质量分数/%	
		理论	实际
0.1Ca-CN	0.10	5.34	2.03
0.2Ca-CN	0.20	10.13	5.41
0.5Ca-CN	0.50	21.99	9.58
1.0Ca-CN	1.00	36.05	12.77
2.0Ca-CN	2.00	53.00	20.17

8.2.2　纯 g-C₃N₄ 纳米片（CN）和体相 g-C₃N₄（BCN）的制备

作为比较，除了不添加 CaCl₂，在与 xCa-CN 相同的合成条件下制备纯 g-C₃N₄ 纳米片（CN）；通过直接煅烧 DCDA（煅烧条件与 xCa-CN 相同）合成体相 g-C₃N₄（BCN）。CN 与 BCN 的合成过程如图 8.1 所示。

8.2.3　光催化去除 NO 实验

材料的光催化氧化 NO 性能测试在一个自制的流动相反应器中进行，反应器容积为 4.5 L。光源为 $\lambda > 420$ nm 的 LED 灯。实验中将 0.2 g 光催化剂分散到 30 mL 去离子水中，超声处理 30 min，然后将悬浮液转移并均匀涂抹在直径 12 cm 的石英表面皿上，在 60 ℃ 条件下蒸发去除水分，形成催化剂薄膜。在开始光催化反应前，将得到的催化剂膜置于反应器中。随后，将 NO 和空气预混合后送入反应器。当 NO 在光催化剂上达到吸附–脱附平衡后（NO 体积分数控制在 550 nL/L 左右），打开反应器上方的 LED 灯。通过化

学发光痕量 NO_x 分析仪在线检测 NO_x（NO 和 NO_2）的浓度变化。NO 去除率（η）的计算公式为 $\eta = (1 - C/C_0) \times 100\%$，其中 C 为出口处的实时 NO 浓度，C_0 为初始 NO 浓度；NO_2 转化率的计算公式为 $[NO_2]_{yield}(\%) = [NO_2]_{yield}/(C_0 - C)$。此外，为了评估材料的稳定性，连续进行 5 次循环实验。催化剂在每个循环结束时不进行任何处理，而是关灯、避光，让 NO 在催化剂表面再次达到吸附-脱附平衡。接着，再次打开 LED 灯，开始下一轮光催化反应。

8.2.4 原位红外光谱检测

利用原位 DRIFTS 仪研究 NO 在样品表面的吸附和反应行为。首先，将光催化剂置于样品室中密封脱气，然后用高纯氦气（He）吹扫 1 h，以排出空气和去除吸附在催化剂表面的杂质。之后，记录红外光谱背景基线。接着，将 NO 和 O_2 送入反应室，在黑暗条件下记录 NO 在样品上的吸附行为。达到吸附平衡后，打开 LED 灯，触发光催化反应，并记录一定时间间隔的红外光谱。

8.3 结果与讨论

8.3.1 理化性质分析

图 8.2（a）为原始 g-C_3N_4 纳米片（CN）和 xCa-CN 样品的 XRD 谱图。CN 样品的两个特征衍射峰位于 12.9°(001) 和 27.3°(002)，分别源于 g-C_3N_4 三嗪单元的面内结构填充和周期性层间堆叠（Wang et al., 2021）。随着 $CaCl_2$ 含量的升高，xCa-CN 的(001)和(002)衍射峰逐渐减小，表明在水解和热聚合过程中，$CaCl_2$ 与双氰胺（DCDA）中间体的相互作用破坏了平面内三嗪单元的有序结构，形成了多孔 g-C_3N_4 纳米片（Chen et al., 2021a）。值得注意的是，(002)衍射峰从 27.3°（CN）偏移至 27.7°（xCa-CN），说明 g-C_3N_4 层间距减小，这可能是具有强吸电子效应的终端基团引起的（Bai et al., 2020；Meng et al., 2018）。此外，在 xCa-CN 样品中可以观察到 $CaCO_3$ 的一系列特征衍射峰（PDF#10-0454），尤其是 29.4°的(104)特征峰，清楚地表明 $CaCO_3$ 的存在（Cui et al., 2021）。值得注意的是，随着 $CaCO_3$ 含量的升高（$x = 0.2 \sim 2.0$），xCa-CN 样品中 $CaCO_3$ 的峰值强度逐渐下降，说明 DCDA 在聚合过程中与 $CaCO_3$ 晶体之间存在相互作用。一方面，$CaCl_2$ 的加入延缓了 DCDA 的聚合；另一方面，聚合度较低的 CN 可以为 $CaCO_3$ 的结晶提供更多的核位点，进而使 $CaCO_3$ 颗粒的生长更为分散。

从样品的傅里叶变换红外光谱[图 8.2（b）]可观察到，CN 和 xCa-CN 的红外峰大致相同。其中，位于 810 cm^{-1}、1 100～1 800 cm^{-1} 和 3 000～3 500 cm^{-1} 区域的峰分别归属于庚嗪环单元的面外弯曲振动模式、芳香 C—N 杂环的拉伸振动模式和 N—H 的拉伸模式（Bao et al., 2022；Chen et al., 2021a）。这说明在经 $CaCO_3$ 功能化后，xCa-CN 中 g-C_3N_4 的基本框架得到适度的维持。值得注意的是，在 2 170 cm^{-1} 处，xCa-CN 样品中出现了一个新的峰，对应于氰基（—C≡N）的不对称拉伸振动，它是由三嗪环的开环产生的（Li et al.，2021a），如图 8.2（b）和（c）所示。以上结果表明，$CaCl_2$ 不仅是 $CaCO_3$ 的钙源，而且能引入氰基缺陷。但由于 CO_3^{2-} 基团红外峰（1 428 cm^{-1}）与 C—N 杂环（1 100～1 800 cm^{-1}）的不对称拉伸振动峰重叠（Lu et al.，2019），且 $CaCO_3$ 含量较低，因此未检测到明显的 $CaCO_3$ 红外信号。

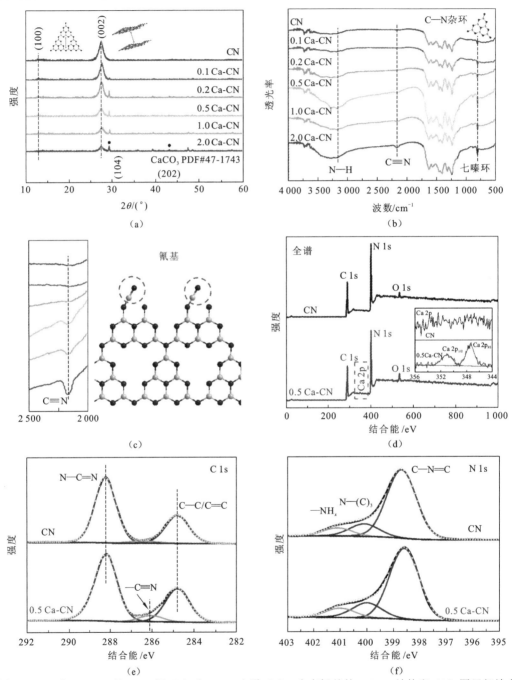

图 8.2　CN 和 xCa-CN 的 XRD 图（a）和 FTIR 光谱（b）；含有氰基的 g-C_3N_4 结构和（b）图局部放大区域（c）；CN 和 0.5Ca-CN 的 XPS 谱图（d），插图为对应的 Ca 2p XPS 谱；CN 和 0.5Ca-CN 样品的 C 1s（e）和 N 1s（f）高分辨 XPS 谱图

扫封底二维码见彩图

通过 XPS 测量进一步表征样品的表面成分。XPS 结果[图 8.2（d）]证实，CN 和 0.5Ca-CN 都存在 O、N 和 C 元素；0.5Ca-CN 在 351.1 eV（Ca 2p$_{1/2}$）和 347.4 eV（Ca 2p$_{3/2}$）附近出现了两个明显的峰[图 8.2（d）]，表明 CaCO$_3$ 存在于 CN 表面。在 CN 的高分辨率 C 1s 光谱[图 8.2（e）]中，以 288.2 eV 和 284.8 eV 为中心的峰分别属于芳香杂环骨架中的 sp^2 杂化 C（N—C＝N）和不定形碳。与 CN 相比，0.5Ca-CN 在 286.1 eV 处出现新的峰，结合 FTIR 结果，说明了—C≡N 的生成（Zhang et al.，2022；Wang et al.，2019）。CN 的高分辨 N 1s 谱显示，在 398.7 eV、400.1 eV 和 401.3 eV 处出现三个峰，分别对应于七嗪单元中的双配位 N 原子（C—N＝C）、三配位 N 原子（N—(C)$_3$）和—NH$_x$[图 8.2（f）]。值得注意的是，0.5Ca-CN 样品中 C—N＝C 与 N—(C)$_3$ 的峰面积比为 4.34，低于 CN 的值（5.36）；双配位 N 原子的减少是由于在 CaCl$_2$ 处理过程中 C—N＝C 断裂，从而形成氰基（Chen et al.，2021a）。基于上述分析，推测 g-C$_3$N$_4$ 的在合成过程中的结构变化如图 8.3 所示。

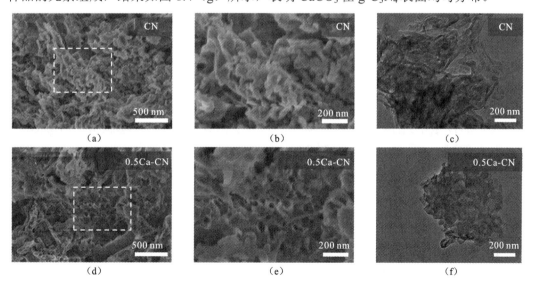

图 8.3 xCa-CN 样品在合成过程中结构变化示意图

利用 SEM、TEM 和 EDS 表征 CN 和 0.5Ca-CN 的结构特征和化学成分。如图 8.4（a）~（c）所示，CN 表现出厚而卷曲的纳米片结构。与之形成明显对比的是，0.5Ca-CN 为开放性孔结构的纳米片，厚度约为 4 nm（约 10 层 g-C$_3$N$_4$ 分子层）[图 8.4（d）~（f），图 8.5（a）~（c）]（Li et al.，2020）。然而，在 0.5Ca-CN 中没有观察到明显的块状 CaCO$_3$，因为由 CaCl$_2$ 转变所获得的 CaCO$_3$ 含量非常低。EDS 谱图可以验证 0.5Ca-CN 样品的元素组成，结果如图 8.4（g）所示，表明 CaCO$_3$ 在 g-C$_3$N$_4$ 表面均匀分布。

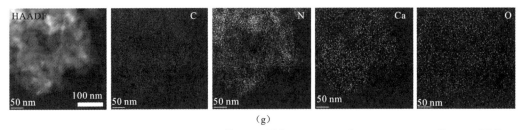

图 8.4 CN（a，b）和 0.5Ca-CN（d，e）的 SEM 图像；CN（c）和 0.5Ca-CN（f）的 TEM 图像；
0.5Ca-CN 的 STEM 图及元素分布图（g）

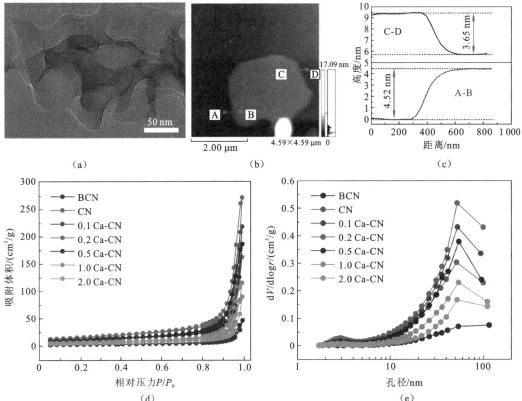

图 8.5 0.5Ca-CN 样品的 TEM（a）、AFM（b）和对应区域的厚度图（c）；样品的 N_2 吸附-脱附
等温线（d）及孔径分布曲线（e）

此外，样品的比表面积和孔隙数据通过 N_2 物理吸附测定获得。基于 BDDT 分类方法，所有样品的 N_2 吸附-脱附曲线均属于典型的 IV 型等温线，且存在 H3 型滞回环[图 8.5（d）]，表明中孔的存在，孔隙尺寸分布[图 8.5（e）]分析也证实了这一点（Liang et al.，2022）。大多数 xCa-CN 样品的 BET 比表面积（S_{BET}）大于 CN（表 8.2），这是因为 $CaCl_2$ 可以作为硬模板在 CN 中形成丰富的多孔结构[图 8.4（d）～（f）]，导致 S_{BET} 增加。与 BCN（9.18 m^2/g）相比，CN 的 BET 比表面积（S_{BET}）增加到 37.09 m^2/g，这是由形貌的变化（从块状到纳米片状）引起的（Cheng et al.，2019）。然而，1.0Ca-CN 和 2.0Ca-CN 的 S_{BET} 比 CN 小。这是由于 $CaCl_2$ 加入量增加，生成的 $CaCO_3$ 导致了 S_{BET} 的下降。因此，在合成过程中，优化 $CaCl_2$ 的用量对获得较大的 S_{BET} 是非常重要的，这能够为催化反应提供

更多的表面活性位点。

表 8.2　样品的 BET 比表面积、孔体积和平均孔径数据

样品	S_{BET}/(m²/g)	PV/(m³/g)	APS/nm
BCN	9.18	0.07	31.16
CN	37.09	0.25	25.85
0.1Ca-CN	40.64	0.34	30.20
0.2Ca-CN	55.10	0.42	30.69
0.5Ca-CN	38.23	0.29	29.22
1.0Ca-CN	23.56	0.18	29.52
2.0Ca-CN	17.44	0.14	29.73

注：S_{BET} 为 BET 比表面积；PV 为孔体积；APS 为平均孔径

8.3.2　光学性质与能带结构

紫外-可见漫反射光谱（UV-vis DRS）和 XPS 价带谱可用于研究材料的光学性质和能带结构。如图 8.6（a）所示，与原始 CN 相比，xCa-CN 样品的光吸收边出现了红移，

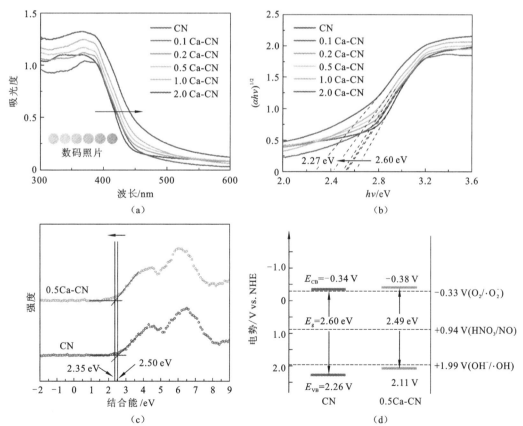

图 8.6　光学性质和能带结构分析：CN 和 xCa-CN 的紫外-可见漫反射光谱（a）和对应的 Tauc 图（b）；
CN 和 0.5Ca-CN 的 XPS 价带谱（c）和能带结构（d）
图（a）6 个圆圈处为 CN 和 xCa-CN 的实物照片；扫封底二维码见彩图

这表明在水解和热聚合过程中，CaCl$_2$诱导形成的氰基缺陷和CaCO$_3$修饰改变了xCa-CN材料的光吸收性能。样品的数码照片进一步反映了这一点：随着CaCl$_2$加入量的增加，样品的颜色逐渐变深[图8.6（a）]。此外，通过转换后的Kubelka-Munk函数估算（Zhao et al.，2021），样品的能带隙从2.60 eV（CN）下降到2.27 eV（2.0Ca-CN）[图8.6（b）]。

结合DRS和XPS价带谱结果可以确定样品的带隙。以CN和0.5Ca-CN为例，价带最大值（VB$_{max}$）分别为2.50 eV和2.35 eV，如图8.6（c）所示。根据公式$E_{NHE} = \Phi + VB_{max} - 4.44$，其中$E_{NHE}$为标准氢电极电位，$\Phi$为分析装置的功函数（4.20 eV），CN和0.5Ca-CN的价带电位分别为2.26 eV和2.11 eV（vs. NHE，pH = 7）（Zhao et al.，2019）。结合上述分析可以确定CN和0.5Ca-CN的相对能带位置[图8.6（d）]。与CN相比，0.5Ca-CN的价带和导带位置都发生了负移，且带隙更窄。因此，得益于调控良好的能带结构，0.5Ca-CN表现出拓宽的光响应范围，以及对超氧自由基（·O$_2^-$）活化能力的增强。结果表明，xCa-CN样品的导带位置不受CaCl$_2$含量的直接影响，样品带隙（E_g）的减小是由导带的正移引起的，如图8.7所示。

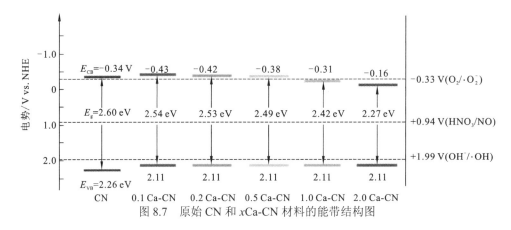

图8.7　原始CN和xCa-CN材料的能带结构图

8.3.3　光催化去除NO性能

样品在可见光（$\lambda > 420$ nm）照射下，对NO的去除活性如图8.8（a）所示。CaCO$_3$是一种大带隙的绝缘体，没有明显的可见光响应，所以无NO氧化光活性。由于载流子的快速复合，纯CN的NO光催化去除率仅为34.05%。相比之下，大多数xCa-CN样品都显示出增强的光活性；其中0.5Ca-CN的光活性增强效果最佳，NO去除率最高，达到51.18%。如图8.8（b）所示，xCa-CN样品的光催化性能呈高斯分布趋势。随着CaCl$_2$含量的升高，xCa-CN样品首先表现出活性提高，这可能是由于氰基和CaCO$_3$诱导的光电性能优化。而过量的CaCO$_3$引入，因其遮光效应，不利于CN捕获光子，因此1.0Ca-CN和2.0Ca-CN的光催化活性不及0.5Ca-CN。此外，·O$_2^-$不能在1.0Ca-CN和2.0Ca-CN样品上产生，因为它们的导带低于O$_2$/·O$_2^-$氧化还原电位水平，所以只有空穴和·OH等其他ROS参与了NO的氧化（Li et al.，2020c）。

为了进一步比较，本小节总结以往文献中具有代表性的光催化剂的NO光氧化性能（表8.3）。结果表明，0.5Ca-CN在光催化NO净化中表现出极具竞争力的活性。

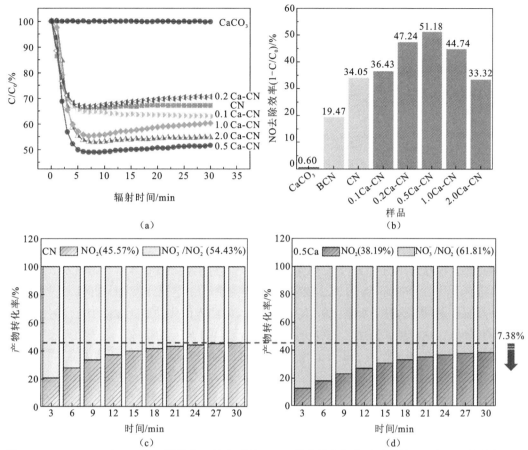

图 8.8 CaCO₃、CN 和 xCa-CN 样品在可见光照射下 NO 的光催化氧化去除曲线（a）和 NO 去除率（b），以及 CN（c）和 0.5Ca-CN（d）光氧化 NO$_x$ 的产物转化率

扫封底二维码见彩图

表 8.3 g-C₃N₄ 基光催化剂 NO 去除活性对比

样品	质量/g	光源/nm	NO 去除率/%	参考文献
0.5Ca-CN	0.2	LED 灯 （λ>420 nm）	51.18	本章
N 缺陷 g-C₃N₄	0.2	150 W 卤钨灯 （λ>420 nm）	41.84	Liao 等（2020）
InP/g-C₃N₄	0.2	150 W 金属卤化物灯 （λ>420 nm）	39.60	Cao 等（2020b）
g-C₃N₄/BO₀.₂N₀.₈	0.2	150 W 金属卤化物灯 （λ>420 nm）	30.20	Cao 等（2020a）
Au 纳米颗粒@g-C₃N₄	0.2	150 W 卤钨灯 （λ>420 nm）	41.00	Li 等（2019b）
重复煅烧 g-C₃N₄	0.2	LED 灯 （λ>400 nm）	35.80	Wu 等（2019）
N-TiO₂/g-C₃N₄	0.2	白炽灯	46.10	Jiang 等（2018）

样品	质量/g	光源/nm	NO 去除率/%	参考文献
SnO_{2-x}/g-C_3N_4	0.2	NA	40.80	Viet 等（2022）
C 空位 g-C_3N_4 纳米管	0.2	LED 灯（$\lambda \geqslant 448$ nm）	47.70	Li 等（2020b）
O-g-C_3N_4/ Zn_2SnO_4N/ZnO	未提供	30 W LED 灯 （$\lambda > 400$ nm）	45.51	Wang 等（2019a）
BiOBr/g-C_3N_4	0.2	100 W 卤钨灯 （$\lambda > 420$ nm）	32.70	Sun 等（2014）
g-C_3N_4/g-C_3N_4 同质结	0.2	150 W 卤钨灯 （$\lambda > 420$ nm）	47.60	Dong 等（2013）

除 NO 去除率外，催化剂有效去除 NO 的另一个重要评价因素是有毒副产物 NO_2 的产生量。值得注意的是，相比于 CN，因为 $CaCO_3$ 的化学吸附作用，0.5Ca-CN 样品在光催化过程中，有毒副产物 NO_2 的产生量下降了 7%[图 8.8（c）和（d）]（Lu et al.，2021）。

在连续使用 5 个循环后，0.5Ca-CN 的 NO 去除率只有轻微下降[图 8.9（a）]，表明催化剂具有相对的持久性。如图 8.9（b）所示，长时间光催化除 NO 过程中，NO_2 的生成速率不断降低。这一结果表明 $CaCO_3$ 的存在有助于抑制 NO_2 的排放。这些结果表明，氰基和 $CaCO_3$ 修饰的协同作用在提升光催化降解 NO 活性和抑制 NO_2 生成方面具有优势。

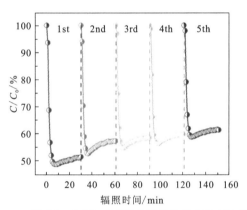 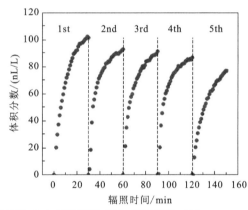

图 8.9 0.5Ca-CN 可见光光催化去除 NO 的稳定性（a）和相应的 NO_2 浓度变化（b）

扫封底二维码见彩图

8.3.4 光催化性能增强机理

光生载流子的分离效率是影响催化剂光活性的一个重要因素（Li et al.，2022；Guo et al.，2021；An et al.，2021）。因此，以 CN 和 0.5Ca-CN 为研究对象，讨论氰基和 $CaCO_3$ 增强 CN 光电性能的协同效应。从图 8.10（a）可以看出，与 CN 相比，0.5Ca-CN 上的荧光强度显著降低，说明光生电子-空穴对的复合受到了抑制。由表面光电压谱[图 8.10（b）]可观察到，CN 和 0.5Ca-CN 在 300～450 nm 都有正的表面光电压（surface photovoltage，SPV）响应（n 型半导体的特征）。这意味着在光照下，光诱导空穴更倾向于向催化剂的表面迁移（Zhao et al.，2021）。值得注意的是，0.5Ca-CN 的 SPV 信号明显强于 CN，说明其电荷转移效率增强，与 PL 结果一致。载流子分离的改善可能源于氰基的吸电子效应（Chen et al.，2021b；Wang et al.，2021）。进一步通过密度泛函理论（DFT）计算，分析氰基引入对 g-C$_3$N$_4$ 结构中最高占据分子轨道（HOMO）和最低未占据分子轨道（LUMO）电荷密度分布的影响。在原始 g-C$_3$N$_4$（CN）的电荷分布图上，可以观察到七嗪环上 LUMO 和 HOMO 均匀的电荷离域[图 8.10（c）]。相比之下，氰基的存在导致静电势的局部波动，导致空间电荷密度的重新分布，并形成一些特定的富电子区域[图 8.10（f）]（Wang et al.，2019b）。这样的分离使氧化和还原位点分开，抑制了电荷的复合，有利于提高光催化活性。利用光电化学测试深入研究样品的电荷转移行为。如图 8.10（d）所示，0.5Ca-CN 的光电流强度约为 5.38 μA/cm^2，几乎是 CN（0.56 μA/cm^2）的 10 倍，表明 0.5Ca-CN 样品的光生载流子迁移和转移效率提高。此外，电化学阻抗谱（EIS）结果[图 8.10（e）]表明，与 CN 相比，0.5Ca-CN 的阻抗图圆弧半径明显减小，反映了较低的电子转移阻力，这是氰基和 CaCO$_3$ 协同作用的结果。

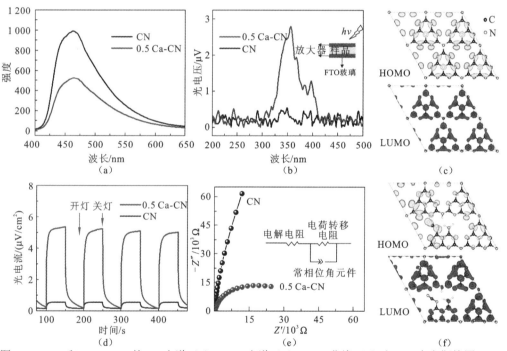

图 8.10　CN 和 0.5Ca-CN 的 PL 光谱（a）、SPV 光谱（b）、TPR 曲线（d）和 EIS 奈奎斯特图（e），以及 CN（c）和含氰基 CN（f）的 HOMO 和 LUMO 的差分电荷密度图

扫封底二维码见彩图

通常，超氧自由基（·O$_2^-$）、羟基自由基（·OH）和单态氧（^{1}O$_2$）被认为是直接参与光催化去除 NO$_x$ 的主要活性物种（Gu et al.，2021；Li et al.，2020c；Shi et al.，2019）。与 CN 相比，由于载流子分离效率提高，预计 0.5Ca-CN 也会具有更强的 ROS 产生能力。0.5Ca-CN 和 CN 的捕获电子自旋共振（electron spin resonance，ESR）谱（图 8.11）证实了这一点。在黑暗条件下，几乎探测不到 ESR 信号。然而，在光照下，0.5Ca-CN 和 CN 中均能检测到典型的 5,5-二甲基-1-吡咯-N-氧化物（DMPO）加合物（DMPO-·O$_2^-$ 和

DMPO-•OH）的四联峰，其中 0.5Ca-CN 样品呈现出更强的信号[图 8.11（a）和（b）]。这一结果表明，经氰基和 $CaCO_3$ 共修饰后，$•O_2^-$ 和•OH 的产生量提高，与光反应性的增强规律一致。除 $•O_2^-$ 和•OH 外，单态氧（$^1O_2$）也是 NO 光催化氧化中重要的活性物种。如图 8.11（c）所示，在 TEMP（2,2,6,6-四甲基哌啶捕获剂）存在的情况下，可以发现 TEMP-$^1O_2$ 的特征电子顺磁共振（EPR）三重峰。正如预期，TEMPO（2,2,6,6-四甲基哌啶-1-氧自由基）信号随着光照时间的增加而不断增加，清楚地证实了光催化过程中 $^1O_2$ 的生成。0.5Ca-CN 的 TEMPO 强度信号明显高于 CN。因此，可以得出结论：在 0.5Ca-CN 表面，气体分子（O_2 和 H_2O）的吸附和活化明显增强，这可以归因于拉电子基团（氰基）和 $CaCO_3$ 耦合引发的载流子的有效分离。

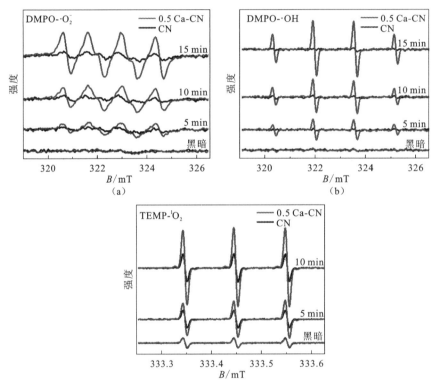

图 8.11　CN 和 0.5Ca-CN 的 DMPO-$•O_2^-$（a）和 DMPO-•OH（b）自旋捕获 ESR 光谱，以及 $^1O_2$-TEMP 自旋捕获 EPR 光谱（c）

扫封底二维码见彩图

　　NO 的吸附是反应的第一步。为了阐明 NO 分子与催化剂的本征吸附关系，本小节使用 DFT 计算，模拟 NO 分子在 CN 和 xCa-CN 模型上的吸附过程。计算结果见图 8.12（a）和（b）所示，与 CN（ΔE_{ads} 为-0.214 eV，电荷转移量 Δq 为 0.05 e）相比，$CaCO_3$ 和氰基修饰后的 xCa-CN 具有更大的吸附能（$\Delta E_{ads}=-1.715$ eV）和更多的电荷转移（Δq 为 0.24 e）。这一结果表明，相较于 CN，NO 在 xCa-CN 表面的吸附和活化是更为热力学有利的。此外，研究 $CaCO_3$ 的引入对 NO_2 吸附行为的影响，CN、含氰基 CN 及 xCa-CN 三种催化剂模型上 NO_2 吸附的结果如图 8.12（c）～（e）所示（计算详情见表 8.4）。NO_2 分子在 CN（$\Delta E_{ads}=-0.255$ eV）和含氰基 CN（$\Delta E_{ads}=-0.178$ eV）上的弱吸附主要是由范德瓦耳斯力引起的[图 8.12（c）和（d）]，而 xCa-CN 的 NO_2 吸附能 ΔE_{ads} 急剧上升至-1.219 eV，这是由于引入了碱性 $CaCO_3$，NO_2 的吸附由物理吸附转变为化学吸附[图 8.12（e）]。这种变化抑制了 NO_2 的释放，延长了 NO_2 在催化剂上的停留时间，有利于其进一步被活性氧激活。

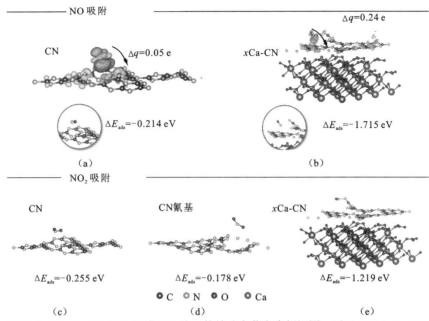

图 8.12 CN（a）和 xCa-CN（b）吸附 NO 分子的差分电荷密度侧视图，以及 CN（c）、CN-氰基（d）和 xCa-CN（e）模型吸附 NO_2 分子的侧视图及对应吸附能

（b）中等值面为 $4×10^{-4}$ $e/Å^3$，黄色区域表示电荷积累，蓝色区域表示电荷消耗；扫封底二维码见彩图

表 8.4 NO_2 的 DFT 吸附模型数据 （单位：eV）

体系	$E(NO_2)$	$E(*)$	$E(*NO_2)$	ΔE_{ads}
CN	-18.036 9	-474.560	-492.852	-0.254 97
CN-氰基	-18.036 9	-495.223	-513.439	-0.178 28
xCa-CN	-18.036 9	-1 462.190	-1 481.45	-1.218 85

注：$E(NO_2)$ 为单个 NO_2 分子的能量；$E(*)$ 和 $E(*NO_2)$ 分别为添加 NO_2 和无 NO_2 的表面体系总能量；ΔE_{ads} 为 NO_2 在体系表面的吸附能

为了监测反应过程中间物种的信息，阐明 NO 吸附-氧化过程的机理，进行材料原位红外光谱测量（图 8.13）。如图 8.13（a）和（b）所示，在黑暗条件下，通过 NO 和 O_2 气体后，出现了多个吸收带。在 3 550 cm^{-1} 处有一个由 OH 拉伸振动引起的负峰，随之而来的是逐渐增强的 NO^-/NOH（1 145 cm^{-1} 和 1 128 cm^{-1}）和 NO_2（953 cm^{-1}）的峰（Li et al.，2020a；Cui et al.，2018）。此时发生的是 NO 的吸附和歧化反应（$3NO + OH^- \Longrightarrow NO_2 + NO^- + NOH$），这一过程会产生一定量的 NO_2。事实上，NO_2 的生成也与 O_2 直接氧化有关（$2NO + O_2 \Longrightarrow 2NO_2$）（Li et al.，2020c）。此外，两个样品都可以观察到 NO_2^-（887 cm^{-1}、1 019 cm^{-1}）和 NO_3^-（870 cm^{-1}、991 cm^{-1}、1 005 cm^{-1}、1 051 cm^{-1}）的一系列红外峰，这是具有较强的活化能力双配位 N 触发 NO 氧化的结果（Li et al.，2020b；Li et al.，2019a）。随着吸附时间的延长，0.5Ca-CN 的 NO^+ 吸附峰信号（2 132 cm^{-1}）出现，且明

显强于 CN。NO$^+$在 NO 吸附过程中是一个关键的中间体，可能来源于 NO 5σ 轨道上的部分电子迁移。NO$^+$中间体被优先氧化为无毒的硝基化合物（Cui et al.，2018，2017b）。因此，可以得出结论，氰基缺陷与 CaCO$_3$ 的共修饰可以通过形成 NO$^+$ 的方式促进 NO 活化，有利于 NO 深度氧化为无毒产物。另外，比较 0.5Ca-CN 和 CN 的 DRIFTS 光谱发现，0.5Ca-CN 对 NO 的红外峰更强[图 8.13（a）和（b）]，说明其在暗态下对 NO 活化程度更高。

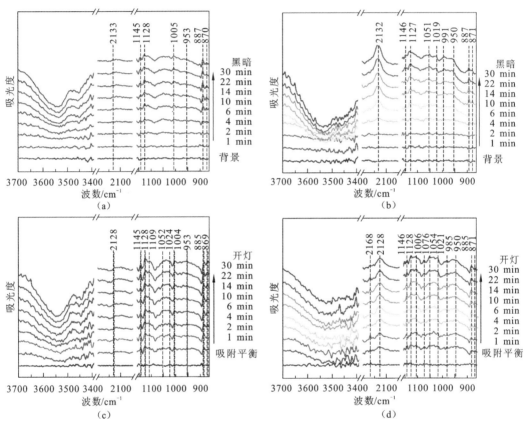

图 8.13　CN 和 0.5Ca-CN 暗态吸附（a 和 b）和光催化反应过程（c 和 d）的原位 DRIFTS 图

扫封底二维码见彩图

0.5Ca-CN 和 CN 达到吸附平衡后，在可见光照射下的原位 DRIFTS 如图 8.13（c）和（d）所示。大多数中间产物，如 N$_2$O（2 168 cm^{-1}），NO$_2^-$（1 109 cm^{-1}、1 076 cm^{-1}、1 024 cm^{-1}、885 cm^{-1}）和 NO$_3^-$（1 052 cm^{-1}、1 004 cm^{-1}、869 cm^{-1}）的峰值强度逐渐增加，表明由 ROS（•O$_2^-$、•OH、^{1}O$_2$）触发的 NO 光氧化反应发生在催化剂表面。与 CN 相比，0.5Ca-CN 具有更明显的 DRIFTS 峰，说明 0.5Ca-CN 对 NO 光氧化能力强于 CN，这与 ESR 测试结果相匹配。此外，由于 CaCO$_3$ 的化学吸附作用，0.5Ca-CN 上 NO$_2^-$（950 cm^{-1}）的吸附峰逐渐增强。相反，在 CN 上较弱的 NO$_2^-$ 吸附可能不利于 NO 的氧化过程。因此，可以得出结论，氰基和 CaCO$_3$ 的功能化提高了 CN 的吸附能力，使底物分子充分反应，实现了增强的光催化 NO 净化性能。吸附和光反应过程中红外吸收峰归属信息见表 8.5。基于上述分析，0.5Ca-CN 表面发生的 NO 光催化反应路径推测如反应式（8.1）～式（8.13）：

$$0.5\text{Ca-CN} + hv \longrightarrow e^- + h^+ \qquad (8.1)$$

$$O_2 + e^- \longrightarrow \cdot O_2^- \tag{8.2}$$

$$h^+ + OH^- \longrightarrow \cdot OH \tag{8.3}$$

$$\cdot O_2^- + h^+ \longrightarrow {}^1O_2 \tag{8.4}$$

$$NO + \cdot OH \longrightarrow NO^+ + OH^- \tag{8.5}$$

$$NO + \cdot O_2^- + 2e^- + 2H_2O \longrightarrow NO^+ + 4OH^- \tag{8.6}$$

$$2NO + O_2 \longrightarrow 2NO_2 \tag{8.7}$$

$$2NO_2 + \cdot O_2^- + e^- \longrightarrow 2NO_3^- \tag{8.8}$$

$$NO_2 + \cdot OH \longrightarrow NO_3^- + H^+ \tag{8.9}$$

$$NO^+ + \cdot O_2^- + e^- \longrightarrow NO_3^- \tag{8.10}$$

$$NO^+ + 2 \cdot OH + 2OH^- \longrightarrow NO_3^- + 2H_2O \tag{8.11}$$

$$\cdot O_2^- + 2NO + e^- \longrightarrow 2NO_2^- \tag{8.12}$$

$$2NO_2^- + {}^1O_2 \longrightarrow 2NO_3^- \tag{8.13}$$

表 8.5　NO 在 0.5Ca-CN 和 CN 表面吸附和光去除过程的 DRIFTS 峰位信息

波数/cm^{-1}	对应物种	参考文献	波数/cm^{-1}	对应物种	参考文献
2 128（2 132）	NO$^+$	Li 等（2020a）	1 109、1 076、1 019（1 024）、885（887）	NO$_2^-$	Li 等（2020c）
1 145（1 146）、1 126（1 128）	NO$^-$/NOH	Cui 等（2017b）、Li 等（2020c）	1 051、1 005、991、985、870（871）	NO$_3^-$	Li 等（2020a）
950（953）	NO$_2$	Cui 等（2018）	2 168	N$_2$O	Cui 等（2017a）

　　xCa-CN 的光催化过程如图 8.14 所示。首先，0.5Ca-CN 在可见光照射下被光激发产生电子（e$^-$）和空穴（h$^+$）[式（8.1）]。氰基和 CaCO$_3$ 共修饰后，CN 的本征光捕获能

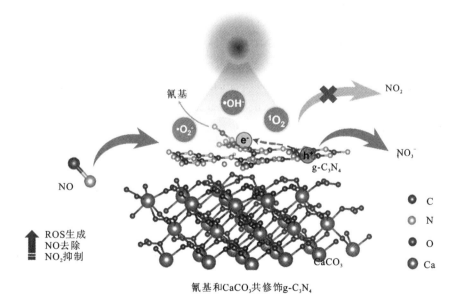

图 8.14　xCa-CN 光催化氧化 NO 的机理示意图

扫封底二维码见彩图

力、载流子分离效率显著提高，进而强烈地刺激了 ROS 的产生。$\cdot O_2^-$ 和 $\cdot OH$ 分别是由 O_2（$O_2/\cdot O_2^- = -0.33$ V）（Duan et al.，2021；Hu et al.，2019）和 OH^-（$\cdot OH/OH^- = +1.99$ V）的激活产生的[式（8.2）和式（8.3）]；$^1O_2$ 来源于被空穴氧化的超氧自由基[式（8.4）]（Duan et al.，2021；Nosaka et al.，2017）。最终，被吸附的物种（如 NO、NO^+、NO_2^-）在 ROS 的攻击下被进一步活化[式（8.5）～式（8.13）]（He et al.，2022；Li et al.，2020c）。简化的反应路径为 $NO \rightarrow NO_2 \rightarrow NO_3^-$ 或 $NO \rightarrow NO^+ \rightarrow NO_3^-$。综上分析，与 CN 相比，有利的 NO^+ 中间体的产生和增强的 ROS 生成，$NO \rightarrow NO^+ \rightarrow NO_3^-$ 路径在 0.5Ca-CN 上更容易被触发。因此，与原始 CN 相比，在 NO 光氧化过程中，0.5Ca-CN 在抑制有毒中间体的生成方面有更好的表现。

8.4 小 结

本章报道了一种具有高 NO 光去除活性的氰基–绝缘体共修饰的多孔 g-C_3N_4 纳米片。在可见光照射下，性能最好的样品 0.5Ca-CN 的 NO 去除率可达 51.18%，远高于原始 CN（34.05%）。氰基缺陷和 $CaCO_3$ 的协同作用拓展了 CN 的可见光吸收范围、增强了光生电子激发/转移并提高了 ROS 产生量，最终实现了高效 NO 去除，抑制了毒副产物 NO_2 的生成。此外，原位红外和 DFT 理论计算揭示了 NO 在 xCa-CN 上的光氧化性能增强机制。以上结果表明，缺陷工程和绝缘体共修饰对提高半导体催化剂 NO 光氧化活性有重要作用，有望推动开发更为先进、高效的光催化空气净化材料。

参 考 文 献

卢鹏, 胡雪利, 2020. 氰基增强氮化碳光生载流子的有效分离. 人工晶体学报, 49(6): 1121-1128.

马润东, 郭雄, 施凯旋, 等, 2023. MoS_2/g-C_3N_4 S 型异质结的构建及光催化性能研究. 无机材料学报, 38(10): 1176-1182.

An S F, Zhang G H, Li K Y, et al., 2021. Self-supporting 3D carbon nitride with tunable $n \rightarrow \pi^*$ electronic transition for enhanced solar hydrogen production. Advanced Materials, 33(49): 2104361.

Bai J Y, Wang L J, Zhang Y J, et al., 2020. Carboxyl functionalized graphite carbon nitride for remarkably enhanced photocatalytic hydrogen evolution. Applied Catalysis B: Environmental , 266: 118590.

Bao X L, Liu M, Wang Z Y, et al., 2022. Photocatalytic selective oxidation of HMF coupled with H_2 evolution on flexible ultrathin g-C_3N_4 nanosheets with enhanced N-H interaction. ACS Catalysis, 12(3): 1919-1929.

Cao J, Nie W S, Huang L, et al., 2019. Photocatalytic activation of sulfite by nitrogen vacancy modified graphitic carbon nitride for efficient degradation of carbamazepine. Applied Catalysis B: Environmental, 241: 18-27.

Cao Y H, Zhang R Y, Zheng Q, et al., 2020a. Dual functions of O-atoms in the g-C_3N_4/$BO_{0.2}N_{0.8}$ interface: Oriented charge flow in-plane and separation within the interface to collectively promote photocatalytic molecular oxygen activation. ACS Applied Materials & Interfaces, 12(30): 34432-34440.

Cao Y H, Zheng Q, Rao Z Q, et al., 2020b. InP quantum dots on g-C$_3$N$_4$ nanosheets to promote molecular oxygen activation under visible light. Chinese Chemical Letters, 31(10): 2689-2692.

Chen L, Chen C, Yang Z, et al., 2021a. Simultaneously tuning band structure and oxygen reduction pathway toward high-efficient photocatalytic hydrogen peroxide production using cyano-rich graphitic carbon nitride. Advanced Functional Materials, 31(46): 2105731.

Chen X J, Wang J, Chai Y Q, et al., 2021b. Efficient photocatalytic overall water splitting induced by the giant internal electric field of a g-C$_3$N$_4$/rGO/PDIP Z-scheme heterojunction. Advanced Materials, 33(7): 2007479.

Cheng J S, Hu Z, Li Q, et al., 2019. Fabrication of high photoreactive carbon nitride nanosheets by polymerization of amidinourea for hydrogen production. Applied Catalysis B: Environmental, 245: 197-206.

Cui W, Li J Y, Cen W L, et al., 2017a. Steering the interlayer energy barrier and charge flow via bioriented transportation channels in g-C$_3$N$_4$: Enhanced photocatalysis and reaction mechanism. Journal of Catalysis, 352: 351-360.

Cui W, Li J Y, Chen L C, et al., 2020. Nature-inspired CaCO$_3$ loading TiO$_2$ composites for efficient and durable photocatalytic mineralization of gaseous toluene. Science Bulletin, 65(19): 1626-1634.

Cui W, Li J Y, Dong F, et al., 2017b. Highly efficient performance and conversion pathway of photocatalytic NO oxidation on SrO-clusters@amorphous carbon nitride. Environmental Science & Technology, 51(18): 10682-10690.

Cui W, Li J Y, Sun Y J, et al., 2018. Enhancing ROS generation and suppressing toxic intermediate production in photocatalytic NO oxidation on O/Ba co-functionalized amorphous carbon nitride. Applied Catalysis B: Environment, 237: 938-946.

Cui W, Yang W J, Chen P, et al., 2021. Earth-abundant CaCO$_3$-based photocatalyst for enhanced ROS production, toxic by-product suppression, and efficient NO Removal. Energy & Environmental Materials, 5(3): 928-934.

Dedoussi I C, Eastham S D, Monieret E, et al., 2020. Premature mortality related to United States cross-state air pollution. Nature, 578(7794): 261-265.

Dong F, Zhao Z W, Xiong T, et al., 2013. In situ construction of g-C$_3$N$_4$/g-C$_3$N$_4$ metal-free heterojunction for enhanced visible-light photocatalysis. ACS Applied Materials & Interfaces, 5(21): 11392-11401.

Duan Y Y, Wang Y, Gan L Y, et al., 2021. Amorphous carbon nitride with three coordinate nitrogen (N$_3$C) vacancies for exceptional NO$_x$ abatement in visible light. Advanced Energy Materials, 11(19): 2004001.

Gu M L, Li Y H, Zhang M, et al., 2021. Bismuth nanoparticles and oxygen vacancies synergistically attired Zn$_2$SnO$_4$ with optimized visible-light-active performance. Nano Energy, 80: 105415.

Guo F S, Hu B, Yang C, et al., 2021. On-surface polymerization of in-plane highly ordered carbon nitride nanosheets toward photocatalytic mineralization of mercaptan gas. Advanced Materials, 33(42): 2101466.

He Y Z, Tan Y W, Song M Y, et al., 2022. Switching on photocatalytic NO oxidation and proton reduction of NH$_2$-MIL-125(Ti) by convenient linker defect engineering. Journal of Hazardous Materials, 430: 128468.

Hu J D, Chen D Y, Mo Z, et al., 2019. Z-scheme 2D/2D heterojunction of black phosphorus/monolayer Bi$_2$WO$_6$ nanosheets with enhanced photocatalytic activities. Angewandte Chemie International Edition,

58(7): 2073-2077.

Huang C F, Wen Y P, Ma J, et al., 2021. Unraveling fundamental active units in carbon nitride for photocatalytic oxidation reactions. Nature Communications, 12(1): 320.

Hwang J, Rao R R, Giordano L, et al., 2021. Regulating oxygen activity of perovskites to promote NO_x oxidation and reduction kinetics. Nature Catalysis, 4(8): 663-673.

Jiang G W, Cao J W, Chen M, et al., 2018. Photocatalytic NO oxidation on N-doped TiO_2/g-C_3N_4 heterojunction: Enhanced efficiency, mechanism and reaction pathway. Applied Surface Science, 458: 77-85.

Li F, Yue X Y, Zhou H P, et al., 2021a. Construction of efficient active sites through cyano-modified graphitic carbon nitride for photocatalytic CO_2 reduction. Chinese Journal of Catalysis, 42(9): 1608-1616.

Li J R, Ran M X, Chen P, et al., 2019a. Controlling the secondary pollutant on B-doped g-C_3N_4 during photocatalytic NO removal: A combined DRIFTS and DFT investigation. Catalysis Science & Technology, 9(17): 4531-4537.

Li K L, Cui W, Li J Y, et al., 2019b. Tuning the reaction pathway of photocatalytic NO oxidation process to control the secondary pollution on monodisperse Au nanoparticles@g-C_3N_4. Chemical Engineering Journal, 378: 122184.

Li K N, Zhang S S, Tan Q Y, et al., 2021b. Insulator in photocatalysis: Essential roles and activation strategies. Chemical Engineering Journal, 426: 130772.

Li M, Sun J X, Chen G, et al., 2022. Inducing photocarrier separation via 3D porous faveolate cross-linked carbon enhanced photothermal/pyroelectric property. Advanced Powder Materials, 1(3): 100032.

Li X F, Hu Z, Li Q, et al., 2020a. Three in one: Atomically dispersed Na boosting the photoreactivity of carbon nitride towards NO oxidation. Chemical Communications, 56(91): 14195-14198.

Li Y H, Gu M L, Shi T, et al., 2020b. Carbon vacancy in C_3N_4 nanotube: Electronic structure, photocatalysis mechanism and highly enhanced activity. Applied Catalysis B: Environmental, 262: 118281.

Li Y H, Gu M L, Zhang M, et al., 2020c. C_3N_4 with engineered three coordinated (N_3C) nitrogen vacancy boosts the production of $^1O_2$ for efficient and stable NO photo-oxidation. Chemical Engineering Journal, 389: 124421.

Liang Y J, Wu X, Liu X Y, et al., 2022. Recovering solar fuels from photocatalytic CO_2 reduction over W^{6+}-incorporated crystalline g-C_3N_4 nanorods by synergetic modulation of active centers. Applied Catalysis B: Environmental, 304: 120978.

Liao J Z, Cui W, Li J Y, et al., 2020. Nitrogen defect structure and NO+ intermediate promoted photocatalytic NO removal on H_2 treated g-C_3N_4. Chemical Engineering Journal, 379: 122282.

Liu D N, Chen D Y, Li N J, et al., 2020. Surface engineering of g-C_3N_4 by stacked BiOBr sheets rich in oxygen vacancies for boosting photocatalytic performance. Angewandte Chemie International Edition, 59(11): 4519-4524.

Lu P, Hu X L, Li Y J, et al., 2019. Novel $CaCO_3$/g-C_3N_4 composites with enhanced charge separation and photocatalytic activity. Journal of Saudi Chemical Society, 23(8): 1109-1118.

Lu Z Z, Li S Q, Xiao J Y, 2021. Synergetic effect of Na-Ca for enhanced photocatalytic performance in NO_x degradation by g-C_3N_4. Catalysis Letters, 151(2): 370-381.

Meng N N, Ren J, Liu Y, et al., 2018. Engineering oxygen-containing and amino groups into two-dimensional atomically-thin porous polymeric carbon nitrogen for enhanced photocatalytic hydrogen production. Energy & Environmental Science, 11(3): 566-571.

Niu P, Qiao M, Li Y F, et al., 2018. Distinctive defects engineering in graphitic carbon nitride for greatly extended visible light photocatalytic hydrogen evolution. Nano Energy, 44: 73-81.

Nosaka Y, Nosaka A Y, 2017. Generation and detection of reactive oxygen species in photocatalysis. Chemical Reviews, 117(17): 11302-11336.

Shang H, Li M Q, Li H, et al., 2019. Oxygen vacancies promoted the selective photocatalytic removal of NO with blue TiO_2 via simultaneous molecular oxygen activation and photogenerated hole annihilation. Environmental Science & Technology, 53(11): 6444-6453.

Shi X, Wang P Q, Li W, et al., 2019. Change in photocatalytic NO removal mechanisms of ultrathin BiOBr/BiOI via NO_3^- adsorption. Applied Catalysis B: Environmental, 243: 322-329.

Song X P, Yang Q, Jiang X H, et al., 2017. Porous graphitic carbon nitride nanosheets prepared under self-producing atmosphere for highly improved photocatalytic activity. Applied Catalysis B: Environmental, 217: 322-330.

Sun Y J, Zhang W D, Xiong T, et al., 2014. Growth of BiOBr nanosheets on C_3N_4 nanosheets to construct two-dimensional nanojunctions with enhanced photoreactivity for NO removal. Journal of Colloid and Interface Science, 418: 317-323.

Tan H, Gu X M, Kong P, et al., 2019. Cyano group modified carbon nitride with enhanced photoactivity for selective oxidation of benzylamine. Applied Catalysis B: Environmental, 242: 67-75.

Tan J, Tian N, Li Z F, et al., 2021. Intrinsic defect engineering in graphitic carbon nitride for photocatalytic environmental purification: A review to fill existing knowledge gaps. Chemical Engineering Journal, 421: 127729.

Viet P V, Nguyen T D, Bui D P, et al., 2022. Combining SnO_{2-x} and g-C_3N_4 nanosheets toward S-scheme heterojunction for high selectivity into green products of NO degradation reaction under visible light. Journal of Materiomics, 8(1): 1-8.

Wang M, Tan G Q, Ren H J, et al., 2019a. Direct double Z-scheme O-g-C_3N_4/Zn_2SnO_4N/ZnO ternary heterojunction photocatalyst with enhanced visible photocatalytic activity. Applied Surface Science, 492: 690-702.

Wang W K, Zhang H M, Zhang S B, et al., 2019b. Potassium-ion-assisted regeneration of active cyano groups in carbon nitride nanoribbons: Visible-light-driven photocatalytic nitrogen reduction. Angewandte Chemie International Edition, 58(46): 16444-16650.

Wang Y, Du P P, Pan H Z, et al., 2019c. Increasing solar absorption of atomically thin 2D carbon nitride sheets for enhanced visible-light photocatalysis. Advanced Materials, 31(40): 1807540.

Wang Y H, Xu A, Wang Z Y, et al., 2020. Enhanced nitrate-to-ammonia activity on copper-nickel alloys via tuning of intermediate adsorption. Journal of the American Chemical Society, 142(12): 5702-5708.

Wang Z P, Wang Z L, Zhu X D, et al., 2021. Photodepositing CdS on the active cyano groups decorated g-C_3N_4 in Z-scheme manner promotes visible-light-driven hydrogen evolution. Small, 17(39): 2102699.

Wu X F, Cheng J S, Li X F, et al., 2019. Enhanced visible photocatalytic oxidation of NO by repeated calcination of g-C_3N_4. Applied Surface Science, 465: 1037-1046.

Yang L, Peng Y T, Luo X D, et al., 2021. Beyond C_3N_4 π-conjugated metal-free polymeric semiconductors for photocatalytic chemical transformations. Chemical Society Reviews, 50(3): 2147-2172.

Yang P J, Zhuzhang H Y, Wang R R, et al., 2019. Carbon vacancies in a melon polymeric matrix promote photocatalytic carbon dioxide conversion. Angewandte Chemie International Edition, 58(4): 1134-1137.

Zhang X, Ma P J, Wang C, et al., 2022. Unraveling the dual defect sites in graphite carbon nitride for ultra-high photocatalytic H_2O_2 evolution. Energy & Environmental Science, 15(2): 830-842.

Zhao D M, Dong C L, Wang B, et al., 2019. Synergy of dopants and defects in graphitic carbon nitride with exceptionally modulated band structures for efficient photocatalytic oxygen evolution. Advanced Materials, 31(43): 1903545.

Zhao D M, Wang Y Q, Dong C L, et al., 2021. Boron-doped nitrogen-deficient carbon nitride-based Z-scheme heterostructures for photocatalytic overall water splitting. Nature Energy, 6(4): 388-397.

第9章　单原子铁修饰 TiO_2 空心微球可见光催化氧化氮氧化物

9.1　引　言

近年来，将孤立的金属原子分散在固体载体上的单原子催化剂（single-atom catalysts，SACs）因其独特的反应活性和最高的活性原子利用率而受到广泛关注（Tian et al.，2018）。然而，单个金属原子的高表面能使它们倾向于相互聚集，导致活性降低（Siemer et al.，2018）。通过在制备和催化反应过程中防止聚集来稳定固体载体上的单原子是非常重要的，但仍然具有挑战性（Lee et al.，2019）。到目前为止，已经有许多方法被用来稳定单金属原子，如缺陷工程（Chen et al.，2020）、空间约束（Guo et al.，2019）和配位设计（Siemer et al.，2018）。例如，通过预先引入表面氧空位（oxygen vacancy，OV），成功地将单原子 Au 固定在纳米片的表面（Hao et al.，2019）。形成 Ti-Au-Ti 结构有利于 Au 的吸附和稳定，进而通过降低势垒，缓解竞争吸附，提高催化剂对 CO 氧化的催化性能。

考虑到贵金属的高价格，用非贵金属制备原子助催化剂是有希望的（Gu et al.，2019）。此外，由于过渡金属如 Fe 和 Co 在 3d 轨道上具有不成对的电子，原子分散的非贵金属有望比单原子贵金属如 Au 和 Pt 更具活性（于芹芹 等，2022；李庚 等，2021；Li et al.，2020；Gu et al.，2019；Chen et al.，2018；Liu et al.，2017）。最近，Xiao 等（2020）通过在熔盐中加热 $NiCl_2$ 和 TiO_2 光催化剂的混合物来制备 Ni 原子掺杂的 TiO_2 光催化剂，可以促进光催化产氢。然而，由于熔融溶液中的 $NiCl_2$ 几乎全部在洗涤后排放，这种方法不仅成本高，而且对环境不友好。

本章介绍一种简单的方法，通过吸附和焙烧将原子分散的铁固定在二氧化钛空心微球（TiO_2-HMS_S）的表面。Fe 和 Ti 之间的 3d 轨道杂化形成了 Fe—Ti 键，电子从 Fe 向 Ti 的迁移分别促进了 NO 和 O_2 在 Fe 和 Ti 位上的吸附。在可见光照射下，两个活性中心的协同效应大大增强了 NO 的光催化氧化（图 9.1）。据了解，这是第一个报道 SAC_S 中双活性中心用于环境催化的例子，揭示了单原子助催化剂在精确催化中的独特作用。

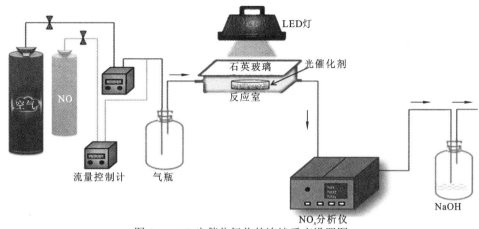

图 9.1　NO 光催化氧化的连续反应设置图

9.2　实　验　部　分

9.2.1　催化剂制备

1. TiO$_2$ 空心微球（TiO$_2$-HMSs）

在磁力搅拌下将 2.38 g (NH$_4$)$_2$TiF$_6$ 和 4.84 g 尿素加入 130 mL 蒸馏水中。然后将 30 mL H$_2$O$_2$（质量分数为 30%）滴加到混合溶液中。将所得黄色溶液在 200 mL 反应釜中于 180 ℃下加热 10 h。在室温下冷却后，通过过滤收集沉淀物并用水洗涤 3 次。将收集的粉末重新分散在 100 mL NaOH 溶液（10.0 mol/L）中，并在高压釜中于 120 ℃下加热 3 h。酸洗后洗涤至中性并在 400 ℃下煅烧 1 h 后，从纳米片获得 TiO$_2$-HMS$_S$ 组件。

2. 单原子铁修饰的 TiO$_2$ 空心微球（Fe$_1$/TiO$_2$-HMSs）

典型案例:将 0.5 g 制备的 TiO$_2$-HMSs 添加到溶解了 50 mg 二羰基环戊二烯铁（FeCH）的 DMF 溶液中。磁力搅拌 12 h 后，过滤悬浮液，首先用 DMF 洗涤，然后用甲醇洗涤，均分别洗涤 3 次。将获得的粉末干燥（70 ℃，空气，4 h），并在管式炉（5%氢气和 95% 氩气）中于 350 ℃下煅烧 2 h。为了进行比较，除 FeCH 的量外，还在其他相同条件下制备了一系列样品，制备的光催化剂命名为 TFx，其中"T"和"F"分别表示"TiO$_2$"和"Fe"，"x"表示 FeCH 的含量（表 9.1）。注意，TF0 样品是原始 TiO$_2$ HMS，也用 DMF 进行了类似处理，但没有 FeCH。

表 9.1　催化剂的物理性质

样品	TiO$_2$-HMSs /g	DMF 中 FeCH 质量/mg	S_{BET} /(m^2/g)	孔体积 /(cm^3/g)	平均孔大小 /nm	Fe 质量分数 /(mg/g)
T	0.5	0	373.3	1.12	12.0	0
TF5	0.5	5	373.1	1.14	12.2	0.31
TF25	0.5	25	403.2	1.22	12.1	1.80
TF50	0.5	50	432.0	1.28	11.9	5.76

样品	TiO$_2$-HMSs /g	DMF 中 FeCH 质量/mg	S_{BET} /(m^2/g)	孔体积 /(cm^3/g)	平均孔大小 /nm	Fe 质量分数 /(mg/g)
TF100	0.5	100	359.7	1.13	12.5	8.87
TF200	0.5	200	342.1	1.01	11.8	14.01

9.2.2 催化剂表征

催化剂的相结构通过 XRD 进行分析，催化剂形貌使用场发射透射电子显微镜（field emission transmission electron microscope，FETEM）和场发射扫描电子显微镜（FESEM）进行观察。在物理吸附仪器上通过 N$_2$ 吸附测量光催化剂的 BET 表面积和孔结构。测量前，所有样品在 200 ℃真空下脱气。以聚四氟乙烯（PTFE）为标准参考，通过 UV-vis DRS 分析了光催化剂的光吸收特性。用红外光谱仪记录 FTIR 光谱。用 DMPO 作为自由基捕获剂，在可见光照射（$\lambda > 420$ nm）下测量了 ESR 信号。XAS 测量以荧光模式在光束线 10.3.2 上进行，电子能量为 7 GeV，平均电流为 100 mA，位于美国劳伦斯伯克利国家实验室的高级光源中。辐射通过 Si(111)双晶体单色仪进行单色化。XANES 和 EXAFS 数据简化和分析由 Athena 软件处理。

9.2.3 （光）电化学测量

在具有三电极系统的电化学工作站上测量了光电流和 EIS。对于电化学光电流测量，将 20 mg 光催化剂分散在 1 mL 乙醇溶液（体积分数 50%）中。超声处理 30 min 后，向悬浮液中加入 30 μL 萘酚。所得浆料用于制备 TiO$_2$/FTO 膜。使用 Na$_2$SO$_4$ 溶液（0.4 mol/L）作为电解质，使用主要在 420 nm 发射的 LED（3 W）灯作为光源。EIS 在开路电势下测量，频率为 0.1~1 000 Hz。

9.2.4 NO 光催化氧化实验

在连续流动反应器中进行光催化 NO 氧化。首先，在超声波作用下将 200 mg TiO$_2$ 光催化剂粉末分散在 30 mL 水中。然后将所得悬浮液转移到培养皿（直径约为 11.5 cm）中，并在 80 ℃的电子烘箱中干燥 3 h。冷却至室温后，将具有 TiO$_2$ 光催化剂膜的培养皿置于反应室中。从具有 50 μL/L NO（N$_2$ 平衡）的压缩气瓶供应 NO 气体，符合国家标准与技术研究所推荐的可追溯标准。在辐照之前，通过气瓶（混合器）混合来自气缸的 NO 和空气，混合气体的湿度约为 50%。通过使用质量流量控制器将气体混合物中 NO 的体积分数调节至约 600 nL/L。在 TiO$_2$ 光催化剂表面达到 NO 的吸附-脱附平衡后，打开 LED 灯（30 W，$\lambda > 400$ nm）开始 NO 光催化氧化。使用 T200 型化学发光 NO$_x$ 分析仪以 1 L/min 的气体流速监测 NO 和 NO$_2$ 的浓度。

NO 转化率和 NO$_2$ 选择性，通过式（9.1）和式（9.2）计算：

$$NO_{转化率}(\%)=([NO]_{输入}-[NO]_{输出})/[NO]_{输入} \qquad (9.1)$$

$$NO_{2\,选择性}(\%)=[NO_2]_{输出}/([NO]_{输入}-[NO]_{输出}) \qquad (9.2)$$

9.2.5　原位红外漫反射光谱测试

在配有液氮冷却 MCT 检测器的 Tensor II FTIR 光谱仪上进行原位红外漫反射光谱（DRIFTS）。实时 FTIR 光谱以高纯 He 下测得的谱线为背景。然后，将反应气体（50 mL/min NO 和 50 mL/min O$_2$）输入反应室。在黑暗条件下，对样品进行 20 min 的吸附反应。然后，在可见光照射下进行光催化反应（过程 30 min）。以给定的时间间隔记录 IR 光谱。红外光谱的扫描面积为 $600\sim4\,000$ cm^{-1}。每个光谱在 4 cm^{-1} 处记录分辨率，32 次累积扫描。

9.3　结果与讨论

为获得高活性的光催化剂，以具有较大比表面积的 TiO$_2$-HMSs 为载体，采用焙烧法制备单原子 Fe 掺杂的 TiO$_2$-HMS$_S$（Fe$_1$/TiO$_2$-HMS$_S$）（Yang et al.，2017）。请注意，所有有机物在焙烧后都从 Fe$_1$/TiO$_2$-HMS$_S$ 中完全去除（图 9.2）。结果表明，所有 TiO$_2$-HMS$_S$ 都是纯锐钛矿相，且其结晶度逐渐降低（图 9.3），而随着 Fe 掺杂量的增加，TiO$_2$-HMS$_S$ 的颜色由白色变为橙色[图 9.4（a）和表 9.1]，这与在紫外-可见光区的吸收增加[图 9.5（a）]是一致的。根据密度泛函理论（DFT）的计算结果，Fe$_1$/TiO$_2$-HMSs 由于引入单原子 Fe 而形成的缺陷能级是提高其捕光能力的原因[图 9.5（b）]。

扫描电子显微镜和透射电子显微镜照片证实了 Fe$_1$/TiO$_2$-HMS$_S$ 的中空内部结构[图 9.4（b）和（c）]。从 HAADF-STEM 图像可以发现，有许多明显的亮点分散在二氧化钛纳米晶表面，证实了铁原子分散在 TiO$_2$-HMS$_S$ 表面[图 9.4（d）]。根据电感耦合等离子体原子发射光谱结果，TF50 样品的 Fe$_1$/TiO$_2$-HMS$_S$ 中铁的质量分数为 0.58%（表9.1）。此外，钛、氧和铁元素均匀分布在 Fe$_1$/TiO$_2$-HMS$_S$ 样品的整个结构中（图 9.6）。

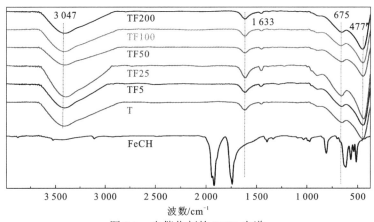

图 9.2　光催化剂的 FTIR 光谱

扫封底二维码见彩图

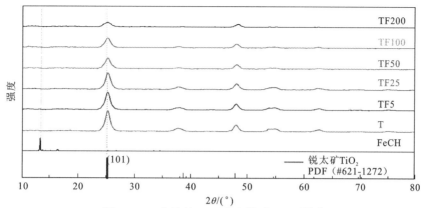

图 9.3　Fe 修饰的 TiO₂ 空心微球 XRD 图谱

扫封底二维码见彩图

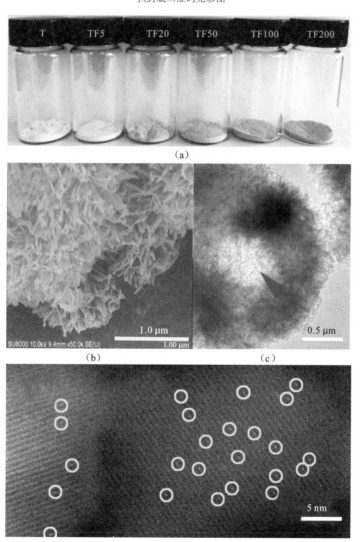

图 9.4　系列 TiO₂-HMSs 光催化剂的数码照片（a），以及 Fe₁/TiO₂-HMSs 样品 TF50 的扫描电镜照片（b）、透射电镜照片（c）及 HAADF-STEM 图（d）

箭头表示 TiO₂ HMS 的中空内部，单原子 Fe 的位置用圆圈表示标出；扫封底二维码见彩图

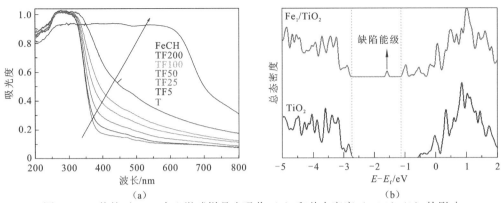

图 9.5 Fe 修饰对 TiO₂ 空心微球样品光吸收（a）和总态密度（DOS）（b）的影响

扫封底二维码见彩图

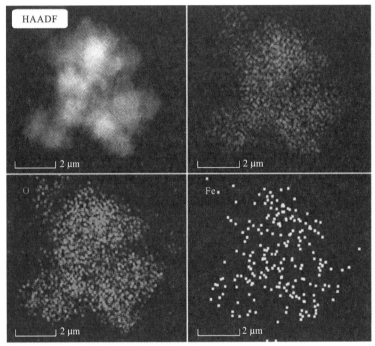

图 9.6 TF50 样品的 EDX 元素分布图

扫封底二维码见彩图

　　为了进一步验证电子结构和配位信息，在 Fe K 边进行 XANES 和 EXAFS 谱分析。由于 TF50 样品的吸收边位于 FeO 和 Fe₂O₃ 之间，Fe₁/TiO₂-HMSₛ 中 Fe 的价态应该在 +2～+3 [图 9.7（a）]。傅里叶变换 K3 加权 EXAFS 证实了 TF50 中 Fe—Ti 键的形成。如图 9.7（b）所示，在 TF50 中观察到一个位于约 2.5 Å 的 Fe 配位峰，这与 Fe 箔中的 2.2 Å Fe—Fe 配位峰、Fe₂O₃ 中的 1.4 Å Fe—O 配位峰在 Fe₂O₃ 和 FeO 中的 1.5 Å Fe—O 配位峰是完全不同的。这些结果进一步证实了 Fe 在 TiO₂-HMSₛ 中的原子分散状态。

　　为了得到 Fe₁/TiO₂-HMSs 光催化剂中铁的定量结构参数，对 TF50 样品进行了最小二乘 EXAFS 曲线拟合，结果如图 9.7（c）和（d）所示。为了比较，还进行了 Fe 箔、FeO 和 Fe₂O₃ 的 EXAFS 曲线拟合（图 9.8），相应的结果汇总于表 9.2。同步辐射的结果

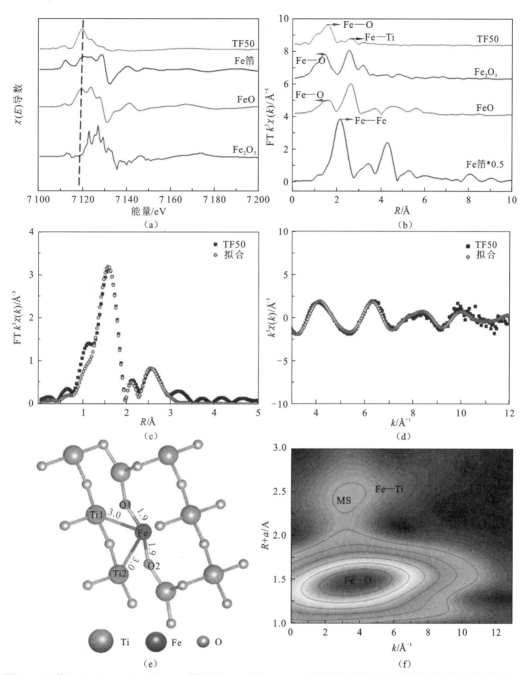

图 9.7　Fe 箔、FeO、Fe_2O_3 及 TF50 样品的 Fe K 边 XANES 光谱（a）和相应的傅里叶变换光谱（b）；
TF50 样品的 EXAFS R 空间拟合曲线（c）和 k 空间拟合曲线（d）；TF50 样品的 Fe 周围的局部原子结
构（e）和小波变换等值线（f）
扫封底二维码见彩图

表明，Fe 原子的平均配位数：Fe—Ti 为 1.7 ± 0.9，Fe—O 为 2.6 ± 0.3。考虑到 Fe 可能取代 TiO_2 的 Ov 和 Ti 空位，进行 DFT 计算以优化 Fe_1/TiO_2 的结构。当 Fe 原子占据 TiO_2 的氧空位时（图 9.9），Fe_1/TiO_2 优化结构中 Fe 的配位数为 2（O1 空位）或 3（O2 空位），远大于确定的结果（表 9.2）。然而，当 Fe 原子占据 Ti 空位时，密度泛函理论计算结果与同步辐射很好地吻合。然后通过取代 Ti 空位将 Fe 原子分散在二氧化钛表面[图 9.7（e）]。根据优化后的结构，Fe 原子与周围的 O1 和 O2 原子的键长均为 1.9 Å，而固定的 Fe 原子与周围的 Ti1 和 Ti2 原子的键长为 3.0 Å。从 TF50 催化剂的小波变换等值线图中可看出，唯一的强度峰值在 2.4～2.5 Å[图 9.7（f）]，对应于 Fe—Ti 键，进一步验证了这一结论。结果表明，TF50 催化剂的 Fe—Ti 配位数约为 1.7±0.9，键长为 3.07±0.07 Å，说明孤立的 Fe 原子与钛原子配位 1.7 倍。图 9.10 为 Fe 箔、FeO 和 Fe_2O_3 的小波变换等值线图。

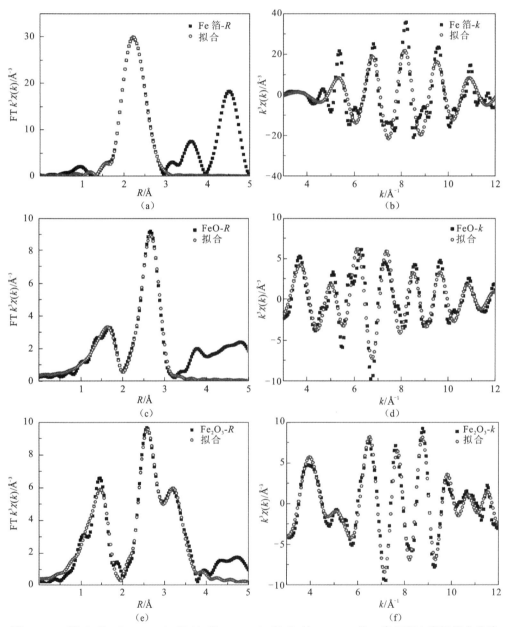

图 9.8　Fe 箔（a 和 b）、FeO（c 和 d）和 Fe_2O_3（e 和 f）的 EXAFS 的 R 空间和 k 空间拟合曲线

扫封底二维码见彩图

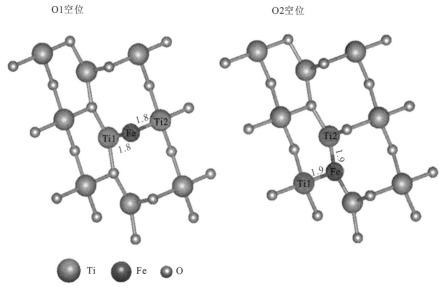

图 9.9　O1 空位和 O2 空位优化后的 Fe1/TiO$_2$ 催化剂原子模型位置图

原子距离单位：Å；扫封底二维码见彩图

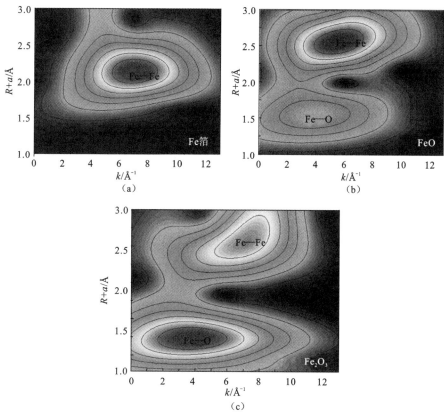

图 9.10　Fe 箔（a）、FeO（b）和 Fe$_2$O$_3$（c）光催化剂的小波变换等值线图

扫封底二维码见彩图

表 9.2　样品的 EXAFS 测试的拟合结果

样品	路径	配位数	R/Å	$\sigma^2 \times 10^3$/Å^2	ΔE/eV	R 因子
Fe 箔	Fe—Fe	8*	2.47±0.01	5.1±1.2	5.2±1.7	0.003
	Fe—Fe	6*	2.85±0.02	5.6±2.2	4.3±3.3	
FeO	Fe—O	4.8±0.8	2.12±0.02	11.2±2.1	-2.9±2.2	0.006
	Fe—Fe	9.8±0.9	3.07±0.01	10.6±0.7	-2.4±0.9	
Fe$_2$O$_3$	Fe—O	6.3±1.5	1.95±0.02	12.0±2.7	-8.8±3.4	0.015
	Fe—Fe	6.7±1.2	3.00±0.01	9.2±1.3	2.0±1.9	
	Fe—Fe	2.6±0.8	3.66±0.02	2.2±1.6	11.2±3.2	
TF50	Fe—O	2.6±0.3	2.01±0.01	5.9±1.9	1.7±1.1	0.012
	Fe—Ti	1.7±0.9	3.07±0.07	13.8±10.9	0.9±5.2	

TF50 样品中 Fe 以 Fe—O 和 Fe—Ti 的形式存在，说明 Fe 原子存在于 TiO$_2$-HMS$_S$ 表面，而不是进入晶格（体掺杂）。X 射线光电子能谱在 Fe 2p 区的信号随着 Ar 气体刻蚀时间的延长而稳定地减小，这也表明 TiO$_2$-HMS$_S$ 表面掺杂了 Fe（图 9.11），与 XAFS 结果一致。

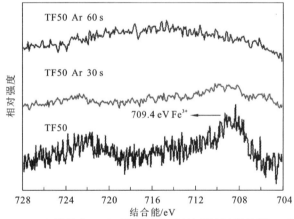

图 9.11　TF50 样品在 Fe 2p 区域的 Ar 气体刻蚀时间分辨 XPS 谱图

用密度泛函理论计算分析单原子 Fe 掺杂的 TiO$_2$ 光催化剂的电子结构。发现 Fe 原子在表面钛空位中的弥散导致了 Fe—Ti 键的形成[图 9.12（a）]，这可能是由所结合的 Fe 与邻近的 Ti 原子之间的强相互作用[图 9.12（b）]所致。此外，Fe 3d 轨道和 Ti 3d 轨道的杂化也导致了 TiO$_2$ 禁带内杂质能级的产生，这是导致 TiO$_2$ 可见光响应范围扩大的原因（图 9.4）。Ma 等（2015）研究还发现，Fe 掺杂可以使 TiO$_2$ 光催化剂的禁带宽度变窄，形成的浅受主能级可以促进载流子的分离，从而提高对 NO 氧化的可见光反应活性。

根据微分电荷分析，Fe—Ti 键的形成促进了 Fe 原子向周围三个 Ti 原子的电子转移[图 9.12（c）]，导致了束缚 Ti 原子的价态降低。电子顺磁共振谱[图 9.12（d）]进一步证实了由于原子分散的 Fe 的引入而产生 Ti^{3+}，其中 $g=1.992$ 的信号强度指定给产生的 Ti^{3+}（Hu et al.，2019；Shang et al.，2019；Shah et al.，2015）。信号的强度随着引入的 Fe 量的增加而稳定增强。

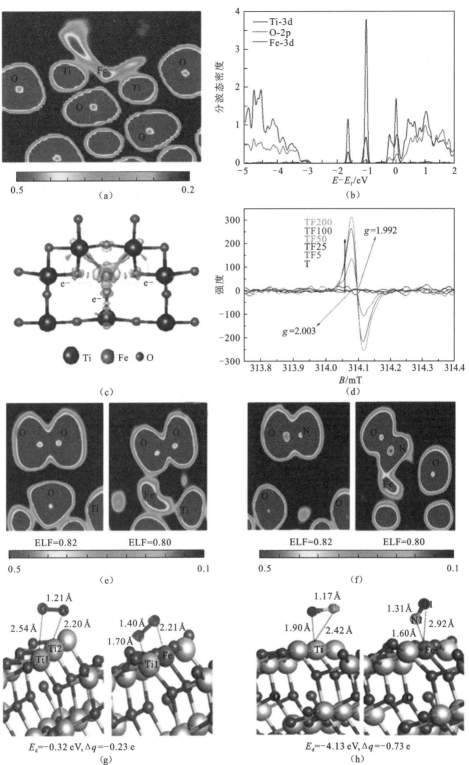

图 9.12 Fe1/TiO₂ 的电子局域函数（a）、部分态密度（b）、电荷差分布（c）（蓝色中的电荷累积和黄色中的电荷耗尽）、制备的 TiO₂-HMS_S 的 EPR 光谱（d）、用单原子 Fe 锚定前后 TiO₂-HMS_S 中 O₂（e）和 NO（f）的电子局域功能，以及分别吸附 O₂（g）和 NO（h）后的相应结构优化模型

扫封底二维码见彩图

由于光催化反应发生在光催化剂表面，底物（NO 和 O_2）的吸附是高效氧化 NO 的先决条件。从实验和理论两个方面研究原子分散的 Fe 原子对 O_2 和 NO 吸附的影响。从程序升温脱附曲线可以看出，与 T 样品相比，TF50 样品对 NO 和 O_2 的吸附增强（图 9.13），这与 DFT 模拟结果一致。掺入单原子 Fe 后，O_2 和 NO 吸附的电子局域函数（electron locational function，ELF）均从 0.82（原始 TiO_2）降至 0.80（Fe_1/TiO_2）[图 9.12（e）和（f）]。此外，O_2 在 TiO_2 表面的吸附能从-0.32 eV 急剧升高到-4.13 eV，使 O—O 键长延长和 Bader 电荷增加（从-0.23 e 到 0.73 e）。因此，单原子 Fe 的加入有利于 O_2 在 TiO_2-HMS_S 表面的吸附和活化[图 9.12（g）]。同样，也证实了 NO 在 Fe_1/TiO_2 光催化剂上的强化吸附和活化[图 9.12（h）]。

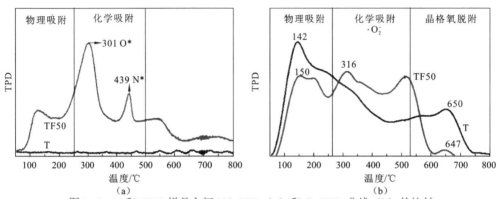

图 9.13　T 和 TF50 样品之间 NO-TPD（a）和 O_2-TPD 曲线（b）的比较

扫封底二维码见彩图

从 ELF 图可以看出，O_2 优先以 Ti···O 的形式吸附在 Ti 表面[图 9.12（e）]，而 NO 则优先以 Fe···N 的形式吸附在 Fe_1/TiO_2 光催化剂表面[图 9.12（f）]。根据优化的结构模型，O_2 和 NO 的吸附原子与最近的钛原子的距离分别为 2.20 Å（O—Ti）和 1.90 Å（O—Ti）。在引入原子分散的 Fe 后，这些距离减少到 1.70 Å（O—Ti）和 1.50 Å（N—Fe）。在 Fe_1/TiO_2-HMS_S 催化剂上，Ti 和 Fe 的双重活性中心有利于 NO 的光催化氧化。

通过在连续流动反应器中可见光催化氧化 NO 来评价 TiO_2-HMS_S 的光反应活性，结果如图 9.14（a）所示。可以清楚地看到，纯净的 TiO_2-HMS_S（T 样品）的可见光反应活性很差，光照 30 min 后，NO 的脱除率仅为 20.67%。结果表明，Fe_1/TiO_2-HMS_S 的光反应活性随 Fe 掺杂量的增加先升高后降低，其中 TF50 样品的光反应活性最高，脱氮率高达 47.91%。Fe_1/TiO_2-HMS_S 对 O_2 和 NO 的吸附增强以及 Fe 和 Ti 双活性中心的形成可

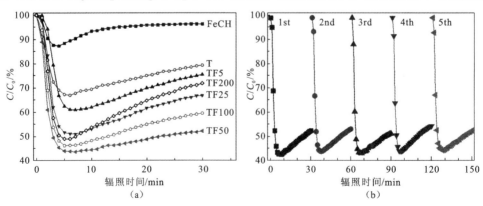

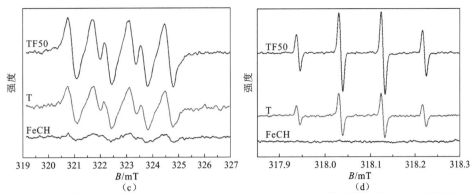

图 9.14　NO 的光催化氧化曲线（a）和 Fe_1/TiO_2 HMS 在 NO 氧化中的光稳定性（b）；单原子 Fe 分散体对 DMPO 捕获 $\cdot O_2^-$（c）和 $\cdot OH$（d）自由基生成的影响

扫封底二维码见彩图

能是光反应活性提高的原因。请注意，所有 TiO_2-HMS_S 光催化剂都具有相似的 BET 比表面积和孔结构（图 9.15 和表 9.1），光催化剂的比表面积不是影响 TiO_2-HMS_S 光反应活性的最重要因素。

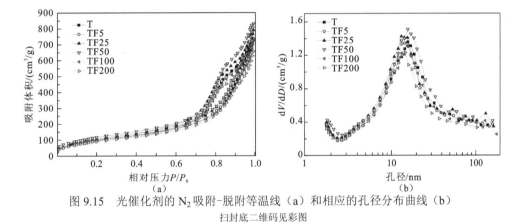

图 9.15　光催化剂的 N_2 吸附-脱附等温线（a）和相应的孔径分布曲线（b）

扫封底二维码见彩图

根据产生的 NO_2 气体的演化曲线，TF50 样品仅产生约 4.0 nL/L 的 NO_2（图 9.16）。

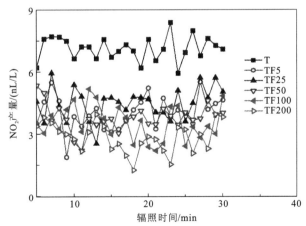

图 9.16　NO 光催化氧化过程中产生 NO_2 的浓度-时间曲线

扫封底二维码见彩图

当 NO 的氧化去除量为 288 nL/L 时（TF50 样品的 NO 氧化率为 47.91%），TF50 样品光催化氧化 NO$_2$ 的选择性仅为 1.40%，远低于未掺杂铁元素的 TiO$_2$ 空心微球样品 T 的 4.43%。因此，可以得出结论，引入单原子 Fe，可以抑制不良副产物 NO$_2$ 的产生。

本小节还用离子色谱法测定残留在光催化剂表面的累积产物。光催化反应 30 min 后，T 和 TF50 样品中分别检测到少量的亚硝酸根离子和硝酸根离子，浓度分别为 0.68 mg/g 和 1.07 mg/g。这些结果证实了 NO 在 Fe$_1$/TiO$_2$-HMS$_S$ 表面的深度氧化（Cheng et al.，2020）。

生成的硝酸根离子可以占据活性位置，从而逐渐使光催化剂失活[图 9.14（a）]。然而，在培养皿中加入 20 mL 水，然后蒸发去除产生的硝酸盐，Fe$_1$/TiO$_2$-HMS$_S$ 几乎所有的光反应性都可以恢复[图 9.14（b）]。因此，所制备的 Fe$_1$/TiO$_2$-HMS$_S$ 有望用于空气净化。

与 T 样品相比，TF50 光催化剂的光电流响应[图 9.17（a）]有所改善，电化学阻抗谱[图 9.17（b）]中半圆形的高频成分受到抑制，表面光电压[图 9.17（c）]增大，光致发光发射态寿命延长[图 9.17（d）]，这表明引入单原子分散的铁可以促进载流子的分离，延缓复合，从而刺激 TiO$_2$-HMS$_S$ 表面产生 ·O$_2^-$[图 9.14（c）]和 ·OH[图 9.14（d）]等活性氧物种（ROS），以促进 NO 的氧化[图 9.14（a）]。

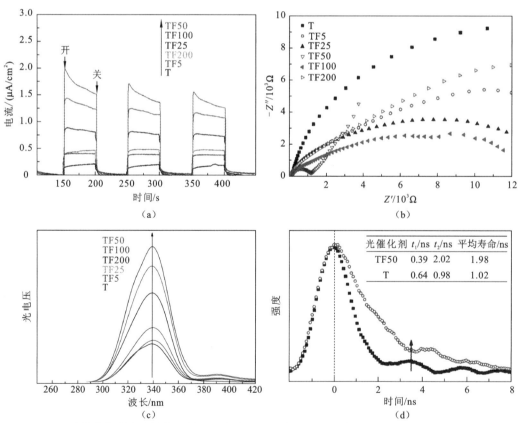

图 9.17　光催化剂的光电性能比较：光电流（a）、电化学阻抗谱（b）、表面光电压谱（c）和光致发光光谱（d）

扫封底二维码见彩图

利用原位漫反射红外傅里叶变换光谱分析技术，对 TiO_2-HMS_S 催化剂上 NO 的氧化过程进行实时监测（图 9.18）。根据吸附的氮氧化物物种的红外光谱归属（表 9.3），可以阐明 NO 在 TiO_2-HMSs 上的氧化路径（路径 1）：$NO \rightarrow NO_2^- \rightarrow NO_2 \rightarrow NO_3^-$，而原子分散的 Fe 的引入导致了另一条 NO 氧化路径（路径 2）：$NO \rightarrow N_2O_2^- \rightarrow NO_2^- \rightarrow NO_2 \rightarrow NO_3^-$。

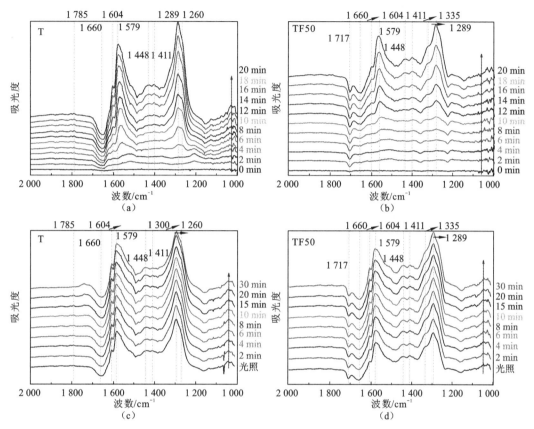

图 9.18　NO 分别在 T 样品和 TF50 样品上的吸附（a 和 b）和光催化氧化（c 和 d）的时间分辨光谱
扫封底二维码见彩图

表 9.3　氮氧化物吸附物种的红外光谱基团归属

波数/cm^{-1}	归属
1 300（1 579）	双齿硝酸盐
1 260（1 604）	桥接硝酸盐
1 785	NO（拉伸振动）
1 335	顺式-$N_2O_2^-$
1 448（1 411）	单齿亚硝酸盐

9.4 小　　结

综上所述，过渡金属 Fe 通过占据钛空位被原子固定在 $TiO_2\text{-HMS}_S$ 表面。Fe 和 Ti 的 3d 轨道之间的强相互作用导致了 Fe—Ti 键的形成，电子从 Fe 向键合 Ti 的迁移促进了 NO 和 O_2 分别在 Fe 和 Ti 双活性中心上的吸附和活化，从而显著提高了 $TiO_2\text{-HMS}_S$ 对 NO 氧化的光反应活性。此外，单原子 Fe 的引入还可以大幅抑制有害副产物 NO_2 的产生。可见光区捕光能力的提高和载流子的激发分离也有利于提高 $TiO_2\text{-HMS}_S$ 的光催化活性。本章为通过引入双活性中心来设计高效的单原子催化开辟了一条新的途径。

参 考 文 献

李庚，朱超涌，2021. 单原子 Bi 吸附对 BiOI 光催化性能的影响. 原子与分子物理学报，38(4): 61-68.

于芹芹，戴友芝，张莉，等，2022. 非贵金属单原子催化剂的研究进展. 化工环保，42(2): 143-147.

Chen Y J, Ji S F, Sun W M, et al., 2020. Engineering the atomic interface with single platinum atoms for enhanced photocatalytic hydrogen production. Angewandte Chemie International Edition, 59(3): 1295-1301.

Chen Z, Zhao J X, Cabrera C R, et al., 2019. Computational screening of efficient single-atom catalysts based on graphitic carbon nitride (g-C_3N_4) for nitrogen electroreduction. Small Methods, 3(6): 1800368.

Cheng G, Liu X, Song X J, et al., 2020. Visible-light-driven deep oxidation of NO over Fe doped TiO_2 catalyst: Synergic effect of Fe and oxygen vacancies. Applied Catalysis B: Environmental, 277: 119196.

Gu J, Hsu C S, Bai L C, et al., 2019. Atomically dispersed Fe^{3+} sites catalyze efficient CO_2 electroreduction to CO. Science, 364(6445): 1091-1094.

Guo Z, Xie Y B, Xiao J D, et al., 2019. Single-atom Mn-N_4 site-catalyzed peroxone reaction for the efficient production of hydroxyl radicals in an acidic solution. Journal of the American Chemical Society, 141(30): 12005-12010.

Han L L, Song S J, Liu M J, et al., 2020. Stable and efficient single-atom Zn catalyst for CO_2 reduction to CH_4. Journal of the American Chemical Society, 142(29): 12563-12567.

Hao L, Kang L, Huang H W, et al., 2019. Surface-halogenation-induced atomic-site activation and local charge separation for superb CO_2 photoreduction. Advanced Materials, 31(25): 1900546.

Hu Z, Li K N, Wu X F, et al., 2019. Dramatic promotion of visible-light photoreactivity of TiO_2 hollow microspheres towards NO oxidation by introduction of oxygen vacancy. Applied Catalysis B: Environmental, 256: 117860.

Hu Z, Yang C, Lv K L, et al., 2020. Single atomic Au induced dramatic promotion of the photocatalytic activity of TiO_2 hollow microspheres. Chemical Communications, 56(11): 1745-1748.

Lee B H, Park S, Kim M, et al., 2019. Reversible and cooperative photoactivation of single-atom Cu/TiO_2 photocatalysts. Nature Materials, 18(6): 620-626.

Li C, Chen Z, Yi H, et al., 2020. Polyvinylpyrrolidone-coordinated single-site platinum catalyst exhibits high activity for hydrogen evolution reaction. Angewandte Chemie International Edition, 59(37): 15902-15907.

Li X, Surkus A E, Rabeah J, et al., 2020. Cobalt single-atom catalysts with high stability for selective dehydrogenation of formic acid. Angewandte Chemie International Edition, 59(37): 15849-15854.

Liu W, Cao L L, Cheng W R, et al., 2017. Single-site active cobalt-based photocatalyst with a long carrier lifetime for spontaneous overall water splitting. Angewandte Chemie International Edition, 56(32): 9312-9317.

Lu Y C, Ou X Y, Wang W G, et al., 2020. Fabrication of TiO_2 nanofiber assembly from nanosheets (TiO_2-NFs-NSs) by electrospinning-hydrothermal method for improved photoreactivity. Chinese Journal of Catalysis, 41(1): 209-218.

Ma J Z, He H, Liu F D, 2015. Effect of Fe on the photocatalytic removal of NO_x over visible light responsive Fe/TiO_2 catalysts. Applied Catalysis B: Environmental, 179: 21-28.

Shah M W, Zhu Y Q, Fan X Y, et al., 2015. Facile synthesis of defective TiO_{2-x} nanocrystals with high surface area and tailoring bandgap for visible-light photocatalysis. Scientific Reports, 5: 15804.

Shang H, Li M Q, Li H, et al., 2019. Oxygen vacancies promoted the selective photocatalytic removal of NO with blue TiO_2 via simultaneous molecular oxygen activation and photogenerated hole annihilation. Environmental Science & Technology, 53(11): 6444-6453.

Siemer N, Lüken A, Zalibera M, et al., 2018. Atomic-scale explanation of O_2 activation at the Au-TiO_2 interface. Journal of the American Chemical Society, 140(51): 18082-18092.

Tian S B, Fu Q, Chen W X, et al., 2018. Carbon nitride supported Fe_2 cluster catalysts with superior performance for alkene epoxidation. Nature Communications, 9: 2353.

Xiao M, Zhang L, Luo B, et al., 2020. Molten-salt-mediated synthesis of an atomic nickel co-catalyst on TiO_2 for improved photocatalytic H_2 evolution. Angewandte Chemie International Edition, 59(18): 7230-7234.

Yang R W, Cai J H, Lv K L, et al., 2017. Fabrication of TiO_2 hollow microspheres assembly from nanosheets (TiO_2-HMSs-NSs) with enhanced photoelectric conversion efficiency in DSSCs and photocatalytic activity. Applied Catalysis B: Environmental, 210: 184-193.

Zheng Y, Cai J H, Lv K L, et al., 2014. Hydrogen peroxide assisted rapid synthesis of TiO_2 hollow microspheres with enhanced photocatalytic activity. Applied Catalysis B: Environmental, 147: 789-795.

第 10 章　光催化中的绝缘体材料

10.1　引　　言

目前，大多数研究集中于具有合适能带结构的传统半导体基光催化剂的开发。进一步开发高效的新型光催化剂将会为催化领域注入新的活力。实际上，根据电子结构的不同，材料可以分为导体、半导体和绝缘体。金属和半金属是典型的导体。其中，金属具有部分填充的导带，而半金属是一种在导带底部和价带顶部之间有很小重叠的材料。因此，半金属在费米能级上没有带隙，且其态密度几乎可以忽略。相比之下，金属在费米能级具有可观的态密度，因为导带被部分填充。半导体和绝缘体都具有分离的导带（CB）和价带（VB），二者的主要差异表现为全带和空带之间的带隙宽度不同。通常，绝缘体的带隙大于 4.0 eV，而半导体的带隙则小于 4.0 eV。经过简单的改性，半导体光催化剂可以很容易地被太阳光激发，从而成为光催化应用领域的一个活跃课题。相比之下，由于充满价带（VB）而没有导电性的绝缘体材料，电子向空导带（CB）跃迁所需的能量远高于温和环境可提供的热辐射能量。加之绝缘体基光催化剂的能带通常比普通的紫外线（UV）驱动的半导体大得多，因此在光催化应用方面的关注较少（Wang et al.，2018b）。以碳酸盐/硫酸盐基异质结（Wang et al.，2020a；Wang et al.，2018a）、氧化铝（Ma et al.，2020；Leow et al.，2017）、SiO₂（Hao et al.，2016；Li et al.，2015c）、氧化镁（Fujita et al.，2020；Xie et al.，2014）等为代表的新型绝缘体相关材料日益成为光催化应用的主流研究对象。上述绝缘体基光催化剂具有稳定性好、无毒、储量丰富、成本低等优点，激发了科研人员的研究兴趣。Li 等（2015c）研究发现，在甲醇-水溶液体系中，在紫外光照射下，绝缘体 SiO₂ 能够产生氢气。此外，Leow 等（2017）发现，绝缘体 Al₂O₃ 通过表面络合反应显示光催化行为。

实际上，与半导体类似，绝缘体如 SrCO₃、BaCO₃、CaCO₃、SrSO₄、BaSO₄ 和 CaSO₄的电子能带结构也由导带和价带组成（Dong et al.，2017）。但是，宽的带隙使绝缘体只能被紫外光激发，导致其光催化应用受限。根据各种已发展的宽禁带修饰光催化剂的策略（Zheng et al.，2016；Moniz et al.，2015），光敏化在促进可见光催化活性方面表现出显著的效果。光敏剂是一种能够被光激发的物质，匹配良好的光敏剂可耦合宽带隙的催化剂，拓展催化体系光响应范围。光敏剂在吸收光子（此范围内的光通常不能诱导催化剂直接反应，如可见光）后，可以激发产生活性电子，可在光催化剂表面触发催化反应。据报道（Moniz et al.，2015；Wang et al.，2014），光敏剂可分为三类。

（1）钌联吡啶配合物、金属铱联吡啶配合物、酞菁系列化合物、卟啉、叶绿素及其衍生物等小分子。

（2）窄带隙半导体光催化剂，如 BiOI 和 AgI。

（3）导体，如石墨烯。

太阳能电池中的绝缘体通过将大量离子转移到绝缘体界面，成为有效的离子导体，从而发挥阻止电荷复合的作用。由此，建立绝缘体-半导体异质结可以实现光生电子从半导体流向绝缘体，从而抑制载流子复合，提高光催化性能。除光感剂修饰的绝缘体光催化剂外，缺陷工程［如含氧空位的 $BaCO_3$（Dong et al.，2017）、含钡空位的 $BaSO_4$（Cui et al.，2019）、含氧空位的 MgO（Liu et al.，2018）］和异质结构建［如 S_rCO_3-$BiOI$（Wang et al.，2019a）、$BaCO_3$-$BiOI$（Wang et al.，2018a）、S_rCO_3-S_rTiO_3（Jin et al.，2018）、$CaSO_4$-$BiOI$（Wang et al.，2020a）、MgO/g-C_3N_4（Mao et al.，2019）、SiO_2/g-C_3N_4（Hao et al.，2016）、Al-MgO-TiO_2、$TiO_2/Ag/S_rSO_4$（Liu et al.，2017）、$S_rSO_4/TiO_2/Pt$（Wang et al.，2019d）］等策略也被应用于优化光催化体系的性能。此外，绝缘体还承担着其他重要的功能，如基底的支撑（Wang et al.，2019b，2019c；Liu et al.，2018）和阻隔层（Cheng et al.，2020；Ma et al.，2020；Kumar et al.，2019；Yu et al.，2011）。

Al_2O_3 和 SiO_2 是光催化中使用最多的绝缘体。以"（Al_2O_3 或 SiO_2）和 photocataly*"为关键词（值得注意的是，仅以"insulator"和"photocataly*"作为关键词是不恰当的），检索 2011～2020 年发表的相关论文。通过分析结果可以发现，论文数量逐步增长，从 216 篇增加到 438 篇［图 10.1（a）］，相应的论文被引次数激增了 157 倍（从 84 次增加到 13 188 次）［图 10.1（b）］。这些结果反映了绝缘体材料在光催化领域中占有重要位置（表 10.1）。通过理解绝缘体材料本征性质及其反应机理，进而设计先进绝缘体基光催化材料将在光催化应用中发挥关键作用。因此，本章首先介绍绝缘体在促进光催化反应过程中的关键作用（即充当可靠的载体和阻挡层）；然后概述单一绝缘体光催化剂的设计策略（如缺陷工程和异质结构建）；最后，还介绍绝缘体基光催化剂的限制因素和发展前景，为光催化领域绝缘体的进一步开发和应用提供了新的参考。

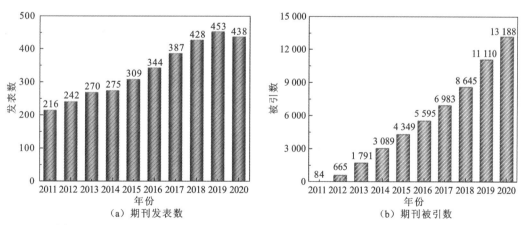

（a）期刊发表数　　　　　　（b）期刊被引数

图 10.1　以（Al_2O_3 或 SiO_2）和 photocataly*为关键词搜索的期刊发表数和被引数

节选自 ISI Web of Science；搜索日期为 2021 年 4 月 18 日

表 10.1　绝缘体在光催化中的应用

绝缘材料	改性策略	绝缘体的作用	实验条件	光催化性能	结论和分析	参考文献
二氧化硅	缺陷工程	光催化剂	模拟太阳光	析氢速率为 988 μmol/(h·g)	类半导体活性	Anastasescu 等（2018）

绝缘材料	改性策略	绝缘体的作用	实验条件	光催化性能	结论和分析	参考文献
氧化镁	缺陷工程	光催化剂	紫外光降解亚甲基蓝（MB）	降解率55%（3 h）	缺陷引入缩小带隙	Fujita 等（2020）
碳酸钡	缺陷工程（氧空位）	光催化剂	紫外光促进 NO 氧化	NO 去除率为37%（30 min）	氧空位缺陷诱导 $BaCO_3$ 的光催化活性	Dong 等（2017）
硫酸钡	缺陷工程（钡空位）	光催化剂	紫外灯（280 nm），0.2 g 催化剂，NO 初始浓度：500 μg/L	30 min 内 NO 去除率为42%	钡空位的构建有助于优化绝缘体 $BaSO_4$ 的光催化性能	Cui 等（2019）
氧化镁	缺陷工程（氧空位）和 LSPR	光催化剂	150 W 氙灯，6 mg 样品，4 mL 甲醇，常温常压	析氢速率为24.7 μmol/(h·g)	Au 的局部等离子体与 MgO 的氧空位之间的协同作用增强了 MgO 的光活性和稳定性	Liu 等（2018）
碳酸锶-碘氧化铋		助催化剂（碳酸锶）	可见光区（420～700 nm），0.2 g 样品	30 min NO 去除率为48.3%	光敏剂中的光激电子可以转移到绝缘体的导带，进而活化 ROS 参与光氧化反应	Wang 等（2018b）
碳酸钡-碘氧化铋		助催化剂（碳酸钡）	可见光区（420～700 nm），0.2 g 样品	30 min NO 去除率为47.5%	绝缘体-半导体界面可以形成电子传递通道	Wang 等（2018a）
钛酸锶-碳酸锶		助催化剂（碳酸锶）	300 W 氙灯（420 nm 滤光片），50 mg 样品	12 min 内 NO 去除率为47%	绝缘体碳酸锶提高了钛酸锶的光活性和稳定性	Jin 等（2018）
硫酸钙-碘氧化铋		助催化剂（硫酸钙）	可见光区（420～780 nm），0.2 g 样品	NO 净化率：54.4%	硫酸钙-碘氧化铋界面存在富电子环境	Wang 等（2020a）
二氧化钛@二氧化硅		助催化剂（二氧化硅）	四盏紫外灯，甲苯浓度 22±0.3 mg/m³，相对湿度50%	甲苯去除率约为22%	SiO_2 涂层有效地屏蔽了 SiO_2 表面的电荷，减少了不必要浮尘粒子的吸附	Lyu 等（2016）
硫酸锶/二氧化钛/银		助催化剂（硫酸锶）	亚甲基蓝（MB）降解：模拟太阳光，50 mL MB 溶液（10^{-5} mol/L）；析氢：300 W 氙灯，50 mg 粉末，甲醇（20 mL）和水（80 mL）	罗丹明 B 降解速率常数 $k=0.135\,6\ min^{-1}$；析氢速率为260 μmol/(h·g)	硫酸锶可作为电荷传递通道和消耗位点	Liu 等（2017）
二氧化钛/二氧化硅微球		载体（二氧化硅）	汞灯（300 W），催化剂 50 mg，MO 稀释液 50 mL（10 mg/L）	在紫外光照射下，90 min 内，TiO_2/MS-SiO_2 对甲基橙的降解率达到100%	SiO_2 不仅可以提高 TiO_2 的分散性，而且可以提高 TiO_2 在紫外光辐射下的暴露程度	Wang 等（2019b）
硫化镉/二氧化钛/MS-二氧化硅		载体（二氧化硅）	罗丹明 B 降解：模拟阳光，罗丹明 B 浓度 10 mg/mL；Cr(VI) 去除：模拟阳光，100 mg/L	180 min 内罗丹明 B 染料完全被去除；Cr(VI) 降解速率常数 $k=0.008\,42\ min^{-1}$	SiO_2 不仅改善了 CdS 与 TiO_2 颗粒的分散程度和活性位点的暴露程度，还改变了 CdS 与 TiO_2 异质结类型	Wang 等（2020b）
石墨相氮化碳-氧化铝		载体（氧化铝）	2 盏 13 W 节能灯，相对湿度50%，NO 初始浓度 600 μg/L	NO 去除率为77.1%	g-C_3N_4 在 Al_2O_3 泡沫陶瓷载体上足够稳定，可抵抗强空气流动	Dong 等（2014）

绝缘材料	改性策略	绝缘体的作用	实验条件	光催化性能	结论和分析	参考文献
碳酸钙/硫化铜		载体（碳酸钙）	近红外激光，10 mg 催化剂，2 mL 特定浓度的 4-NP 溶液	4-NP 还原的表观动力学速率常数为 0.193 66 min^{-1}	废弃蛋壳衍生的 CaCO$_3$ 不仅可以作为 CuS 纳米粒子的载体，还可以提供活性碳酸盐自由基（·CO$_3^-$）。	Zhang 等（2020b）
CdS@Al$_2$O$_3$@ZnO		阻隔层（Al$_2$O$_3$）	300 W 氙弧灯，10 mg 样品，25 mL 水（含 0.35 mol/L 硫化钠和 0.25 mol/L 无水亚硫酸钠），1%铂	析氢速率为 1 190 mmol/(h·m^2)	Al$_2$O$_3$ 的存在克服了 CdS 与 ZnO 之间的晶格失配，促进了电荷传递	Ma 等（2020）
γ-Fe$_2$O$_3$@SiO$_2$@TiO$_2$		阻隔层	300 W 氙灯，30 mg 催化剂，20 mL 罗丹明 B 水溶液，浓度为 1×10^{-5} mol/L	60 min 内罗丹明 B 染料几乎被完全去除	宽带隙的 SiO$_2$ 阻止了 γ-Fe$_2$O$_3$ 与 TiO$_2$ 的直接接触，避免了界面上的电荷复合；此外，SiO$_2$ 层也增强了整体的吸附性能，进一步提升光活性材料周围污染物分子的浓度	Yu 等（2011）

10.2 绝缘体在光催化中的作用

过去，光化学惰性的绝缘体因其宽带隙而被认为前景不佳，并被置于光催化应用的主流之外，但在电子、陶瓷和玻璃等领域被广泛应用。尽管如此，绝缘体具有化学稳定性、大比表面积和丰富的吸附位点等特性，使它们与窄带隙半导体耦合形成高效复合体系成为可能。本节将主要讨论绝缘体在光催化中的作用。一般来说，绝缘体具有三种主要功能（高效的助催化剂、稳定的载体和阻隔层），可以极大地提高体系光催化性能，如图 10.2 所示。

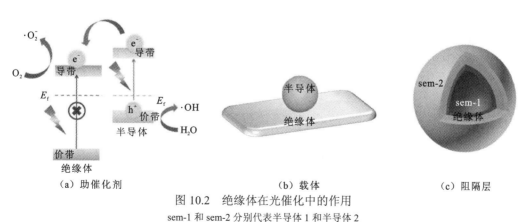

（a）助催化剂　　　　（b）载体　　　　（c）阻隔层

图 10.2　绝缘体在光催化中的作用

sem-1 和 sem-2 分别代表半导体 1 和半导体 2

10.2.1 作为助催化剂

绝缘体有助于促进光生电荷在绝缘体-半导体异质结界面上的迁移，提高催化剂的整体光催化活性。其中，具有合适导带结构或缺陷能级的绝缘体可以从主催化剂（半导体）导带接受光生电子，从而抑制光生电子-空穴的复合（Jin et al.，2018；Li et al.，2015a，2015b）。由于绝缘体具有的独特特性，与 TiO_2（Li et al.，2012）、g-C_3N_4（Mao et al.，2019）、BiOI（Wang et al.，2018a）和 S_rTiO_3（Jin et al.，2018）等不同半导体复合的绝缘体已被广泛报道。将合适的绝缘体助催化剂与半导体复合，并调控它们的兼容性，成为获得高效光催化剂的可靠手段。

1. S_rCO_3/BiOI

碳酸盐是一种典型的绝缘体材料，具有储量丰富、制备简易、分子结构适宜等特点。将绝缘体 S_rCO_3（n 型）和半导体 BiOI（p 型）耦合，形成 S_rCO_3-BiOI（Sr-B）异质结[图 10.3（a）和（b）]，可使 BiOI 和 S_rCO_3 的费米能级（E_f）平衡到同一能级，形成稳定的 p-n 结[图 10.3（g）]。最终，提高了光生电荷传输效率，延长了 BiOI 的载流子寿命，进而提高了 Sr-B 异质结的光催化活性（Wang et al.，2018b）。值得注意的是，在该体系中，电荷传输通道在提高 Sr-B 异质结的光催化性能中发挥了重要作用。由密度泛函理论（DFT）计算和 X 射线光电子能谱（XPS）结果证实，绝缘体和半导体之间可以通过原子轨道（即绝缘体 $SrCO_3$ 的 O 2p 轨道和 BiOI 的 Bi 6p 轨道）特定的共价相互作用来建立电荷传输通道。如图 10.3（c）所示，BiOI 中的 Bi 原子与 $SrCO_3$ 中的 O 原子表现出强烈的共价相互作用。此外，BiOI 中 Bi 6p 和 $SrCO_3$ 中 O 2p 的 PDOS 峰重叠[图 10.3（d）]，表明存在电荷传输通道。更重要的是，XPS 谱表明，Sr-B-4 样品（$SrCO_3$/BiOI 的物质的量比为 6:4）中 Bi 4f 的结合能偏移到比纯 BiOI 更高的位置。而在 Sr-B-4 中的 $SrCO_3$ 的 O 1s 却偏移到比未改性 $SrCO_3$ 更低结合能位置[图 10.3（e）和（f）]。结果表明，光生电子可以有效地从半导体 BiOI 的 Bi 原子转移到绝缘体 $SrCO_3$ 的 O 原子。然而，目前利用 XPS 谱来证明异质结的电子流方向仍存在争议，如果用原位 XPS 来表征可能更具说服力（Xu et al.，2020）。

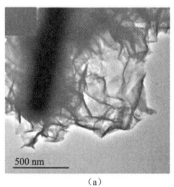 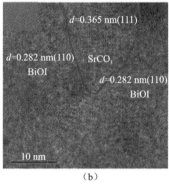 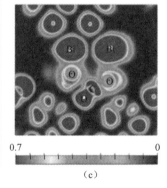

（a）　　　　　　　　　　（b）　　　　　　　　　　（c）

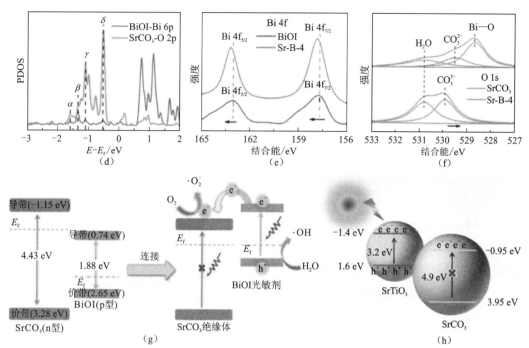

图 10.3 S_rCO_3-BiOI 样品的 TEM（a）和 HRTEM（b）图像；BiOI 中 Bi 原子和 S_rCO_3 中 O 原子的电子局域函数（c）和偏态密度（d）；Bi 4f（e）和 O 1s（f）的 XPS 光谱；绝缘体-半导体基 S_rCO_3-BiOI 异质结的光催化电荷转移机理（g）；光照下，绝缘体-半导体基 S_rTiO_3-S_rCO_3 异质结的光催化机理（h）

引自：Wang 等（2018b）、Jin 等（2018），扫描封底二维码见彩图

2. $BaCO_3$/BiOI

Wang 等（2018a）利用沉淀法合成了 $BaCO_3$-BiOI 纳米复合材料。研究发现，BiOI 的 Bi 层及 $BaCO_3$ 中的 CO_3^{2-} 层的计算电势约为 5.03 eV 和 12.37 eV。不同的电势值使在可见光照射下 Bi 原子上的光生电子能够克服能量势垒转移到邻近的 CO_3^{2-} 层。因此，在 $BaCO_3$ 表面，自由电子与吸附的 O_2 分子发生反应，可以产生·OH、·O_2^- 和 $^1O_2$ 等活性物种，从而使绝缘体 $BaCO_3$ 基材料具有优异的光催化性能。以上研究工作挑战了自由电子不能转移到绝缘体上的传统观点，加深了对绝缘体与半导体界面上电子转移机制的认识。

3. $SrCO_3$/$SrTiO_3$

根据 Jin 等（2018）的研究，导电电势较低的碳酸盐 $SrCO_3$ 可以作为光生电子的接受位点，避免半导体 $SrTiO_3$ 的失活 [图 10.3（h）]，其功能类似于贵金属。$SrCO_3$-$SrTiO_3$ 异质材料是通过一步原位混合煅烧合成的。如图 10.3（h）所示，$SrCO_3$（CB=-0.95 V，VB=3.95 V）和 $SrTiO_3$（CB=-1.4 V，VB=1.6 V）具有匹配良好的能带结构。该异质结体系中，一方面 $SrCO_3$ 起接受来自 $SrTiO_3$ 的导带光生电子的作用；另一方面，它可充当路易斯酸的作用，增强对氧气（路易斯碱）的吸附。如图 10.3（h）所示，$SrTiO_3$ 中的光生电子可迁移至 $SrCO_3$。因此，$SrCO_3$ 上吸附 O_2 的活化会进一步增强，产生更多的超氧自由基 ·O_2^-，从而氧化目标 NO 分子。至于 $SrTiO_3$，其 O 端与 NO 的 N 原子之间可形成共价键，使 NO 分子吸附在表面。$SrCO_3$ 的引入分离了 NO 和 O_2 的吸附位点，抑制了

$SrTiO_3$ 催化剂的中毒失活，提高了光催化效率。因此，如果绝缘体和半导体的能带结构都匹配，可以直接构建形成有效的异质结[图 10.3（h）]。此外，还可以从构建 p-n 结或者内建电场方面，考虑构建绝缘体-半导体光催化体系[图 10.3（g）]（Wang et al.，2018b）。

4. $CaSO_4$/BiOI

虽然上述研究表明，绝缘体的引入有利于光生电荷的迁移，但需要进一步分析绝缘体与半导体之间原子界面结构的影响。近期，Wang 等（2020a）利用简单的沉淀法构建了 $CaSO_4$-BiOI 异质界面，可有效地光催化去除 NO。结果证实，在绝缘体-半导体界面会形成富电子环境[图 10.4（a）]，这有利于诱导产生充足的 $\cdot O_2^-/\cdot OH$ 活性物种，进而将催化剂表面的目标污染物去除。

5. MgO/g-C_3N_4

此外，氧化物绝缘体同样可以用于与半导体结合以提高催化剂的光催化活性。通常采用具有惰性性质的氧化物绝缘体作为硬模板，以增加催化剂的比表面积，从而暴露更多的吸附位点（Hao et al.，2016；Barpuzary et al.，2011）。目前，氧化物绝缘体光催化剂的更多特性正在开发中。例如，Mao 等（2019）指出，通过将不同比例的六水硝酸镁和 g-C_3N_4 进行混合热解，可以将绝缘体 MgO 与 g-C_3N_4 结合，形成绝缘体基异质结结构。由于合适的 MgO 能带结构，光生载流子可以有效转移和分离，如图 10.4（b）所示。结果表明，与纯 g-C_3N_4 相比，MgO/g-C_3N_4 复合材料具有更强的光活性。一方面，导带位置相对正的 MgO（-1.02 eV）可以从导带值较高的半导体接受光生电子，从而作为电子受体。另一方面，由于 MgO 具有优异的 CO_2 吸附性能和光还原产物选择性，其引入可

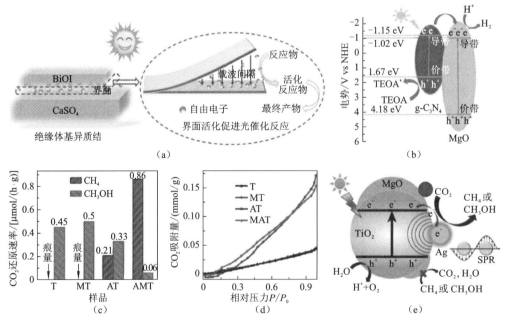

图 10.4 界面载流子分离和反应物活化的富电子环境示意图（a）；MgO/g-C_3N_4 复合光催化剂的光催化产氢机理（b）；制备的样品的光催化 CO_2 还原性能（c）和 CO_2 吸附等温线（d）；紫外-可见光照射下 MAT（MgO-Ag-TiO_2）光催化机理示意图（e）

（a）引自 Wang 等（2020a），（b）引自 Mao 等（2019），（c）～（e）引自 Xu 等（2018），扫描封底二维码见彩图

作为一种非常有前途的光催化 CO_2 还原应用策略（Feng et al.，2020；Torres et al.，2020；Xie et al.，2014）。鉴于 MgO 具有碱性，Xu 等（2018）结合静电纺丝和湿浸渍法设计了一种高效的 Ag 和 MgO 共改性 TiO_2 纳米纤维毡状催化剂，用于 CO_2 光还原。他们发现 MgO 可以与 Ag 纳米粒子配合，增强 TiO_2 的光催化活性和 CH_4 选择性。图 10.4（c）比较了 TiO_2 纳米纤维毡（T）、MT（MgO-TiO_2）、AT（Ag-TiO_2）和 AMT（Ag-MgO-TiO_2）的光催化还原 CO_2 活性。其中，T 样品的光活性最差。随着 MgO 的加入，MT 的 CH_3OH 生成量略有增加。这一现象符合 MgO 纳米粒子的基本性质，有利于促进酸性 CO_2 分子的吸附。如图 10.4（d）所示，添加 MgO 的样品具有较高的 CO_2 吸附容量。Ag 纳米粒子在 TiO_2 纳米纤维毡上沉积后，AT 表现出较低的 CH_3OH 和 CH_4 生成速率。值得注意的是，AMT 具有最高的光催化 CH_4 产率和选择性。该研究表明，MgO 和 Ag 纳米粒子协同增强了 TiO_2 的 CO_2 还原活性和 CH_4 选择性，其中 Ag 纳米粒子赋予的 SPR 效应促进了载流子的分离。此外，被 MgO 吸附和活化的 CO_2 分子可能会与 Ag 纳米颗粒上的电子发生反应，生成 CH_4 或 CH_3OH[图 10.4（e）]。更重要的是，MgO 避免了样品与 TiO_2 的直接接触，从而极大程度地防止了样品的氧化。这项工作揭示了绝缘体 MgO 在光催化 CO_2 还原中的重要性。

6. SiO_2/g-C_3N_4

在另一项研究中，Hao 等（2016）发现绝缘体 SiO_2 不仅增加了 SiO_2/g-C_3N_4 复合材料的比表面积，而且阻碍了 g-C_3N_4 载流子的复合[图 10.5（a）]，使得 SiO_2/g-C_3N_4 复合材料比体相 g-C_3N_4 具有更好的光催化性能[图 10.5（b）]。结果表明，SiO_2 的表面状态是驱动电子-空穴对分离和转移的主要因素[图 10.5（c）]。如前所述，引入表面态可以

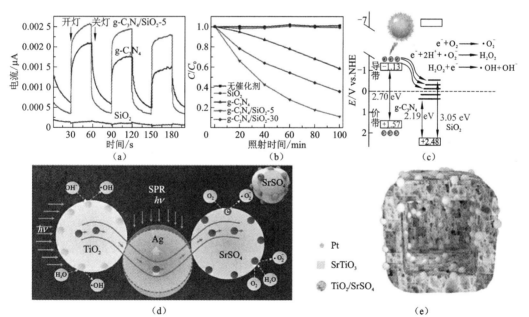

图 10.5　g-C_3N_4/SiO_2-5 样品与对照组的瞬态光电流密度响应（a）和光催化 RhB 降解活性（b）；g-C_3N_4/SiO_2 的光催化机理（c）；TiO_2/Ag/$SrSO_4$ 异质结体系中光电子转移过程及活性物种生成示意图（d）；$SrSO_4$/TiO_2/Pt 空心盒结构图（e）

（a）～（c）引自 Hao 等（2016），（d）引自 Liu 等（2017），（e）引自 Wang 等（2019d），扫封底二维码见彩图

改变绝缘体的能带结构，形成子能级（Li et al.，2015c）。显然，这些杂质能级使光生电子从半导体转移到 SiO_2 成为可能。

7. $SrSO_4/TiO_2$

除了二元介质光催化剂外，杂化三元绝缘体基异质结也成为光催化领域的一个蓬勃发展的方向。例如，Liu 等（2017）通过两步水热处理和紫外光还原方法合成了 $TiO_2/Ag/SrSO_4$ 三元杂化异质结。如图 10.5（d）所示，绝缘体 $SrSO_4$ 被用于构建电子传输通道和消耗位点，以刺激活性物种的产生，进而提高复合材料的光催化性能。此外，$SrSO_4$ 纳米颗粒还可以用来构建一些独特的框架，如光学透明空心盒[图 10.5（e）]，通过优化光路增加 $SrSO_4/TiO_2/Pt$ 光催化剂的光催化制 H_2 的光吸收能力（Wang et al.，2019d）。得益于半导体、金属和绝缘体之间的光吸收增强和电荷转移效率显著协同效应，$SrSO_4/TiO_2/Pt$ 样品的光吸收增强且电荷转移效率显著提升，因此，该催化剂在甲醇存在的条件下，最佳析氢速率可达 $10.5\ mmol/(g\cdot h)$，甚至优于商用 P25/Pt。

匹配能带结构的绝缘体与传统半导体光催化剂的耦合，建立绝缘体基光催化体系，可以发挥二者的互补优势，提高催化性能。然而，与其他半导体或金属催化剂的异质结材料设计及组分调控仍需进一步研究，以发现绝缘体新特性和获得高效的绝缘体基光催化剂。

10.2.2　作为基底催化剂

近年来，单组分半导体光催化剂一直受到科学家们的关注，但其局限性仍未得到解决，如纳米颗粒易于团聚、化学稳定性低、光催化活性不佳等。将合适的绝缘体材料与单组分光催化剂进行复合似乎可以解决上述问题。因为化学惰性、高比表面积和独特的表面特性，绝缘体可作为基底固定和分散半导体光催化剂，包括 TiO_2（Wang et al.，2019b；Wang et al.，2019c）、g-C_3N_4（Dong et al.，2014）、Fe_2O_3（Mandal et al.，2019）、CuS（Zhang et al.，2020b）、等离子体金属（Liu et al.，2018；Mukherjee et al.，2014）等，以提高光催化过程中活性位点的暴露程度。此外，绝缘体（如 SiO_2）同样可以优化光路，提高光散射效率，从而提高绝缘体基光催化剂的光子捕获，进一步促进光生载流子的产生（Wang et al.，2019b；Zhang et al.，2019a）。因此，绝缘体的存在提高了多相光催化剂的催化活性、稳定性和耐用性。本小节总结了一些典型的绝缘载体（SiO_2、Al_2O_3 和 $CaCO_3$），它们被广泛用于构建绝缘体负载型的光催化剂。

1. SiO_2

SiO_2 具有良好的物理化学稳定性和丰富的表面官能团，是一种可靠的基底材料。与未改性的光催化剂相比，SiO_2 负载的光催化剂表现出更好的光催化性能，因此受到广泛的关注。例如，Wang 等（2019b）报道了一种 TiO_2/SiO_2 复合材料，其中 TiO_2 纳米颗粒通过溶胶-凝胶合成策略均匀分布在 SiO_2 微球表面。与未改性的 TiO_2 和 P25 相比，TiO_2/SiO_2 对甲基橙的光催化降解活性明显提高。SiO_2 基体系充足的表面羟基促进了 TiO_2 纳米粒子的稳固键合，从而使 TiO_2/SiO_2 杂化物具有良好的长期结构稳定性。此外，SiO_2 的光散射效应可以提高负载型 TiO_2 对紫外线的吸收[图 10.6（a）]，驱动产生大量的光生载流子。

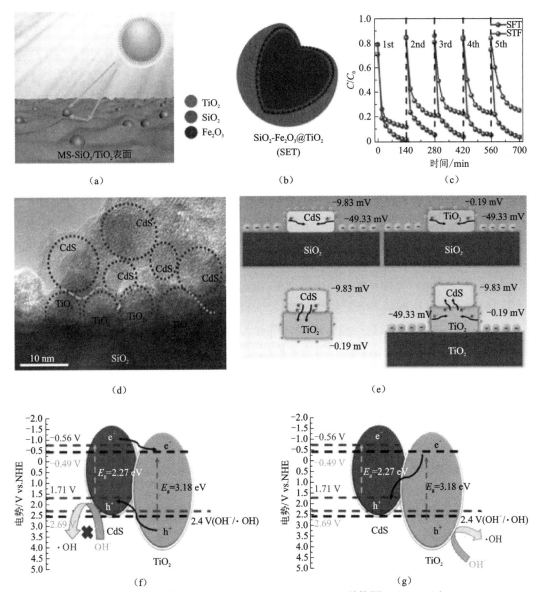

图 10.6　SiO$_2$ 支撑体反射效应示意图（a）；SiO$_2$-Fe$_2$O$_3$@TiO$_2$（SFT）结构图（b）；SFT 和 SiO$_2$@TiO$_2$-Fe$_2$O$_3$
（STF）降解四环素的光催化活性及稳定性结果（c）；CdS/TiO$_2$/MS-SiO$_2$ 的 HRTEM 图像（d），Zeta 电位对
制备样品的影响（e），传统 Ⅱ 型异质结（f）和 Z 型异质结（g）中光生电子的转移图

（a）引自 Wang 等（2020b），（b）～（c）引自 Zhang 等（2020a），（d）～（g）引自 Wang 等（2020b）；扫描封底二维码见彩图

　　此外，在 SiO$_2$ 负载体系中，光催化剂颗粒的团聚尺寸、悬浮液的性质都可以灵活调
节以刺激光催化剂与反应物分子的界面相互作用（Ullah et al.，2015；Liu et al.，2014）。
例如，SiO$_2$ 纳米球可作为 Fe$_2$O$_3$ 光催化剂的基底材料，防止 Fe$_2$O$_3$ 纳米颗粒的团聚并提
供更多的光催化位点，这进一步提高了 SiO$_2$-Fe$_2$O$_3$ 复合材料的光催化活性和可循环性
（Mandal et al.，2019）。在光催化降解过程中，Fe$_2$O$_3$ 会发生腐蚀和溶解。因此，Zhang
等（2020a）通过苯乙烯原位聚合和热解法制备了一种新型分级中空 SiO$_2$-Fe$_2$O$_3$@TiO$_2$ 光
催化剂，将 Fe$_2$O$_3$ 纳米颗粒包裹在 SiO$_2$@TiO$_2$ 空心球内。其中 SiO$_2$ 作为分散 Fe$_2$O$_3$ 的载体，

而 TiO$_2$ 外壳则起到相当于保护墙的作用避免 Fe$_2$O$_3$ 的脱落流失[图 10.6（b）]（Ullah et al., 2015）。与 SiO$_2$@TiO$_2$-Fe$_2$O$_3$（位于外部的 Fe$_2$O$_3$）相比，得益于 SiO$_2$ 基底和 TiO$_2$ 外壳提供的限域效应，合成的样品表现出更好的抗生素光催化降解活性和稳定性[图 10.6（c）]。该模型有望用于设计其他金属氧化物限制型催化剂，以实现特定的光催化应用。

此外，SiO$_2$ 基底还可用于优化二元异质结关系。如 Wang 等（2020b）研究了 SiO$_2$ 微球作为载体对 CdS/TiO$_2$ 异质结性质的影响。含 Cd^{2+} 和 S^{2-} 的废水分别作为 Cd 源和 S 源获得 CdS，接着采用搅拌沉淀法和煅烧法制备了三元 CdS/TiO$_2$/SiO$_2$ 复合催化剂。研究结果表明，CdS/TiO$_2$/SiO$_2$ 复合材料[图 10.6（d）]是以 SiO$_2$ 为载体的、具有优异光催化活性的 Z 型异质结光催化剂。具体来说，SiO$_2$ 较大的表面负电位阻止了 TiO$_2$ 和 CdS 的光生电子向外传输，促进了电子从 TiO$_2$ 的导带向 CdS 的价带进行转移[图 10.6（e）]，从而形成 CdS/TiO$_2$ Z 型异质结，而不是 II 型异质结[图 10.6（f）和（g）]。值得注意的是，与 II 型异质结相比，这种 Z 型异质结对罗丹明 B 的光催化氧化和 Cr(VI) 的光催化还原具有更好的性能（Wang et al., 2020b）。

综上所述，SiO$_2$ 载体在绝缘体改性半导体体系中所起的作用如下。

（1）减小光催化剂的尺寸，提高了颗粒的分散程度。

（2）利用 SiO$_2$ 的光散射效应，增加材料对入射光的暴露程度。

（3）与其他壳层组分结合，作为内核催化剂的载体，使其免受腐蚀、溶解和失活的影响。

（4）利用 SiO$_2$ 大的负表面势改变光生载流子的流动方向。

2. Al$_2$O$_3$

众所周知，粉状光催化剂一直存在分离和回收困难的问题，特别是在实际光催化应用中。除了 SiO$_2$，绝缘体 Al$_2$O$_3$ 也被成功开发用于锚定光催化剂（Yildiz et al., 2020）。Dong 等（2014）通过原位制备法在 Al$_2$O$_3$ 泡沫陶瓷上负载了聚合物 g-C$_3$N$_4$[图 10.7（a）]，即在不同温度（450 ℃、550 ℃、600 ℃）下处理双氰胺、去离子水和 Al$_2$O$_3$ 泡沫陶瓷[（150×150 × 22）mm，10 ppi]2 h。将制备的样品应用于真实室内空气中对 NO 的光催化去除，表现出了优异的光催化活性。如图 10.7（b）所示，相较于所有参照样品，加热温度为600 ℃制备得到的 CN-600 样品展现出最佳的 NO 光氧化效率。此外，即使在连续的空气流动中，它仍表现出良好的稳定性和可重用性[图 10.7（c）]，这意味着 Al$_2$O$_3$ 是 g-C$_3$N$_4$ 可靠的固定基底。具体而言，具有 L-酸性质的 Al$_2$O$_3$ 表面允许 Al 原子接受 g-C$_3$N$_4$ 中 N 原子上的孤对电子[图 10.7（d）]。因此，g-C$_3$N$_4$ 和 Al$_2$O$_3$ 基底可通过化学结合力紧密相连；即使在风扇强力吹风的状态工作下，Al$_2$O$_3$ 也能保证对 g-C$_3$N$_4$ 的超强固定性。12 h 后，从 Al$_2$O$_3$ 陶瓷泡沫上吹落的 g-C$_3$N$_4$ 也不到 0.75%。研究结果表明，Al$_2$O$_3$ 可以作为一种基底负载材料，在环境领域具有广阔的应用前景。

3. CaCO$_3$

最近，有一些关于生物转化绝缘体 CaCO$_3$ 的有趣研究报道，这些绝缘体 CaCO$_3$ 同样可以用于构建高效的绝缘体负载型光催化剂，并获得理想的光反应活性（Chang et al., 2019；Zhang et al., 2019b）。例如 Zhang 等（2020b）制备了蛋壳衍生的 CaCO$_3$/CuS 复合光催化剂，CaCO$_3$ 作为载体分散了 CuS 纳米粒子。所得 CaCO$_3$/CuS 材料在近红外光照

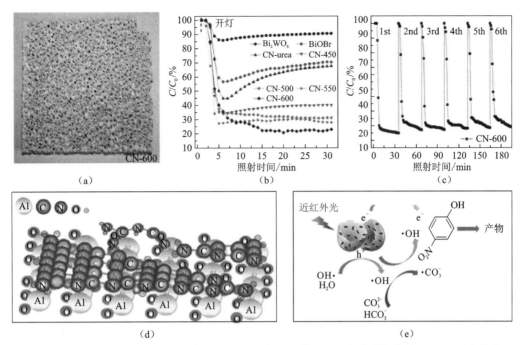

图 10.7 CN-600 的实物照片（a）；负载在不同温度处理的 Al_2O_3 泡沫陶瓷上的 g-C_3N_4 的光催化 NO 去除率（b）；CN-600 的循环稳定性结果（c）；从 g-C_3N_4 接受电子对的 L-酸铝原子的示意图（d）；催化机理图（e）

（a）～（d）引自 Dong 等（2014），（e）引自 Zhang 等（2020b）；扫封底二维码见彩图

射下对 4-硝基苯酚具有良好的光降解活性，15 min 的降解率可达 98%。在本节中，$CaCO_3$ 除了作为固定 CuS 纳米粒子的载体外，还提供活性碳酸盐自由基（·CO_3^-），协同降解有机有毒污染物[图 10.7（e）]。正是由于 $CaCO_3$ 溶液中丰富 CO_3^{2-} 的存在，光生空穴与吸附的水分子或 OH^- 发生反应产生的 ·OH 可以进一步将 CO_3^{2-} 氧化为 ·CO_3^{2-}。更吸引人的是，$CaCO_3$ 来源于废弃的蛋壳。受到这些报道的启发，笔者认为将生物废弃物转化为绝缘体材料具有重要意义，这为设计经济可行、高附加值的绝缘体负载型光催化剂提供了广阔前景。

10.2.3 作为隔绝层

对于与绝缘体有关的三元光催化剂，绝缘体-隔绝层的引入主要是为了优化其他两组分的协同关系，从而提高三元复合体系的整体催化效率。目前，许多半导体-绝缘体-半导体（S-I-S）核壳结构被刻意构建，以防止不合适材料的直接接触（Cheng et al.，2020；Ma et al.，2020；Kumar et al.，2019）。

1. Fe_2O_3@SiO_2@TiO_2

一些半导体（如 TiO_2 和 g-C_3N_4）作为高效的光催化剂，在降解和矿化有机化合物方面发挥了潜力，但在从悬浮液中分离和回收方面仍存在挑战（Zhu et al.，2018；Li et al.，2017）。这种半导体与磁性材料的结合被认为是解决这些问题的一种有效的方法，因为材料可在外部磁场作用下进行回收（Raha et al.，2020）。然而，磁性 Fe_2O_3 与 TiO_2 这样的光催化剂之间的直接接触通常会产生负面效果，引发电子空穴复合和光溶解现象

（Twisk，2013）。这是因为窄带隙的磁性 Fe_2O_3，其晶格中的 Fe^{3+} 和 Fe^{2+} 之间存在电子跃迁，这一定程度上促进了载流子复合。同时，在近紫外光照射下，Fe_2O_3 容易溶解。因此，Yu 等（2011）通过多次水热处理工艺开发了以 SiO_2 为屏障夹层的 $\gamma\text{-}Fe_2O_3@SiO_2@TiO_2$ 复合微球，保留了 $\gamma\text{-}Fe_2O_3$ 的超顺磁性，在很大程度上避免了电荷复合。对于 $\gamma\text{-}Fe_2O_3@TiO_2$ 材料而言，具有较低导带和较高价带的磁性 $\gamma\text{-}Fe_2O_3$ 可以成为 TiO_2 光生载流子的复合中心［图 10.8（a）］。此外，罗丹明 B 染料分子通过 TiO_2 扩散与载流子接触相对困难，导致光催化活性较差。而宽带隙的 SiO_2 层作为介质阻挡层，阻碍了光生载流子从 TiO_2 向 $\gamma\text{-}Fe_2O_3$ 的转移，抑制了界面上的电荷复合。此外，如图 10.8（b）所示，吸附性良好的

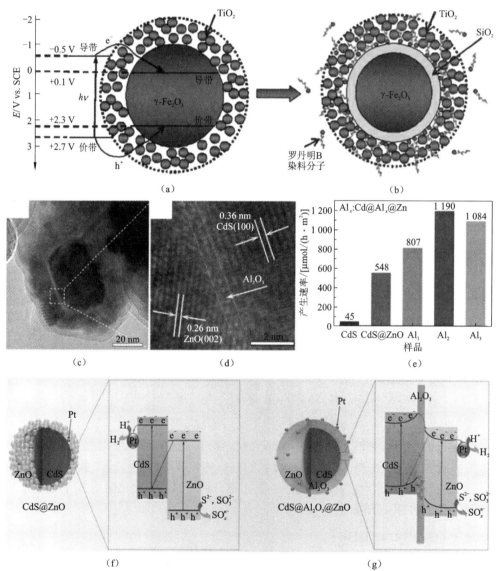

图 10.8　$\gamma\text{-}Fe_2O_3@TiO_2$ 材料的电荷转移机理（a）及 SiO_2 阻挡层增强罗丹明 B 分子吸附效应（b）的示意图；$CdS@Al_2O_3@ZnO$ 复合材料的 TEM（c）和 HRTEM（d）图像及光催化氢气产生速率图（e）；$CdS@ZnO$（f）和 $Cd@Al@Zn$（g）材料上的光生电荷转移机制

（a）和（b）引自 Yu 等（2011）；（e）中 $Cd@Al_x@Zn$ 中的 x 表示通过原子层沉积法将 Al_2O_3 负载到 CdS 上的沉积次数，（f）和（g）引自 Ma 等（2020）；扫封底二维码见彩图

SiO₂ 中间层提高了 TiO₂ 光催化活性层周围染料分子的浓度，从而提升光降解效率。这种多功能 SiO₂ 阻挡层的设计方案为磁性光催化剂的开发和调控提供了新的见解。

2. CdS@Al₂O₃@ZnO

Ma 等（2020）设计了一种 CdS@Al₂O₃@ZnO（Cd@Al@Zn）光催化剂[图 10.8（c）和（d）]，其中 Al₂O₃ 中间层阻碍了 CdS 和 ZnO 的直接接触，并消除了它们晶格失配的负面影响。受益于 Al₂O₃ 层的钝化作用，CdS@Al₂O₃@ZnO 的外沉积 ZnO 层比 CdS@ZnO 更均匀[图 10.8（f）和（g）]。由图 10.8（e）可以看出，优化后的 Cd@Al₂@Zn 复合光催化剂的 H_2 生成速率为 1 190 μmol/(h·m²)，分别是原始 CdS 和 CdS@ZnO 的 26.4 倍和 2.2 倍。不同于直接 Z 型异质结 CdS@ZnO[图 10.8（f）]，Al₂O₃ 被引入到 CdS 和 ZnO 的中间夹层作为光生电子从 CdS 向 ZnO 转移的桥梁，促进改性 II 型异质结的形成[图 10.8（g）]。与传统的 II 型异质结机制不同的是，光生空穴并没有从 ZnO 的价带向 CdS 的价带进行转移，而是被 Al₂O₃ 上存在的负电荷所消耗。因此，光生电子可以沿着 CdS→Al₂O₃→ZnO 的方向高效转移，加上载流子的复合被抑制，光催化析氢性能得以提升。

一般情况下，半导体修饰时绝缘体阻隔层的作用如下。

（1）充分利用绝缘体的化学惰性，防止不稳定内核的光溶解和泄漏（Kumar et al., 2019）。

（2）作为吸附剂，提高光活性催化剂周围污染物分子浓度（Yu et al., 2011）。

（3）防止不适当材料的直接接触，消除其晶格失配的负面影响（Ma et al., 2020）。

（4）发挥空穴捕获槽的作用，抑制载流子的复合（Ma et al., 2020）。

10.3　绝缘体光催化剂激活策略

如前文所述，多用途绝缘体在提高半导体光催化性能方面发挥着重要作用。那么出现了一个非常有趣的问题：绝缘体是否可以作为独立的光催化剂？

在传统的光催化过程中，为了实现光生电子和空穴的分离，入射光的能量需要大于光催化剂的禁带宽度。迄今为止，大多数报道的单组分光催化剂都是半导体材料，如 TiO₂（Pan et al., 2020；Hu et al., 2019）、g-C₃N₄（Cheng et al., 2019；Liu et al., 2019）、CdS（Li et al., 2020）等，因为它们具有合适的电子结构，容易被紫外光或可见光激发。相反，宽带隙绝缘材料通常被认为是不合适的。然而，它们具有储量丰富、化学稳定性好、环境友好等优点，在光催化领域具有广阔的应用前景。令人鼓舞的是，通过缺陷工程[图 10.9（a）]调控绝缘体的亚禁带宽度、表面性质及载流子再分布行为，绝缘体也可以成为光活性材料（Dong et al., 2017；Li et al., 2015c）。本节将总结单组分绝缘体光催化剂的激活策略。

10.3.1　氧空位的引入

通过引入氧空位活化使绝缘体活化的策略案例，分述如下。

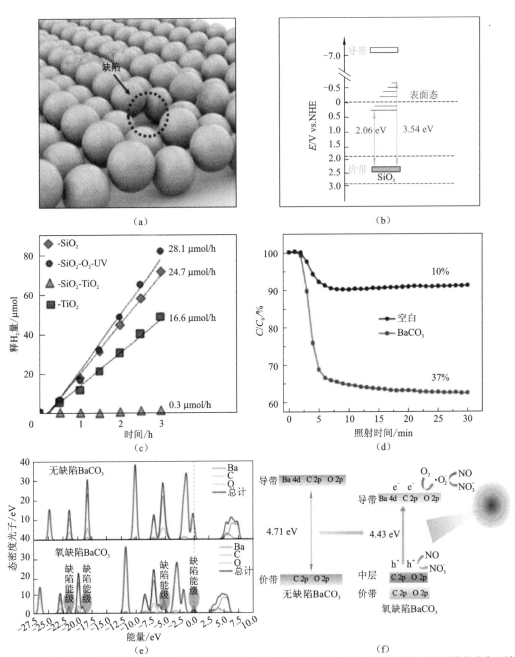

图 10.9　缺陷形成示意图（a）；石英的能带结构（b）；缺陷管状 SiO_2 与对照样品的光催化产氢活性
对比（c）；氧空位对 $BaCO_3$ 的光催化 NO 去除性能的影响（d）；氧缺陷对 $BaCO_3$ 态密度（DOS）的
　　　影响（e）；以及 $BaCO_3$ 光催化 NO 去除机理（氧缺陷在带隙之间引入中间能级）（f）

（b）引自 Li 等（2015c），（c）引自 Anastasescu 等（2018），通过将 SiO_2 置于富氧水溶液中，使用中压汞灯照射形成晶
格缺陷而制得 SiO_2-O_2-UV；光催化活性测试条件：0.025 g 催化剂，光源为模拟太阳光，反应液为甲醇水溶液，（d）～
　　　　　　　　　（f）引自 Dong 等（2017）；扫封底二维码见彩图

1. SiO_2

传统的绝缘体材料，如带隙大的典型绝缘体 SiO_2（E_g>7 eV）一般被认为不具有光
催化的应用。令人印象深刻的是，Li 等（2015c）提出，在甲醇水溶液中，光反应产氢

发生在石英（由 SiO_2 组成）表面。通常情况下，石英被认为是光催化惰性材料。结果表明，在退火过程中，石英表面可能会形成缺陷状态。绝缘体石英带隙之间形成的缺陷能级可以接受电子[图 10.9（b）]，使得光生电子可以从价带向缺陷态转移；最终在不使用任何半导体光催化剂的情况下，同样可以在甲醇水溶液中实现光化学产氢。此外，在 CH_3OH-H_2O 溶液中，其他绝缘体（如 SiO_2 或 Al_2O_3）材料的固液界面也发现了光诱导产氢现象。

类似地，Anastasescu 等（2018）也证明了 SiO_2 的光学活性能带内晶格缺陷可以有效地触发光催化反应。如图 10.9（c）所示，与 TiO_2-P25（664 μmol/(h·g)）和 SiO_2-TiO_2（12 μmol/(h·g)）相比，缺陷管状 SiO_2（988 μmol/(h·g)）具有更强的 H_2 生成能力，这是由于其表面存在高活性缺陷位点。此外，管状 SiO_2 样品在 O_2 存在的紫外光照射下（即 SiO_2-O_2-UV），由于形成晶格缺陷，其光催化活性最好。由此可以推断，使用缺陷工程策略可以显著改变绝缘体材料固有的物理化学性质，激活绝缘体材料的光催化能力。

2. $BaCO_3$

具有大带隙的绝缘碳酸盐（如 $BaCO_3$）通常用于电子器件、陶瓷和光学玻璃工业生产（Lv et al.，2007），而在光催化领域很少使用。尽管如此，通过引入缺陷，这些廉价易得的材料仍然有可能被激发产生光生载流子而具有光活性。在这种情况下，调整其能带结构，它们也可能成为光催化实际应用的候选材料。例如，Dong 等（2017）创新性地报道了具有氧空位的绝缘体 $BaCO_3$ 在紫外光（$\lambda=280$ nm）照射下，对 NO 的去除展现出意想不到的光催化活性[图 10.9（d）]。根据理论计算的结果[图 10.9（e）]，氧空位缺陷会在带隙间引入新的能级[图 10.9（f）]，拓展光响应范围，增强载流子的分离，最终提高 NO 光氧化活性。通过引入氧空位，许多硫酸盐和磷酸盐绝缘体也变得具有光活性，这进一步证明了该设计理念的普适性。

10.3.2 金属缺陷的引入

除氧空位缺陷外，金属缺陷的引入也被认为是一种有效的策略。它可以调节光催化剂的表面性质，增强光催化剂的光吸收，从而达到类似的效果。Cui 等（2019）采用简易沉淀法制备了富含钡空位的绝缘体 $BaSO_4$（BSO）。如图 10.10（a）所示，商用 $BaSO_4$（PBSO）的光催化 NO 去除率较低，这是由于其本征体相缺陷和 Ba 物种对 NO_x 的存储功能所致。与 PBSO 相比，BSO 样品表现出相对较高的光催化 NO 氧化去除率（42%），而且能产生更多的无害 NO_3^- 终产物。显然，光催化去除 NO 需要活性物种的参与。基于 DMPO 自旋俘获 ESR 谱[图 10.10（b）]，BSO 上观察到 $\cdot O_2^-$、$\cdot OH$ 和 $^1O_2$ 的增强信号。受益于活性氧物种的增加，BSO 的光催化活性显著优于 PBSO。结果表明，钡空位的构建可以诱导产生缺陷能级，使绝缘体 BSO 具有类似半导体的特性。此外，钡空位还可以调节光生载流子的再分配，促进污染物分子的吸附和活化。如图 10.10（c）所示，程序升温脱附（temperature programmed desorption，TPD）的结果显示，富缺陷 BSO 比 PBSO 对 NO 分子的吸附性能更强，说明钡空位有利于污染物分子的吸附。此外，Ba 缺陷还可以引起非局域电子聚集[图 10.10（c）插图]，从而实现对 NO 的高效吸附和活化。根据

DFT 计算结果[图 10.10（d）]，BSO 对 NO 分子的吸附能（-1.67 eV）比 PBSO 的吸附能（-1.03 eV）大，说明 Ba 空位的存在增强了 BSO 对 NO 的吸附，这与 TPD 结果一致。值得一提的是，NO 分子向 BSO 的缺电子区域转移的总电荷为 0.41 eV，远高于 PBSO，说明 NO 在 BSO 上更容易被活化去除。

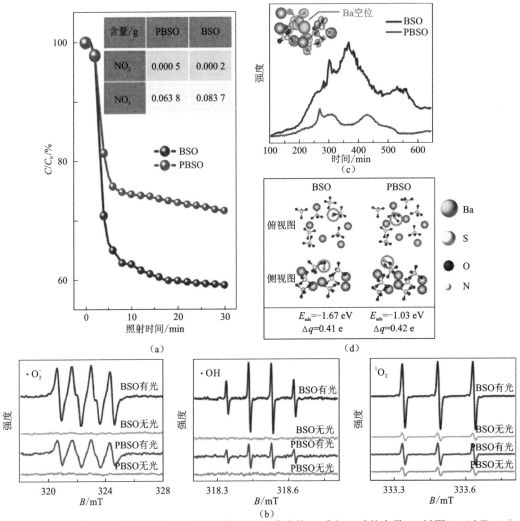

图 10.10　BSO 和 PBSO 的光催化 NO 去除活性（a），终产物 NO_2^- 和 NO_3^- 的含量（a 插图），以及 $\cdot O_2^-$，$\cdot OH$ 和 $^1O_2$ 的 ESR 谱（b）；BSO 和 PBSO 的 NO 温度程序升温脱附（NO-TPD）结果（c）和 BSO 和 PBSO 吸附 NO 分子的结构示意图（d）

（c）中插图为 BSO 差分电荷图，电荷积累和电荷消耗分别为蓝色和黄色表示；（d）引自 Cui 等（2019）；扫封底二维码见彩图

10.3.3　局域表面等离子体效应的利用

一般而言，绝缘体材料可以结合缺陷工程，通过上述方法消除其光吸收能力不足的缺点，优化光催化过程中的光生电荷分布。同样地，在绝缘体基光催化剂上沉积等离子体金属（如 Ag 和 Au）被认为是提升光催化活性的有效策略，原因如下：①扩大光吸收能力；

②增强电磁场；③提高局部反应温度。例如，与无 Ag 的样品相比，MgO/Ag/TiO$_2$ 纳米纤维材料具有更高的 CO$_2$ 光催化活性和 CH$_4$ 选择性（Xu et al., 2018）。实验结果表明，由于 Ag 纳米粒子的引入，一方面与 TiO$_2$ 形成了肖特基结，提高了载流子的分离效率；另一方面，由于其表面等离子体共振效应，增强了可见光响应和光热效应。在另一项研究中（SrSO$_4$/Ag/TiO$_2$），Ag 纳米粒子提供的局部表面等离子体共振（localized surface plasmon resonance，LSPR）效应可以有效地帮助 TiO$_2$ 光生电子转移到绝缘体 SrSO$_4$，从而确保 SrSO$_4$ 成为高效光催化产 H$_2$ 的电子消耗位点（Liu et al., 2017）。此外，将缺陷工程与贵金属（如 Au）的 LSPR 相结合，绝缘体 MgO 的光催化产氢活性会进一步增强（Liu et al., 2018）。因此，多种改性技术的结合有望用于设计和开发更为高效的绝缘体光催化体系。

10.4 小　结

本章首先综述了关于绝缘体特性的研究进展。在此基础上，重点介绍了绝缘体在光催化中的多种用途，包括作为高效的助催化剂、稳健的基底材料和阻隔层。然后，对光催化中绝缘体的活化方法进行了概述和讨论。尽管绝缘体基催化剂的研究取得了令人鼓舞的进展（表 10.1），但仍有一些问题限制了它们的光催化应用，尚需进一步研究。本章对进一步推进绝缘体基光催化材料的研究提出了一些建议。

（1）虽然利用缺陷工程和 LSPR 效应的协同可以提高绝缘体的光反应性，但用于 LSPR 效应的金属主要为贵金属，如 Au 和 Ag 等。由于贵金属价格昂贵，可以考虑使用一些具有 LSPR 效应的廉价易得的金属（如 Bi）或金属氧化物（如 WO$_{3-x}$）来修饰绝缘体。

（2）对于单组分绝缘体光催化剂，目前主要的改性策略是缺陷工程。引入单原子和离子自掺杂等最新技术也可用于调整绝缘体的能带结构。通过扩大光响应范围和刺激载流子分离，可以提高绝缘体的光催化效率。

（3）绝缘体的一些特殊性质也可能有助于光催化，因此仍有待进一步开发。例如，有研究表明，表面绝缘体 Al$_2$O$_3$ 上的 Brønsted 碱性位点在一定条件下对苯甲醇的光氧化起着重要的触发作用。因此，探索绝缘体材料在光催化中的功能是十分必要的。

（4）对于绝缘体基复合催化剂，优化界面相互作用十分重要。如前文所述，半导体 BiOI 与合适原子轨道的绝缘体 SrCO$_3$ 之间存在共价相互作用，可建立电子转移通道，延长光激发电荷的寿命。此外，碱性绝缘体材料结合半导体光催化剂产生的协同作用将有利于光催化去除某些特定气体污染物。除与无机半导体耦合外，绝缘体还可以考虑与一些新型有机半导体（如共价有机骨架）结合，以实现稳定和高效的催化性能。

（5）绝缘体基材料的光催化机理还有待进一步研究。由于光诱导电子和空穴的详细迁移路径仍不清楚，其机理在某种程度上是推测性的。因此，需要通过实验联合理论计算对光催化机理进行更多的研究。此外，还应引入原位表征方法，包括 DRIFTS、XAFS、Raman 和 ESR 等，动态地评估绝缘材料在光催化反应中的优缺点，以严格控制不良影响。

（6）目前，关于绝缘体基光催化材料的研究主要集中在 NO 氧化和染料降解，在 CO$_2$ 还原、VOCs 去除、抗生素分解、抗菌等方面的探索还相对较少。因此，这些领域的研究空白急需被填补。

（7）大多数情况下，DFT 模拟在对光氧化还原机制探究的过程中能够发挥相当大的作用。以光氧化去除 NO 的绝缘体基光催化剂为例，晶体和电子结构的改变、催化剂表面上小分子（如 O_2、NO 和 H_2O）的吸附行为、NO 的氧化路径都可以通过 DFT 计算进行研究。对于有缺陷的绝缘体材料，使用 DFT 计算探究其禁带结构、目标分子吸附和反应路径的变化相对容易。然而，对于 2D/2D 绝缘体基异质结复合材料，进行界面 DFT 模拟是一项艰难的任务，而对于 2D/3D 或 3D/3D 绝缘体基异质结复合材料更是如此。因此，界面 DFT 计算的探索可以作为绝缘体基光催化材料一个重要的研究领域。

总之，绝缘体基光催化材料具有储量丰富、成本低、环境友好等优点，其研究价值不容低估。绝缘体基光催化剂的发展将为多相光催化提供无限的可能。

参 考 文 献

Anastasescu C, Negrila C, Angelescu D G, et al., 2018. Particularities of photocatalysis and formation of reactive oxygen species on insulators and semiconductors: cases of SiO_2, TiO_2 and their composite SiO_2-TiO_2. Catalysis Science & Technology, 8(21): 5657-5668.

Barpuzary D, Khan Z, Vinothkumar N, et al., 2011. Hierarchically grown urchinlike CdS@ZnO and CdS@Al_2O_3 heteroarrays for efficient visible-light-driven photocatalytic hydrogen generation. The Journal of Physical Chemistry C, 116(1): 150-156.

Chang L, Feng Y, Wang B, et al., 2019. Dual functional oyster shell-derived Ag/ZnO/$CaCO_3$ nanocomposites with enhanced catalytic and antibacterial activities for water purification. RSC Advances, 9(70): 41336-41344.

Cheng J, Hu Z, Li Q, et al., 2019. Fabrication of high photoreactive carbon nitride nanosheets by polymerization of amidinourea for hydrogen production. Applied Catalysis B: Environmental, 245: 197-206.

Cheng Y, Zhao Z, Wu K, et al., 2020. Reversal of the photoinduced majority carriers in polypyrrole by semiconductor-insulator-semiconductor heterostructure and related highly-efficient photoreduction of Cr(VI). Chemical Engineering Journal, 393: 2-10.

Cui W, Chen L, Li J, et al., 2019. Ba-vacancy induces semiconductor-like photocatalysis on insulator $BaSO_4$. Applied Catalysis B: Environmental, 253: 293-299.

Dong F, Wang Z, Li Y, et al., 2014. Immobilization of polymeric g-C_3N_4 on structured ceramic foam for efficient visible light photocatalytic air purification with real indoor illumination. Environmental Science & Technology, 48(17): 10345-10353.

Dong F, Xiong T, Sun Y, et al. 2017. Exploring the photocatalysis mechanism on insulators. Applied Catalysis B: Environmental, 219: 450-458.

Feng X, Pan F, Tran B Z, et al., 2020. Photocatalytic CO_2 reduction on porous TiO_2 synergistically promoted by atomic layer deposited MgO overcoating and photodeposited silver nanoparticles. Catalysis Today, 339: 328-336.

Fujita I, Edalati K, Wang Q, et al., 2020. High-pressure torsion to induce oxygen vacancies in nanocrystals of magnesium oxide: Enhanced light absorbance, photocatalysis and significance in geology. Materialia, 11: 1-9.

Hao Q, Niu X, Nie C, et al., 2016. A highly efficient g-C$_3$N$_4$/SiO$_2$ heterojunction: The role of SiO$_2$ in the enhancement of visible light photocatalytic activity. Physical Chemistry Chemical Physics, 18(46): 31410-31418.

Hu Z, Li K, Wu X, et al., 2019. Dramatic promotion of visible-light photoreactivity of TiO$_2$ hollow microspheres towards NO oxidation by introduction of oxygen vacancy. Applied Catalysis B: Environmental, 256: 117860-1-117860-10.

Jin S, Dong G, Luo J, et al., 2018. Improved photocatalytic NO removal activity of SrTiO$_3$ by using SrCO$_3$ as a new co-catalyst. Applied Catalysis B: Environmental, 227: 24-34.

Kumar A, Khan M, Fang L, et al., 2019. Visible-light-driven N-TiO$_2$@SiO$_2$@Fe$_3$O$_4$ magnetic nanophotocatalysts: Synthesis, characterization, and photocatalytic degradation of PPCPs. Journal of Hazardous Materials, 370: 108-116.

Leow W R, Ng W K, Peng T, et al., 2017. Al$_2$O$_3$ surface complexation for photocatalytic organic transformations. Journal of the American Chemical Society, 139(1): 269-276.

Li F T, Liu S J, Xue Y B, et al., 2015a. Structure modification function of g-C$_3$N$_4$ for Al$_2$O$_3$ in the in situ hydrothermal process for enhanced photocatalytic activity. Chemistry, 21(28): 10149-10159.

Li F T, Zhao Y, Hao Y J, et al., 2012. N-doped P25 TiO$_2$-amorphous Al$_2$O$_3$ composites: One-step solution combustion preparation and enhanced visible-light photocatalytic activity. Journal of Hazardous Materials, 239-240: 118-127.

Li F T, Zhao Y, Wang Q, et al., 2015b. Enhanced visible-light photocatalytic activity of active Al$_2$O$_3$/g-C$_3$N$_4$ heterojunctions synthesized via surface hydroxyl modification. Journal of Hazardous Materials, 283: 371-381.

Li J Y, Li Y H, Qi M Y, et al., 2020. Selective organic transformations over cadmium sulfide-based photocatalysts. ACS Catalysis, 10(11): 6262-6280.

Li R, Wang X, Jin S, et al., 2015c. Photo-induced H$_2$ production from a CH$_3$OH-H$_2$O solution at insulator surface. Scientific Reports, 5: 13475.

Li Z J, Huang Z W, Guo W L, et al., 2017. Enhanced photocatalytic removal of uranium(VI) from Aqueous Solution by Magnetic TiO$_2$/Fe$_3$O$_4$ and its graphene composite. Environmental Science & Technology, 51(10): 5666-5674.

Liu J, Zhang C, Ma B, et al., 2017. Rational design of photoelectron-trapped/accumulated site and transportation path for superior photocatalyst. Nano Energy, 38: 271-280.

Liu M, Wageh S, Al-Ghamdi, et al., 2019. Quenching induced hierarchical 3D porous g-C$_3$N$_4$ with enhanced photocatalytic CO$_2$ reduction activity. Chemical Communications, 55(93): 14023-14026.

Liu X, Zhao L, Domen K, et al., 2014. Photocatalytic hydrogen production using visible-light-responsive Ta$_3$N$_5$ photocatalyst supported on monodisperse spherical SiO$_2$ particulates. Materials Research Bulletin, 49: 58-65.

Liu Z, Lu Z, Bosman M, et al., 2018. Photoactivity and stability co-enhancement: When localized plasmons meet oxygen vacancies in MgO. Small, 14(48): 1803233.

Lv S, Li P, Sheng J, et al., 2007. Synthesis of single-crystalline BaCO$_3$ nanostructures with different morphologies via a simple PVP-assisted method. Materials Letters, 61(21): 4250-4254.

Lyu J, Sun L, Zhong J, et al., 2016. Shielding of surface photogenerated charges by SiO$_2$ coating for the photocatalytic degradation of air pollutants. Chemical Engineering Journal, 303: 314-321.

Ma D, Wang Z, Shi J W, et al., 2020. An ultrathin Al_2O_3 bridging layer between CdS and ZnO boosts photocatalytic hydrogen production. Journal of Materials Chemistry A, 8(21): 11031-11042.

Mandal S, Adhikari S, Pu S, et al., 2019. Interactive Fe_2O_3/porous SiO_2 nanospheres for photocatalytic degradation of organic pollutants: Kinetic and mechanistic approach. Chemosphere, 234: 596-607.

Mao N, Jiang J X, 2019. MgO/g-C_3N_4 nanocomposites as efficient water splitting photocatalysts under visible light irradiation. Applied Surface Science, 476: 144-150.

Moniz S J A, Shevlin S A, Martin D J, et al., 2015. Visible-light driven heterojunction photocatalysts for water splitting: A critical review. Energy & Environmental Science, 8(3): 731-759.

Mukherjee S, Zhou L, Goodman, et al., 2014. Hot-electron-induced dissociation of H_2 on gold nanoparticles supported on SiO_2. Journal of the American Chemical Society, 136(1): 64-67.

Pan L, Ai M, Huang C, et al., 2020. Manipulating spin polarization of titanium dioxide for efficient photocatalysis. Nature Communications, 11(1): 418.

Raha S, Ahmaruzzaman M, 2020. Enhanced performance of a novel superparamagnetic g-C_3N_4/NiO/ZnO/Fe_3O_4 nanohybrid photocatalyst for removal of esomeprazole: Effects of reaction parameters, co-existing substances and water matrices. Chemical Engineering Journal, 395: 124969.

Torres J A, Nogueira A E, da Silva, et al., 2020. Enhancing TiO_2 activity for CO_2 photoreduction through MgO decoration. Journal of CO_2 Utilization, 35: 106-114.

Twisk F, 2013. Rebuttal to Ickmans et al. association between cognitive performance, physical fitness, and physical activity level in women with chronic fatigue syndrome. The Journal of Rehabilitation Research and Development, 50(9):795-810.

Ullah S, Ferreira-Neto E P, Pasa A A, et al., 2015. Enhanced photocatalytic properties of core@shell SiO_2@TiO_2 nanoparticles. Applied Catalysis B: Environmental, 179: 333-343.

Wang F, He S, Wang H, et al., 2019a. Uncovering two kinetic factors in the controlled growth of topologically distinct core-shell metal-organic frameworks. Chemical Science, 10(33): 7755-7761.

Wang H, Cui W, Dong X A, et al., 2020a. Interfacial activation of reactants and intermediates on $CaSO_4$ insulator-based heterostructure for efficient photocatalytic NO removal. Chemical Engineering Journal, 390: 124609-1-124609-8.

Wang H, Sun Y, He W, et al., 2018a. Visible light induced electron transfer from a semiconductor to an insulator enables efficient photocatalytic activity on insulator-based heterojunctions. Nanoscale, 10(33): 15513-15520.

Wang H, Sun Y, Jiang G, et al., 2018b. Unraveling the mechanisms of visible light photocatalytic NO purification on earth-abundant insulator-based core-shell heterojunctions. Environmental Science & Technology, 52(3): 1479-1487.

Wang H, Zhang L, Chen Z, et al., 2014. Semiconductor heterojunction photocatalysts: Design, construction, and photocatalytic performances. Chemical Society Reviews, 43(15): 5234-5244.

Wang J, Sun S, Ding H, et al., 2019b. Preparation of a composite photocatalyst with enhanced photocatalytic activity: Smaller TiO_2 carried on SiO_2 microsphere. Applied Surface Science, 493: 146-156.

Wang J, Sun S, Ding H, et al., 2020b. Well-designed CdS/TiO_2/MS-SiO_2 Z-scheme photocatalyst for combating poison with poison. Industrial & Engineering Chemistry Research, 59(16): 7659-7669.

Wang W, Chen H, Fang J, et al., 2019c. Large-scale preparation of rice-husk-derived mesoporous $SiO_2@TiO_2$ as efficient and promising photocatalysts for organic contaminants degradation. Applied Surface Science, 467-468: 1187-1194.

Wang Z, Yang Q, Liu W, et al., 2019d. Optical porous hollow-boxes assembled by $SrSO_4/TiO_2/Pt$ nanoparticles for high performance of photocatalytic H_2 evolution. Nano Energy, 59: 129-137.

Xie S, Wang Y, Zhang Q, et al., 2014. MgO- and Pt-promoted TiO_2 as an efficient photocatalyst for the preferential reduction of carbon dioxide in the presence of water. ACS Catalysis, 4(10): 3644-3653.

Xu F, Meng K, Cheng B, et al., 2020. Unique S-scheme heterojunctions in self-assembled $TiO_2/CsPbBr_3$ hybrids for CO_2 photoreduction. Nature Communications, 11(1): 4613.

Xu F, Meng K, Cheng B, et al., 2018. Enhanced photocatalytic activity and selectivity for CO_2 reduction over a TiO_2 nanofibre mat using Ag and MgO as Bi‐cocatalyst. ChemCatChem, 11(1): 465-472.

Yildiz T, Yatmaz H C, Öztürk K, 2020. Anatase TiO_2 powder immobilized on reticulated Al_2O_3 ceramics as a photocatalyst for degradation of RO16 azo dye. Ceramics International, 46(7): 8651-8657.

Yu X, Liu S, Yu J, 2011. Superparamagnetic γ-$Fe_2O_3@SiO_2@TiO_2$ composite microspheres with superior photocatalytic properties. Applied Catalysis B: Environmental, 104(1-2): 12-20.

Zhang N, Qi M Y, Yuan L, et al., 2019a. Broadband light harvesting and unidirectional electron flow for efficient electron accumulation for hydrogen generation. Angewandte Chemie International Edition, 58(29): 10003-10007.

Zhang S, Yi J, Chen J, et al., 2020a. Spatially confined Fe_2O_3 in hierarchical $SiO_2@TiO_2$ hollow sphere exhibiting superior photocatalytic efficiency for degrading antibiotics. Chemical Engineering Journal, 380: 122583-1-122583-12.

Zhang X, He X, Kang Z, et al., 2019b. Waste eggshell-derived dual-functional CuO/ZnO/eggshell nanocomposites: (Photo)catalytic reduction and bacterial inactivation. ACS Sustainable Chemistry & Engineering, 7(18): 15762-15771.

Zhang X, Liu M, Kang Z, et al., 2020b. NIR-triggered photocatalytic/photothermal/photodynamic water remediation using eggshell-derived $CaCO_3/CuS$ nanocomposites. Chemical Engineering Journal, 388: 124304-1-124304-14.

Zheng H Q, Guo Y P, Yin M C, et al., 2016. Synthesis, characterization of a new photosensitive compound $[Ru(bpy)_2(TPAD)](PF_6)_2$ and its application for photocatalytic hydrogen production. Chemical Physics Letters, 653: 17-23.

Zhu Z, Huo P, Lu Z, et al., 2018. Fabrication of magnetically recoverable photocatalysts using g-C_3N_4 for effective separation of charge carriers through like-Z-scheme mechanism with Fe_3O_4 mediator. Chemical Engineering Journal, 331: 615-625.

第 11 章 天然矿物及其在环境修复中的应用

11.1 引　　言

世界人口的快速增长导致工业和农业等经济活动大规模扩张，从而产生对生态系统有害的污染物。同时，气候变化和环境污染导致空气、水和土壤基质严重失衡，采取一些有效的措施来整治日益严重的环境已迫在眉睫。据统计，目前的主要污染物包括有机物、挥发性有机化合物（VOCs）、重金属离子、有毒气体及染料。因此，应该采取有效和经济的技术去除这些污染物以达到修复环境的目的。

光催化为解决环境问题提供了一种可持续的途径。当光能照射到半导体光催化剂表面时，电子可以与氧结合产生超氧自由基（$\cdot O_2^-$）（Li et al.，2020b）。然后表面带正电荷的光催化剂，可以从吸附的水中获得电子，从而产生羟基自由基（$\cdot OH$）（张青青 等，2020）。这些活性自由基（ROS），如 $\cdot O_2^-$ 和 $\cdot OH$，足以攻击有机化合物，并将它们转化为水或其他无害物质。TiO_2 具有较强的氧化能力、较高的光化学稳定性和优良的生物相容性，被认为是明星半导体光催化材料（Li et al.，2020f）。然而，纯锐钛矿相 TiO_2 的带隙为 3.2 eV，只能由紫外线激发，对阳光的利用较少。随后，研究发现 $g-C_3N_4$ 具有较窄的禁带和较强的可见光响应，在光催化领域引起了强烈的关注。然而，它的缺点是量化产率低，容易发生光生电子-空穴重组（Li et al.，2020g）。然而，目前半导体光催化的效率仍难以满足实际要求，催化剂制备成本高也被认为是环境修复领域的挑战。

与人工合成半导体材料类似，一些天然矿物具有光催化性能。在光激发下，半导体矿物的价带中发生电子跃迁，产生电子-空穴对，可对有机污染物进行光催化氧化。如图 11.1（a）所示，来自美国的 M.F. Hochella 教授揭示了广泛分布在地球上的天然铁锰矿具有与半导体材料类似的高响应和稳定的光子-电子转换性能。图 11.1（b）中的元素映射说明，这是由地表风化逐渐导致矿物质转变为铁氧化物和锰氧化物的半导体类型（Lu et al.，2019）。同时经测试发现，Fe-Mn 镀层的光电流响应信号较强[图 11.1（c）]，表明天然矿物半导体值得进一步研究。

法国科学家 C. George 教授研究了天然矿物粉尘颗粒的表面性质和光化学行为，阐明了光与矿物之间的化学相互作用（Ponczek et al.，2018），这表明天然矿物材料有望用于空气净化[图 11.1（d）]。同样，加拿大阿尔伯塔大学的 S. A. Styler 教授发现一系列钛矿物对空气中的臭氧具有可见光催化分解作用（Abou-Ghanem et al.，2020）[图 11.1（e）]。此外，经研究发现热处理后的天然磁黄铁矿（主要成分为 Fe_2O_3 和 FeS_2）具有良好的可见光杀菌性能（Xia et al.，2018a），黑钨矿还具有明显的有机物降解和杀菌性能（Li et al.，2020c）。Zhu 等（2017）揭示了暴露在不同晶体平面下的赤铁矿纳米晶体对过硫酸盐（persulfate，PS）在可见光照射下降解污染物的激活作用。这些研究为天然矿物在环境修复中的应用奠定了坚实的基础。

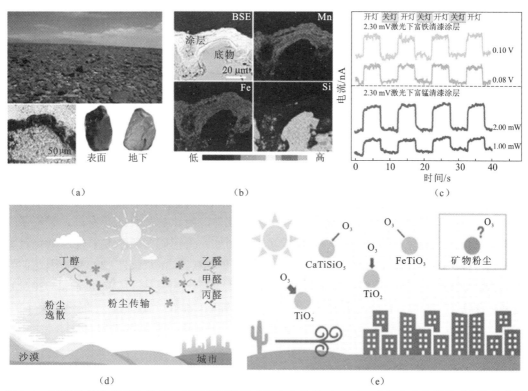

图 11.1 矿物的结构和催化性能：锰铁矿石的组成和光电性能（a～c）；空气中矿物颗粒对挥发性有机物的吸附、迁移和光催化氧化示意图（d）；钛矿粉尘对城市空气中臭氧的光催化分解示意图（e）

事实上，天然矿物材料是环境修复领域中用于污染物处理的新兴材料。作为地质环境自然演化的产物（Jung et al.，2021），天然矿物通过与水圈、大气圈、土壤圈和生物圈的相互作用和协调作用，对调节和净化自然环境做出了巨大贡献，为应对新出现的环境挑战提供了宝贵的解决方案。一般来说，天然矿物的不同成分赋予它们不同的化学性质。一些硫化物矿物因具有较窄的带隙和优良的光电特性，有望应用于可见光催化（Li et al.，2019a）。此外，有些矿物包含过渡金属或金属氧化物，通常具有变化的化学态和空轨道，它们可以提供电子以激活过硫酸盐（Guo et al.，2021）。此外，含氧盐矿物由于结晶度高、比表面积大（Zhou et al.，2021），且具有优异的化学特性，可用作载体或吸附剂（Zhao et al.，2018）。同时，天然矿物作为地球生态环境的重要组成部分，其物理、化学、生物等方面的性质与生态环境协调良好优势，在环境修复过程中得到了广泛的应用。

然而，利用天然矿物材料改善自然环境，进行有效的环境自净化，缺乏深入的机理分析和研究总结。本章综述天然矿物材料在环境修复中的相关研究进展，包括天然矿物的分类以及天然矿物材料在环境修复领域中的具体反应过程，同时对天然矿物材料在环境修复领域存在的问题和未来的发展方向进行分析和总结，有望为天然矿物在环境修复领域的实际应用提供参考信息。

11.2　天然矿物分类

天然矿物是地壳中各种物质综合作用而形成的天然元素或化合物。同时，天然矿物丰富的化学组成决定了它们独特的理化性质，从而能够去除某些污染物。根据矿物元素组成，天然矿物可划分为硫化物矿物、氧化物和氢氧化物矿物、含氧盐矿物和其他矿物。

11.2.1　硫化物矿物

硫化物矿物因其催化活性高、成本效益好和过硫酸盐活化能力优异成为近年来研究的热点，具有有效氧化降解有机污染物的潜力。此外，硫化物具有热导率高、载流子迁移率低的优点，有望利用光催化进行环境修复。例如，黄铜矿（$CuFeS_2$）能够活化过氧化二硫（peroxydisulfate，PDS），同时降解有机污染物（Zheng et al.，2022）。因此，天然黄铜矿（$CuFeS_2$）使原位修复成为可能，可以极大地降低修复成本（Wang et al.，2022）。此外，黄铁矿（FeS_2）在降解有机物（Mashayekh-Salehi et al.，2021）、光催化杀菌（Xia et al.，2018a）及重金属离子去除（Liu et al.，2021a）方面都具有显著性能。

11.2.2　氧化物和氢氧化物矿物

氧化物和氢氧化物矿物一般通过煅烧合成，煅烧可形成不同相的氧化物，具体见表11.1。例如，通过对天然含铁闪锌矿的热处理，得到微米级的 $ZnO/ZnFe_2O_4$ 耦合光催化剂（(Zn,Fe)S）。典型的含氧盐矿物包括赤铁矿（Fe_2O_3）、针铁矿（α-FeOOH）、伊利石（$FeTiO_3$）。例如，赤铁矿纳米晶体因其高性价比和环境友好的特性可被用于环境修复。由于其 Fe^{2+} 能够激活过硫酸盐，赤铁矿纳米晶体已被考虑应用在高级氧化（advanced oxidation processes，AOPs）工艺中（Guo et al.，2021）。此外，Hou 等（2017）还报道了利用针铁矿（α-FeOOH）构建芬顿（Fenton）体系有效去除多种有机污染物。通过等离子体处理的针铁矿纳米颗粒还具有高比表面积和表面羟基的特点，增强了臭氧去除性能（Pelalak et al.，2020）。钛铁矿（$FeTiO_3$）具有良好的光催化和催化性能，其禁带宽度在 $2.4\sim2.9$ eV 变化（Xia et al.，2018b）。

11.2.3　含氧盐矿物

1. 硅酸盐矿物

硅酸盐矿物是金属阳离子与硅酸盐结合形成的一种含氧酸性矿物，占整个地壳的 90% 以上，包括层状黏土矿物、板层状链状结构的坡缕石（Si/SiO_x）和海泡石（$Si_{12}Mg_8O_{30}(OH)_4(OH_2)_4 \cdot 8H_2O$），以及具有链状、岛状等结构的矿物。硅酸盐矿物的合成方法有水热法、溶胶-凝胶法、水浴沉淀法等，均列于表11.1。坡缕石和海泡石都属于

表 11.1 天然矿物制备及其环境净化性能

矿物	主要组成	反应过程	制备过程	催化剂复合体系	光源	污染物	去除率/%	参考文献
斜发沸石	$SiO_2/Al_2O_3/CaO$	光催化	水热法	斜发沸石/$BiOCl$/TiO_2	Xe	异丙基黄原酸钠	90（3 h）	Zhou 等（2021）
高岭石	Al_2O_3/SiO_2	光催化	溶胶-凝胶法	高岭土/TiO_2	Xe	环丙沙星	90	Li 等（2020a）
蒙脱石	$Al_2O_3/MgO/SiO_2$	光催化	热处理	蒙脱土/Bi_2O_3/Ag	LED	四环素	90（60 min）	Tun 等（2020）
含铁矿物	FeS_2	光催化	煅烧	FeS_2/SiO_2	UV	苯酚 A	99（120 min）	Diao 等（2016）
天然磁铁矿	Fe_3O_4	光催化	水热法	磁铁矿/TiO_2	Xe	头孢噻肟	52.5（60 min）	López-Vásquez 等（2020）
天然多孔硅藻土	SiO_2	光催化	煅烧	TiO_2/硅藻土	Hg	罗丹明 B	80（60 min）	Xia 等（2014）
天然黑钨矿	$FeWO_4/MnWO_4$	光催化	水热法	—	Xe	*E. coli*	80（4 h）	Li 等（2020c）
天然含铁闪锌矿	$ZnO/ZnFe_2O_4$	光催化	热处理	—	LED	*E. coli*	100（4 h）	Li 等（2018a）
天然磁性闪锌矿	ZnS, FeS_2	光催化	球磨法	—	LED	*E. coli*	100（6 h）	Peng 等（2017）
天然磁黄铁矿	Fe_2O_3-FeS_2	光催化	热处理	—	LED	*E. coli*	100（4 h）	Xia 等（2015）
天然磁性闪锌矿	$ZnS/ZnFe_2O_4$	光催化	煅烧	$ZnS/ZnFe_2O_4/ZnO$	LED	革兰氏阴性大肠杆菌 K-12	100（6 h）	Xia 等（2018a）
天青石	$SrSO_4$	光催化	煅烧	天青石/g-C_3N_4	LED	NO	67.5（10 min）	Dong 等（2019）
伊利石	SiO_2/Al_2O_3	光催化	煅烧	伊利石/g-C_3N_4	Xe	NO	70（6 min）	Dong 等（2019）
凹凸棒石	MgO/SiO_2	光催化	浸渍法	凹凸棒石/$SmFeO_3$	Xe	NO	90（120 min）	Li 等（2018b）
钙钛矿	$CaTiO_3$	光催化	溶胶凝胶法	钙钛矿/N-CQDs	Xe	NO	75（30 min）	Li 等（2018b）
黏土砖砂	$SiO_2/Al_2O_3/Fe_2O_3$, $CaO/MgO/Na_2O$	光催化	溶液浸渍法	黏土/TiO_2	UV	NO	75（10 min）	Chen 等（2020）
赤铁矿	Fe_2O_3	过硫酸盐氧化	煅烧	—	—	四环素	70（5 min）	Guo 等（2021）
黄铁矿	Fe_2O_3	过硫酸盐氧化	超声	—	—	二氯苯酚 Cr(VI)	76.2（120 min） 80.1（120 min）	He 等（2021）
针铁矿	α-$FeOOH$	芬顿催化	水热法	—	—	甲草胺	90（6 min）	Hou 等（2017）

矿物	主要组成	反应过程	制备过程	催化剂复合体系	光源	污染物	去除率	参考文献
天然黑钨矿	$FeWO_4/MnWO_4$	芬顿催化	水热法	—	—	亚甲基蓝	99（3 h）	Li 等（2020c）
赤铁矿	Fe_2O_3	芬顿催化	溶剂热法	—	—	亚甲基蓝	80（10 h）	Zong 等（2021）
蒙脱土	$Al_2O_3/MgO/SiO_2$	吸附	热处理	蒙脱土/生物炭	四环素	7.8		Premarathna 等（2019）
蒙脱土	$Al_2O_3/MgO/SiO_2$	吸附	煅烧	Ti-蒙脱土	丙咪嗪	8.3		Chauhan 等（2020）
沸石	SiO_2/Al_2O_3	吸附	研磨	—	—	Ni^{2+}	10.6	Hong 等（2019）
膨润土	$SiO_2/Al_2O_3/Na_2O/CaO$	吸附	研磨	—	—	二氯甲烷	12.0	Kong 等（2019）
					—	Hg(II)	2.1	
凹凸棒石	SiO_2/MgO	吸附	研磨	—	—	Cd(II)	11.8	Chen 等（2018）
有机蒙脱土	$Al_2O_3/MgO/SiO_2$	吸附	研磨	—	—	Pb(II)	22.4	Lin 等（2015）
磁性聚合物	SiO_2/Al_2O_3	吸附	研磨	—	—	Cu(II)	44	Maleki 等（2019）
						Ni(II)	40	
						Cd(II)	38	

具有大比表面积的多孔黏土矿物。坡缕石具有棒状结构、比表面积大、化学性质可调等特点，受到环境修复领域的广泛关注（Wei et al.，2021）。坡缕石的大表面积使有机物能够到达活性中心，对去除水中污染物极为有利。同样，海泡石是一种具有分子大小孔隙的矿物。它被描述为氧-氧和氢氧根结合在镁离子中心，由一个单元细胞的分子组织以 2∶1 的比例堆叠。由于海泡石结构中存在不连续的八面体片层，这些多孔通道使污染物能够快速进入表面结构。因此，海泡石在降解有机物和吸附重金属离子等环境修复方面具有广阔的应用前景。

高岭石（Al_2O_3/SiO_2）作为一种低成本、易得、无污染的材料，已逐渐应用于环境水处理领域。高岭土是一层由氧原子连接的四面体硅氧和一层由氧原子连接的八面体铝氧组成的 1∶1 层状铝硅酸盐黏土矿物，在地壳中含量丰富。每个单元层由硅氧四面体片[SiO_4]和铝氧八面体片[AlO_6]组成，相邻的两层由氢键连接。独特的多孔结构有利于催化剂在表面的分散，具有优良的支撑功能，有利于去除土壤中的重金属离子，降解水中的污染物（Peng et al.，2021；Zong et al.，2021；Xia et al.，2018b）。

此外，沸石的晶体结构是由硅（铝）氧-氧四面体连接成具有各种尺寸孔洞和通道的三维晶格。沸石的一般化学式为 $A_mB_pO_{2p} \cdot nH_2O$，结构式为 $A_{(x/q)}[(AlO_2)_x(SiO_2)_y] \cdot n(H_2O)$，其中 A 为 Ca、Na、K、Ba、Sr 等阳离子，B 为 Al、Si，p 为阳离子价，m 为阳离子数，n 为水分子数，x 为 Al 原子数，q 为价态数，y 为 Si 原子数，(y/x)通常为 1～5，$(x+y)$为单位胞内四面体数。因此，晶格中不同大小的空腔可以吸收其他不同大小物质的分子。

研究表明，沸石作为一种具有大比表面积和特殊微孔通道的无机多孔材料，是一种很有前途的 VOCs 控制吸附剂（Ghojavand et al.，2022）。

2. 硼酸盐矿物

硼酸盐矿物被认为是金属阳离子和硼酸根的化合物。研究表明，电气石是一种结构复杂的天然硼硅酸盐矿物，由于其独特的光化学性质，在环境修复领域得到了广泛的研究。它是一种具有环状结构的硅酸盐矿物，其特征是含有铝、钠、铁、镁、锂和硼。电气石的特殊结构具有释放负离子或在其表面产生电场的能力，使其有可能应用于环境修复。

11.2.4 其他矿物

其他用于净化环境的矿物有水滑石、磷灰石（$Ca_5(PO_4)_3$）、金红石（TiO_2）。水滑石是一种阴离子层状化合物，典型的水滑石化合物为 $Mg_6Al_2(OH)_{16}CO_3 \cdot 4H_2O$。水滑石作为一种极具潜力的特殊材料，具有高孔隙率、大比表面积、良好的光稳定性、低成本和带隙可调节等独特性能（Xu et al.，2022）。因此，可以预期将水滑石定义为载体，通过吸附将有机污染物集中于催化剂表面，从而改善光降解。此外，羟基磷灰石是一种潜在的二氧化碳捕获材料。天然金红石（TiO_2）比合成光催化剂更便宜、更容易制备，由于其带隙窄，表面容易形成羟基，有望用于染料去除。

11.3 天然矿物在环境修复中的应用

天然矿物材料在多种协同作用下表现出优异的光活性，为实现光催化抗菌、NO 氧化、有机污染物氧化/降解、有毒高价金属离子还原、吸附等环境修复中的应用开辟了新的视野。天然矿物环境修复研究正处于发展阶段，机遇与挑战并存。如前所述，天然矿物独特的多孔结构和表面化学性质在环境修复方面表现出巨大潜力。本节结合环境治理的实际需要和天然矿物的优越性质进行论述，发现天然矿物主要通过光催化、芬顿催化和吸附反应在环境修复中发挥作用，同时，着重介绍天然矿物在水修复、空气净化和土壤修复等主要环境修复领域的研究成果。

11.3.1 光催化杀菌及 NO 的去除

1. 杀菌

光催化技术作为一种高效、可持续的绿色消毒方法，越来越受到人们的重视。在这方面，天然矿物因其原料易得、成本低的独特优势而被认为是一种有潜力的光催化剂，同时在实际应用中也有很大的前景。天然矿物的杀菌能力主要取决于光催化反应。矿物中所含的金属氧化物是半导体，因此具有光催化能力。天然钛铁矿（$FeTiO_3$）在可见光照射 30 min 下，其抑菌效果为 6 log10 cfu/mL。如图 11.2（a）所示，钛铁矿的高杀菌效果归因于≡Fe(II)促进过硫酸盐的活化，过硫酸盐加速捕获光生电子，从而在钛铁矿/过硫酸盐/可见光过程中产生更多的自由基使大肠杆菌失活。富含过渡金属的天然矿物活化过硫酸盐体系中可见光的光催化杀菌效率比原始工艺提高了 4 倍（Xia et al., 2018a）。此外，还发现一种经热处理改性的新型天然磁黄铁矿（Fe_2O_3-FeS_2）具有显著增强的杀菌活性。如图 11.2（c）～（e）所示，扫描电镜显示细菌细胞更容易受到活性自由基的强力攻击（Xia et al., 2015）。同样，有证据表明，具有窄带隙的天然黑钨矿在可见光下可以产生电子和空穴，参与灭活大肠杆菌 K-12（Li et al., 2020c）。此外，微米级 ZnO/$ZnFe_2O_4$ 耦合光催化剂在可见光照射下对大肠杆菌也表现出极佳的 100%致死率（Li et al., 2018a）。这些结果表明，天然矿物材料具有较强的杀菌潜力，其杀菌潜力主要归因于天然矿物中所含过渡金属氧化物的可见光响应能力，产生大量的自由基。

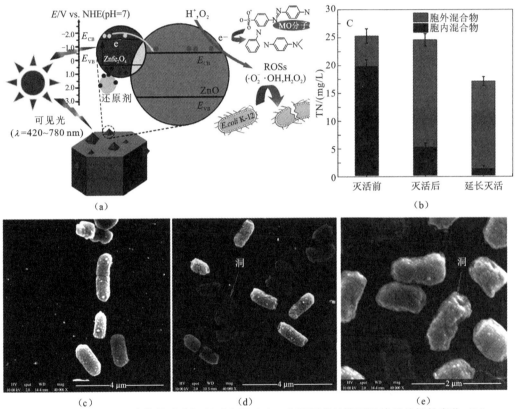

图 11.2　ZnO/$ZnFe_2O_4$ 光催化杀菌机理示意图（a）；大肠杆菌长期灭活前后总氮的变化（b）；经光催化灭活处理的大肠杆菌 K-12 的扫描电镜图像（c～e）

2. 氮氧化物去除

NO 对自然环境和人类生活具有极大的危害。然而，传统的脱硝工艺对反应条件要求较高，如选择性催化还原，这限制了对低浓度 NO 的去除。因此，通过光催化材料去除 NO 具有重要意义（Maleki et al., 2019）。天然矿物作为一种低成本、易得的材料，有望应用于 NO 去除。已有研究证明，天然矿物材料可以通过光催化降解氮氧化物。

如图 11.3（a）所示，马庆新等发现矿物粉尘对大气中氮氧化物有显著影响，说明矿物粉尘与 NO_x 转化之间的关系值得进一步研究（Ma et al., 2021）。因此，很有必要研究天然矿物材料对 NO 光催化脱除的影响，从而设计出高质量的矿物光催化剂用于 NO 的脱除。天青石（$SrSO_4$）中的 Sr 离子含有空轨道，这有助于光催化剂通过配位键吸收更多的氧气（Dong et al.，2019）。因此，天青石（$SrSO_4$）与光催化剂的结合可能产生更多的活性氧。相似地，光催化剂结合伊利石颗粒（SiO_2，Al_2O_3）具有类似的性质。伊利石颗粒的 Si 和 Al 能够桥接 $g-C_3N_4$ 中的 N，与配位键形成空 3p 轨道（Li et al.，2020e）。结果表明，改性材料的去除率（70%）是原始材料的 3 倍。此外，钙钛矿（$CaTiO_3$）由于具有合适的能带结构，在光催化领域受到越来越多的关注。在图 11.3（b）中必须强调的是，$CaTiO_3$ 可以作为载体为 N-CQDs 提供更多的活性位点，这有利于激发电子和空穴对（Wang et al.，2018）。结果表明，气体 NO 的去除率和 NO_2 的选择性比之前有了很大的提高[图 11.3（c）]。此外，一些硅酸盐矿物还可以作为载体，辅助光催化剂去除 NO。例如，在复合催化剂中加入凹凸棒石（$Mg_5Si_8O_{20}(OH)_2(OH_2)_4\cdot4H_2O$），不仅能使复合催化剂均匀分散活化活性位点，还能吸附 NO_x 与活性位点发生反应，生成最终产物 NO_3^-。结果表明，利用空气净化中的天然矿物有助于催化产生一些具有较强氧化能力的活性组分，同时也有助于靶吸附物与这些活性组分发生反应。

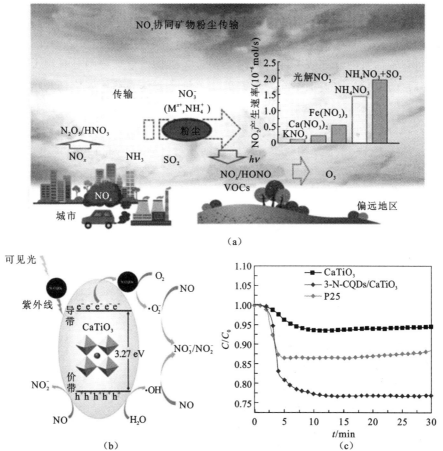

图 11.3　矿物对硝酸盐的光氧化作用过程(a)；3-N-CQDs/$CaTiO_3$复合材料的氮氧化物光催化氧化机理（b）；矿物光催化氧化去除氮氧化物的能效比较（c）

扫封底二维码见彩图

11.3.2　基于高级氧化技术的水体净化

芬顿反应和过硫酸盐活化等高级氧化（AOPs）工艺由于产生·OH 和 $SO_4^{\cdot-}$ 等活性氧（ROS）而广泛应用于有机污染物降解等环境修复。

芬顿反应可以在水溶液中产生·OH 等活性物种，从而降解污染物。一些学者研究了以天然矿物为催化剂的芬顿法去除水中污染物的性能和机理。Fe^{2+} 在芬顿反应过程中起着重要作用，Fe^{2+}/Fe^{3+} 的电子转移可以催化过氧化氢（H_2O_2）分解生成·OH。因此，可以考虑利用天然矿物中含铁矿物的芬顿反应去除水体中的有机物、重金属等污染物。此外，一些黏土矿物已被证明可以辅助芬顿催化剂降解有机物。因此，利用黏土或氧化铁矿物作为芬顿反应的催化剂是一种很有前途的替代方法，具有很大的环境修复潜力。

1. 芬顿催化降解有机污染物

研究发现，天然矿物具有降解有机物的能力，有望在环境水修复中发挥重要作用。在以针铁矿（α-FeOOH）为铁源的芬顿体系中，产生大量的·OH，导致双酚 A 降解（Huang et al.，2013）。天然矿物去除水中有机污染物的主要原理是采用高级氧化过程。一些含 Fe 的天然矿物可以激活过氧化氢产生芬顿或类芬顿反应。如图 11.4（a）所示，加入 NH_2OH 后，针铁矿可形成表面芬顿反应，活化 H_2O_2 产生更多·OH（Hou et al.，2017）。结果表明，该表面芬顿体系能够降解多种有机污染物，在矿物修复环境中具有很大的实际应用价值。Liu 等（2021c）比较了不同天然铁矿和零价金属作为芬顿催化剂对吡虫啉的去除效果，如黄铁矿（FeS_2）、钛铁矿（$FeTiO_3$）、钒钛磁铁矿、零价铁和零价铜。结果表明，天然黄铁矿具有较高的去除率和稳定性，是一种很有前途的芬顿催化剂。相似地，天然黄铁矿可以激活 H_2O_2 产生异相芬顿反应降解四环素（Mashayekh-Salehi et al.，2021）。如图 11.4（b）所示，黄铁矿表面形成二价铁，黄铁矿/H_2O_2 体系中主要活性氧为·OH，对四环素的去除效率超过 85%。此外，天然矿物中的一些金属氧化物可以活化过硫酸盐，产生更多的活性分子来降解污染物。Nie 等（2022）用水热法合成了一种新型的硫铁矿纳米片。这种硫铁矿纳米片定向形成六载碳纳米片簇，表现出优异的吸附和降解环丙沙星的能力。由图 11.4（c）可知，高效的 Fe(III)/Fe(II) 转化极大地促进了过硫酸盐的活化，

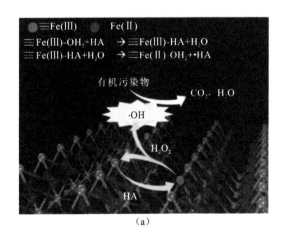

(a)

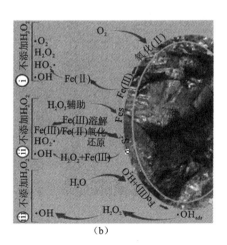

(b)

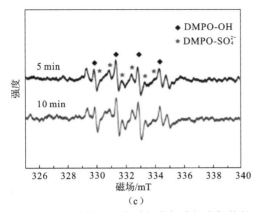
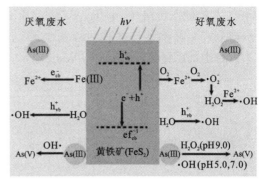

图 11.4　针铁矿活化过氧化氢降解有机物的原理图（a）；黄铁矿激活芬顿反应示意图（b）；
黄铁矿活化过硫酸盐体系产生自由基的示意图（c）；黄铁矿氧化 As(III)原理示意图（d）

扫封底二维码见彩图

同时释放了更多的 $SO_4^{\cdot-}$ 和·OH。由此可知，难降解污染物的氧化主要是由矿物表面的 Fe(II)催化的。表面 Fe(II)与 H_2O_2 反应产生更多活性氧，如·OH（Lu et al.，2021）。此外，一些黏土矿物可以作为载体，为催化剂提供更多的活性位点。研究发现，斜发沸石（SiO_2、Al_2O_3、CaO）、蒙脱石（Al_2O_3、MgO、SiO_2）、高岭石（Al_2O_3、SiO_2）等均具有增大比表面积的能力，以及增强水环境修复中去除有机物的性能。

2. 芬顿催化氧化 As(III)

天然水中的砷污染对数百万人构成了巨大威胁。有研究发现，一些含铁天然矿物可以通过芬顿催化反应氧化水中的 As(III)。例如，Zheng 等（2022）观察到 $CuFeS_2$、FeS_2 等硫化矿物具有激活 H_2O_2 的能力。如图 11.4（d）所示，黄铁矿释放出的 Fe^{2+} 氧化对生成·OH 和·O_2^- 有很大贡献，有利于去除 As(III)。活性自由基（ROS）能有效促进 As(III) 在黄铁矿表面的氧化和吸附（Liu et al.，2021a）。天然矿物是一种很有前景的材料，可发生氧化还原反应以降低废水中金属或非金属的毒性。

3. 过硫酸盐活化水质净化

一些天然矿物中含有丰富的过渡金属（氧化物），如铁、锰、铜，这些金属通常用于过硫酸盐（PS）的化学活化，产生 $SO_4^{\cdot-}$ 活性氧自由基（Hou et al.，2017）。利用金属活化过硫酸盐是一种常用的高级氧化方法，具有能耗低、效率高的特点。

Nie 等（2022）首次利用天然伊利石（SiO_2、Al_2O_3）微米片激活过一硫酸盐（peroxymonosulfate，PMS）。在环境修复中，纳米级零价铁、铁氧化物和黄铁矿（FeS_2）是激活过硫酸盐很有前途的候选材料（Mashayekh-Salehi et al.，2021）。如图 11.5（a）所示，Lu 等（2021）研究发现，Fe 矿物的添加可以有效加速 Fe(III)↔Fe(II)氧化还原循环产生活性氧自由基，有助于提高过二硫酸盐（peroxydisulfate，PDS）的活化。此外，一些物理方法（辐射、热和超声）也可以通过直接激活过硫酸盐或促进 Fe(III)/Fe(II)的转化来促进有机污染物的降解。例如，钛铁矿中的 Fe(II)促进过硫酸盐的激活，在可见光照射下产生更多的自由基使大肠杆菌失活（Xia et al.，2018a）。此外，如图 11.5（b）所示，天然黄铜矿（$CuFeS_2$，NCP）活化 PDS，PDS 能够同时降解有机污染物罗丹明 B

（RhB）和降低六价铬（Cr(VI)）（Zheng et al.，2022）。同样，天然黄铜矿也被考虑用于废水修复。从图 11.5（c）中可以观察到，添加天然黄铜矿显著激活了 PDS 系统，并产生大量自由基以提高降解效率（Wang et al.，2022）。

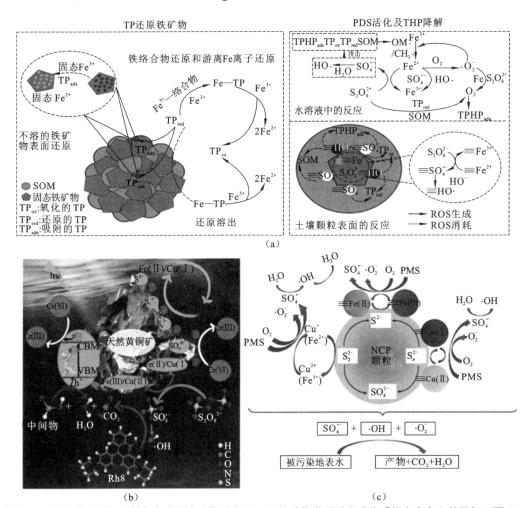

图 11.5　铁矿物还原与活性氧自由基生成的过程(a)；天然矿物激活过硫酸盐系统产生自由基的机理图(b)；
天然黄铜矿激活 PMS 机理图（c）
扫封底二维码见彩图

11.3.3　重金属和挥发性有机化合物的吸附去除

一些黏土矿物具有二维结构和丰富的表面活性基团，可被定义为替代吸附剂。因此，可以考虑利用天然矿物进行环境修复，如土壤恢复、空气净化等。

1. 重金属吸附

研究表明，天然矿物已被证实可用于土壤修复。例如，具有微孔铝硅酸盐骨架的沸石（$A_{(x/q)}[(AlO_2)_x(SiO_2)_y] \cdot n(H_2O)$）具有离子交换吸收污染物的能力。从图 11.6（a）中可以清楚地观察到，将 Si/Al 从 1 调整到无穷远可以显著影响 Si/Al 的离子交换容量和亲水性（Hong et al.，2019）。在此基础上，Peng 等（2021）将纳米氧化铁与沸石结合，从废水中吸附镉。此外，通过热处理调整黏土矿物的层间间距和孔隙率是提高黏土矿物吸收的有效措施。郭可欣和他的同事使用天然黏土坡缕石（Si/SiO$_x$）作为一种高度可再生和高效的磷酸盐清除剂。Wei 等（2021）研究结果表明，共煅烧坡镁石（Pal）和 La 基纳米颗粒可形成 Al$_2$O$_3$、Fe$_2$O$_3$ 和 MgO 纳米颗粒，作为吸附磷酸盐的新位点，表现出优异的再生性能和高去除能力。如图 11.6（b）所示，由于具有大比表面积和多孔结构，一些黏土矿物具有吸附土壤中重金属的优良能力。值得一提的是，天然矿物较大的比表面积和孔隙体积可以提供更多的反应位点，因此复合材料比原始矿物具有更好的吸附活性。此外，合成矿物有望成为环境修复中有前景的功能吸附剂。一些学者利用某些"废物"，如混凝土和矿渣，合成了新型自组装吸附材料[图 11.6（c）]（Zhao et al.，2018）。

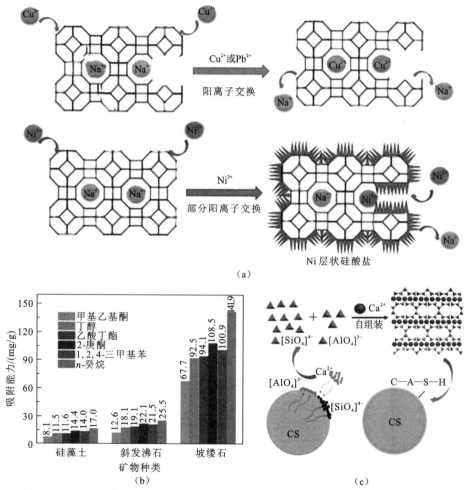

图 11.6　沸石吸附重金属过程模拟（a）；硅藻土、斜发沸石和坡缕石对 VOCs 的吸附性能比较（b）；
人工自组装合成矿物示意图（c）
扫封底二维码见彩图

此外，必须强调的是，利用天然矿物能够实现原位固定，不具破坏性且具有成本效益。例如，天然海泡石（Si$_{12}$Mg$_8$O$_{30}$(OH)$_4$(OH$_2$)$_4$·8H$_2$O）对土壤中的重金属具有显著的固定作用。此外，Hong 等（2019）研究表明一些黏土矿物的分级孔隙结构可以选择性地去除土壤中的重金属离子，说明天然矿物可用于土壤修复。此外，Zhou 等（2022）首次研究了适度的热活化可以改善海泡石的吸附性能。结果表明，热活化可以调节海泡石的表面电荷，产生更多的吸附活性位点。这一发现可为其他天然矿物的改性提供新的参考。

2. 挥发性有机污染物的吸附

VOCs 污染物是来源广泛的含碳有机化学物，包括户外来源（如化学品生产、汽车尾气等）。研究表明，天然矿物可能是有潜力的候选吸附剂。实践证明，通过调节氧化物的配比来控制矿物的形态是改善矿物性能的有效手段。例如，一些研究人员合成了形态和结构可调的沸石，表现出对 VOCs 良好的吸附性能。另外，将天然矿物与其他介孔材料结合形成新复合物也是一种很好的改性策略。研究表明，沸石和二氧化硅最佳比的复合材料具有显著的 VOCs 吸附性能。

11.4 小　　结

天然矿物在地球上分布广泛，其中一些矿物具有稳定的化学结构和良好的电化学性能，是环境修复的理想材料。本章综述了天然矿物在水和空气净化中的应用，如杀菌、氧化 NO 和 VOCs、光催化、高级氧化（芬顿催化和过硫酸盐活化）及吸附等技术去除重金属等。

天然矿物材料具有资源丰富、价格低廉、环境友好等独特优势。但从实际应用的角度来看，它们存在效率低下的问题。此外，天然矿物材料结构复杂，难以确定有效成分。在未来的研究中，与天然矿物材料相关的以下问题值得关注。

（1）有些矿物中过渡金属化合物含量较低。为了达到与人工金属催化剂相同的催化效果，需要对天然矿物进行改性。例如，考虑通过浸渍和焙烧，进一步改善天然矿物材料的孔隙结构，增加催化剂表面的活性位点，从而增强矿物材料的活性。因此，应高度重视天然矿物的改性策略，这不仅对环境修复领域，而且对催化剂的产业化应用和矿产资源的综合利用都具有重要意义。

（2）在实际应用中，可以考虑采用辅助手段来提高天然矿物材料的性能。例如，天然矿物材料在光催化杀菌方面可能存在一些问题，如细菌对 ROS 耐药性的逐渐演化、高浓度 ROS 对正常组织和细胞的毒性、光催化材料的生物安全性、可见光甚至近红外光对深部组织感染的穿透能力差等。因此，可与光热治疗、微波辅助治疗、超声治疗等策略相结合，改善其性能。

（3）天然矿物材料为加强环境修复提供了新的解决方案。然而，无论是原始矿物材料，还是改性天然矿物材料，其组分的复杂特性都阻碍了其在环境修复领域的实际应用。在未来的发展中，有必要对活性组分进行研究，如利用密度泛函理论计算确定活性面。

（4）天然矿物催化剂可以显著提高芬顿催化和过硫酸盐氧化去除污染物的能力，但在实际应用中，应根据污染物的性质选择合适的矿物材料。

（5）天然矿物能够实现回收后的再利用。然而，回收实验发现，天然矿物的催化活性在有限次实验后下降。因此，有必要对天然矿物活性组分进行深入研究，防止天然矿物催化剂活性组分流失，提高其再利用能力。

参 考 文 献

张青青, 曾婷, 张磊, 等, 2020. 光催化膜反应器应用于废水处理的研究进展. 环境化学, 39(5): 1297-1306.

Abou-Ghanem M, Oliynyk A O, Chen Z H, et al., 2020. Significant variability in the photocatalytic activity of natural titanium-containing minerals: Implications for understanding and predicting atmospheric mineral dust photochemistry. Environmental Science & Technology, 54(21): 13509-13516.

Chauhan M, Saini V K, Suthar S, 2020. Ti-pillared montmorillonite clay for adsorptive removal of amoxicillin, imipramine, diclofenac-sodium, and paracetamol from water. Journal of Hazardous Materials, 399(2): 122832.

Chen J, Shi Y, Hou H J, et al., 2018. Stabilization and mineralization mechanism of Cd with Cu-loaded attapulgite stabilizer assisted with microwave irradiation. Environmental Science & Technology, 52(21): 12624-12632.

Chen X F, Kou S C, Poon C S, 2020. Rheological behaviour, mechanical performance, and NO_x removal of photocatalytic mortar with combined clay brick sands-based and recycled glass-based nano-TiO_2 composite photocatalysts. Construction and Building Materials, 240: 117698.

Diao Z H, Xu X R, Jiang D, et al., 2017. Enhanced catalytic degradation of ciprofloxacin with FeS_2/SiO_2 microspheres as heterogeneous Fenton catalyst: Kinetics, reaction pathways and mechanism. Journal of Hazardous Materials, 327(5): 108-115.

Dong G H, Zhao L L, Wu X X, et al., 2019. Photocatalysis removing of NO based on modified carbon nitride: The effect of celestite mineral particles. Applied Catalysis B: Environmental, 245: 459-468.

Dong X, Duan X, Sun Z, et al., 2020. Natural illite-based ultrafine cobalt oxide with abundant oxygen-vacancies for highly efficient Fenton-like catalysis. Applied Catalysis B: Environmental, 261(8): 118214.

Dong X N, Feng R N, Yang X X, et al., 2022. Complexation and reduction of soil iron minerals by natural polyphenols enhance persulfate activation for the remediation of triphenyl phosphate (TPHP)-contaminated soil. Chemical Engineering Journal, 435: 134610.

Ghojavand S, Coasne B, Clatworthy E B, et al., 2022. Alkali metal cations influence the CO_2 adsorption capacity of nanosized chabazite: Modeling vs experiment. ACS Applied Nano Materials, 5(4): 5578-5588.

Guo T, Jiang L S, Wang K, et al., 2021. Efficient persulfate activation by hematite nanocrystals for degradation of organic pollutants under visible light irradiation: Facet-dependent catalytic performance and degradation mechanism. Applied Catalysis B: Environmental, 286: 119883.

He P, Zhu J Y, Chen Y Z, et al., 2021. Pyrite-activated persulfate for simultaneous 2,4-DCP oxidation and Cr(VI) reduction. Chemical Engineering Journal, 406: 126758.

Hong M, Yu L Y, Wang Y D, et al., 2019. Heavy metal adsorption with zeolites: The role of hierarchical pore architecture. Chemical Engineering Journal, 359(11): 363-372.

Hou X J, Huang X P, Jia F L, et al., 2017. Hydroxylamine promoted goethite surface fenton degradation of organic pollutants. Environmental Science & Technology, 51(9): 5118-5126.

Huang W Y, Brigante M, Wu F, et al., 2013. Effect of ethylenediamine-N, N′-disuccinic acid on Fenton and photo-Fenton processes using goethite as an iron source: Optimization of parameters for bisphenol A degradation. Environmental Science and Pollution Research, 20(1): 39-50.

Jung H, Snyder C, Xu W Q, et al., 2021. Photocatalytic oxidation of dissolved Mn^{2+} by TiO_2 and the formation of tunnel structured manganese oxides. ACS Earth and Space Chemistry, 5(8): 2105-2114.

Kong Y, Wang L, Ge Y Y, et al., 2019. Lignin xanthate resin-bentonite clay composite as a highly effective and low-cost adsorbent for the removal of doxycycline hydrochloride antibiotic and mercury ions in water. Journal of Hazardous Materials, 368: 33-41.

Li C Q, Dong X B, Zhu N Y, et al., 2020a. Rational design of efficient visible-light driven photocatalyst through 0D/2D structural assembly: Natural kaolinite supported monodispersed TiO_2 with carbon regulation. Chemical Engineering Journal, 396: 125311.

Li K N, Zhang S S, Li Y H, et al., 2020b. MXenes as noble-metal-alternative co-catalysts in photocatalysis. Chinese Journal of Catalysis, 42(1): 3-14.

Li L H, Li Y, Li Y Z, et al., 2020c. Natural wolframite as a novel visible-light photocatalyst towards organics degradation and bacterial inactivation. Catalysis Today, 358: 177-183.

Li X, Dong G H, Guo F J, et al., 2020d. Enhancement of photocatalytic NO removal activity of g-C_3N_4 by modification with illite particles. Environmental Science: Nano, 7(7): 1990-1998.

Li X F, Hu Z, Li Q, et al., 2020e. Three in one: Atomically dispersed Na boosting the photoreactivity of carbon nitride towards NO oxidation. Chemical Communications, 56(91): 14195-14198.

Li X F, Wu X F, Liu S W, et al., 2020f. Effects of fluorine on photocatalysis. Chinese Journal of Catalysis, 41(10): 1451-1467.

Li X Z, Shi H Y, Wang T S, et al., 2018a. Photocatalytic removal of NO by Z-scheme mineral based heterojunction intermediated by carbon quantum dots. Applied Surface Science, 456, 835-844.

Li Y H, Gu M L, Zhang X M, et al., 2020g. 2D g-C_3N_4 for advancement of photo-generated carrier dynamics: Status and challenges. Materials Today, 41: 270-303.

Li Y, Li Y Z, Yin Y D, et al., 2018b. Facile synthesis of highly efficient $ZnO/ZnFe_2O_4$ photocatalyst using earth-abundant sphalerite and its visible light photocatalytic activity. Applied Catalysis B: Environmental, 226: 324-336.

Li Y Y, Wu M J, Zhang T, et al., 2019a. Natural sulvanite Cu_3MX_4 (M=Nb, Ta; X=S, Se): Promising visible-light photocatalysts for water splitting. Computational Materials Science, 165: 137-143.

Li Z C, Gómez-Avilés A, Sellaoui L, et al., 2019b. Adsorption of ibuprofen on organo-sepiolite and on zeolite/sepiolite heterostructure: Synthesis, characterization and statistical physics modeling. Chemical Engineering Journal, 371: 868-875.

Li Z H, Shi R, Zhao J Q, et al., 2021. Ni-based catalysts derived from layered-double-hydroxide nanosheets for efficient photothermal CO_2 reduction under flow-type system. Nano Research, 14: 4828-4832.

Lin F, Zhu G Q, Shen Y N, et al., 2015. Study on the modified montmorillonite for adsorbing formaldehyde. Applied Surface Science, 356: 150-156.

Liu L H, Guo D M, Ning Z P, et al., 2021a. Solar irradiation induced oxidation and adsorption of arsenite on natural pyrite. Water Research, 203: 117545.

Liu S W, Yu W W, Cai H, et al., 2021b. A comparison study of applying natural iron minerals and zero-valent metals as Fenton-like catalysts for the removal of imidacloprid. Environmental Science and Pollution Research, 28(31): 42217-42229.

López-Vásquez A, Suárez-Escobar A, Ramírez J H, 2020. Effect of calcination temperature on the photocatalytic activity of nanostructures synthesized by hydrothermal method from black mineral sand. ChemistrySelect, 5(1): 252-259.

Lu A H, Li Y, Ding H R, et al., 2019. Photoelectric conversion on Earth's surface via widespread Fe-and Mn-mineral coatings. Proceedings of the National Academy of Sciences of the United States of America, 116(20): 9741-9746.

Lu J, Chen Q Y, Zhao Q, et al., 2021. Catalytic activity comparison of natural ferrous minerals in photo-Fenton oxidation for tertiary treatment of dyeing wastewater. Environmental Science and Pollution Research, 28(23): 30373-30383.

Ma Q X, Zhong C, Ma J Z, et al., 2021. Comprehensive study about the photolysis of nitrates on mineral oxides. Environmental Science & Technology, 55(13): 8604-8612.

Maleki A, Hajizadeh Z, Sharifi V, et al., 2019. A green, porous and eco-friendly magnetic geopolymer adsorbent for heavy metals removal from aqueous solutions. Journal of Cleaner Production, 215: 1233-1245.

Mashayekh-Salehi A, Akbarmojeni K, Roudbari A, et al., 2021. Use of mine waste for H_2O_2-assisted heterogeneous Fenton-like degradation of tetracycline by natural pyrite nanoparticles: Catalyst characterization, degradation mechanism, operational parameters and cytotoxicity assessment. Journal of Cleaner Production, 291: 125235.

Nie X, Li G Y, Li S S, et al., 2022. Highly efficient adsorption and catalytic degradation of ciprofloxacin by a novel heterogeneous Fenton catalyst of hexapod-like pyrite nanosheets mineral clusters. Applied Catalysis B: Environmental, 300(9): 120734.

Pelalak R, Alizadeh R, Ghareshabani E, 2020. Enhanced heterogeneous catalytic ozonation of pharmaceutical pollutants using a novel nanostructure of iron-based mineral prepared via plasma technology: A comparative study. Journal of Hazardous Materials, 392: 122269.

Peng X X, Ng T W, Huang G C, et al., 2017. Bacterial disinfection in a sunlight/visible-light-driven photocatalytic reactor by recyclable natural magnetic sphalerite. Chemosphere, 166: 521-527.

Peng Z D, Lin X M, Zhang Y L, et al., 2021. Removal of cadmium from wastewater by magnetic zeolite synthesized from natural, low-grade molybdenum. Science of the Total Environment, 772: 145355.

Ponczek M, George C, 2018. Kinetics and product formation during the photooxidation of butanol on atmospheric mineral dust. Environmental Science & Technology, 52(9): 5191-5198.

Premarathna K S D, Rajapaksha A U, Adassoriya N, et al., 2019. Clay-biochar composites for sorptive removal of tetracycline antibiotic in aqueous media. Journal of Environmental Management, 238: 315-322.

Tun P P, Wang J T, Khaing T T, et al., 2020. Fabrication of functionalized plasmonic Ag loaded Bi_2O_3/montmorillonite nanocomposites for efficient photocatalytic removal of antibiotics and organic dyes. Journal of Alloys and Compounds, 818: 152836.

Wang H X, Liao B, Hu M Y, et al., 2022. Heterogeneous activation of peroxymonosulfate by natural chalcopyrite for efficient remediation of groundwater polluted by aged landfill leachate. Applied Catalysis B: Environmental, 300: 120744.

Wang J Y, Han F M, Rao Y F, et al., 2018. Visible-light-driven nitrogen-doped carbon quantum dots/CaTiO$_3$ composite catalyst with enhanced NO adsorption for NO removal. Industrial & Engineering Chemistry Research, 57(31): 10226-10233.

Wang Y Y, Jiang C J, Le Y, et al., 2019. Hierarchical honeycomb-like Pt/NiFe-LDH/rGO nanocomposite with excellent formaldehyde decomposition activity. Chemical Engineering Journal, 365: 378-388.

Wei Y, Guo K, Wu H, et al., 2021. Highly regenerative and efficient adsorption of phosphate by restructuring natural palygorskite clay via alkaline activation and co-calcination. Chemical Communications, 57(13): 1639-1642.

Xia D H, He H J W, Liu H D, et al, 2018a. Persulfate-mediated catalytic and photocatalytic bacterial inactivation by magnetic natural ilmenite. Applied Catalysis B: Environmental, 238: 70-81.

Xia D H, Li Y, Huang G C, et al., 2015. Visible-light-driven inactivation of Escherichia coli K-12 over thermal treated natural pyrrhotite. Applied Catalysis B: Environmental, 176-177: 749-756.

Xia D H, Liu H D, Jiang Z F, et al., 2018b. Visible-light-driven photocatalytic inactivation of *Escherichia coli* K-12 over thermal treated natural magnetic sphalerite: Band structure analysis and toxicity evaluation. Applied Catalysis B: Environmental, 224: 541-552.

Xia Y, Li F F, Jiang Y S, et al., 2014. Interface actions between TiO$_2$ and porous diatomite on the structure and photocatalytic activity of TiO$_2$-diatomite. Applied Surface Science, 303: 290-296.

Xu J, Liu X W, Zhou Z J, et al., 2022. Surface defects introduced by metal doping into layered double hydroxide for CO$_2$ photoreduction: The effect of metal species in light absorption, charge transfer and CO$_2$ reduction. Chemical Engineering Journal, 442(P1): 136148.

Zhang G X, Liu Y Y, Zheng S L, et al., 2019. Adsorption of volatile organic compounds onto natural porous minerals. Journal of Hazardous Materials, 364: 317-324.

Zhao D, Gao Y N, Nie S, et al., 2018. Self-assembly of honeycomb-like calcium-aluminum-silicate-hydrate (C-A-S-H) on ceramsite sand and its application in photocatalysis. Chemical Engineering Journal, 344: 583-593.

Zheng R J, Li J, Zhu R L, et al., 2022. Enhanced Cr(VI) reduction on natural chalcopyrite mineral modulated by degradation intermediates of RhB. Journal of Hazardous Materials, 423(PB): 127206.

Zhou F, Ye G, Gao Y, et al., 2022. Cadmium adsorption by thermal-activated sepiolite: Application to in-situ remediation of artificially contaminated soil. Journal of Hazardous Materials, 423: 127104.

Zhou P F, Shen Y B, Zhao S K, et al., 2021. Synthesis of clinoptilolite-supported BiOCl/TiO$_2$ heterojunction nanocomposites with highly-enhanced photocatalytic activity for the complete degradation of xanthates under visible light. Chemical Engineering Journal, 407: 126697.

Zhu Z, Yu Y, Dong H, et al., 2017. Intercalation effect of attapulgite in g-C$_3$N$_4$ modified with Fe$_3$O$_4$ quantum dots to enhance photocatalytic activity for removing 2-mercaptobenzothiazole under visible light. ACS Sustainable Chemistry & Engineering, 5: 10614-10623.

Zong M R, Song D, Zhang X, et al., 2021. Facet-dependent photodegradation of methylene blue by hematite nanoplates in visible light. Environmental Science & Technology, 55(1): 677-688.